数据采集系统
整体设计与开发

李 军 编著

北京航空航天大学出版社

内 容 简 介

本书围绕农田远程病虫害监测预警系统,完整地描述网络采集系统硬件设计、芯片固件程序、网络通信、数据服务器、数据库关键技术、Web 服务器整个采集过程的工作原理和设计思路。全书共分 8 章,主要内容有采集板硬件电路设计分析、虫情采集传感器设计、采集器芯片程序设计、采集系统通信整体设计、数据服务器软件设计、采集系统数据库设计、上位机应用软件设计等。

本书可供高等院校嵌入式软硬件系统专业师生作为辅导教材使用,也可供有关科技人员和软硬件产品开发人员参考。

图书在版编目(CIP)数据

数据采集系统整体设计与开发 / 李军编著. --北京:
北京航空航天大学出版社,2014.5
ISBN 978 - 7 - 5124 - 1368 - 9

Ⅰ.①数… Ⅱ.①李… Ⅲ.①数据采集—系统设计②
数据采集—系统开发 Ⅳ.①TP274

中国版本图书馆 CIP 数据核字(2014)第 017624 号

版权所有,侵权必究。

数据采集系统整体设计与开发
李 军 编著
责任编辑 刘 晨 刘朝霞
*
北京航空航天大学出版社出版发行

北京市海淀区学院路 37 号(邮编:100191)   http://www.buaapress.com.cn
发行部电话:(010)82317024   传真:(010)82328026
读者信箱:emsbook@gmail.com   邮购电话:(010)82316936
涿州市新华印刷有限公司印装   各地书店经销
*
开本:710×1 000   1/16   印张:20.75   字数:442 千字
2014 年 5 月第 1 版   2014 年 5 月第 1 次印刷   印数:3 000 册
ISBN 978 - 7 - 5124 - 1368 - 9   定价:49.00 元(含光盘 1 张)

若本书有倒页、脱页、缺页等印装质量问题,请与本社发行部联系调换。联系电话:(010)82317024

前　言

　　由于作者深深酷爱着农业这块热土,由衷地感受到农业是兴国之本,关系到我国13亿人口生活问题。随着改革开放,我国农业管理方式发生了翻天覆地的变化,但是农业在种植、经营管理方式方面几乎延用着传统的管理模式,广大农民还没有真正意识到应用信息化取代传统的现代农业经营管理的意义,从某种程度上讲,大家只在口头上谈谈而已,还没有从长远角度深思现代农业的出路在哪里?带着百思不解的心情,作者自2001年开始研究开发用信息技术改造传统农业管理模式,开始着手研究节水灌溉自动化控制系统,从导线控制方式到无线控制方式都有所见解,随后重点对农田病虫害监测系统,从单机版到网络版,再从单一监测到综合预警,逐步提升开发采集要素,并将产品投入农田使用,不同程度地发挥其用信息化改造传统的管理模式的引领作用。

　　作者编写此书的目的是试图给初学开发网络版嵌入式采集监测系统的爱好者一点整体思路,给教学者一点开发产品整体启发。也许有些工程技术人员认为没有什么理论参考价值,是的,我们就是想通过实践快速引导初次进入嵌入式采集监测系统开发的工程技术人员。哪怕对他们只是一点点启发,也算是达到我们的编写目的。

　　全书共8章。第1章为数据采集系统概述,内容包括采集系统总体需求、采集器软硬件设计原则、开发环境及工具的选择、采集系统总体规划设计思路、采集系统的整体架构。第2章为硬件电路设计分析,内容包括硬件开发任务、硬件设计思路、MCU微控制器设计与选择、存储器电路设计、I/O设备接口电路设计、电源电路的设计、电路板设计、硬件电路的PCB板图绘制、抗干扰技术、可靠性设计。第3章为虫情采集传感器设计,内容包括传感器开发任务、传感器概述、虫情传感器设计遐想、虫情采集传感器设计、虫情采集传感器发展趋势。第4章为采集器芯片程序设计,内容包括芯片软件开发主要任务、软硬件协同设计、总体设计重点内容、中断服务程序设计、农田采集系统程序设计、数据采集程序设计。第5章为采集系统通信整体设计,内容包括数据传输开发重点任务、数据通信整体设计思路、下位机通信程序设计、上位机通信程序设计、采集板子通信程序设计。第6章为数据服务器软件设计,内容包括数据服务器开发任务、TCP/IP 协议概述、采集系统报文格式总体说明、数据管理工具设计思路、JDBC 基本概念。第 7 章为采集系统数据库设计，内容包括数据库开发任务、数据库设计与分析、系统概念模型设计、逻辑模型设计、数据库物理设计、数据库实施、网络数据库结构模式思考。第 8 章为上位机应用软件设计，内容包括上位机软件开发任务、动态网页技术、搭建开发环境、需求总体架构设计、JAVA WEB 程序设计、预警信息模块设计与实现、上位机软件测试、系统运行环境的搭建简述。

此产品开发获得 4 项专利分别是《农田信息采集器》，专利号为 ZL 2006.2. 0019802.8；《农田压电陶瓷传感器》，专利号为 ZL 20082010648.1；《采集模块数模转换装置》，专利号为 ZL 200820103684.8；《农田信息数字采集处理控制器》，专利号为 ZL 20112020295487.2。获得一项软件著作权登记证书《远程害虫监测预警系统》V2，证书编号为 02009SD048120。产品开发所涉及学科较多，一本书很难完完全全描述得特别清楚，为了让读者能够有一个实践过程，我们将硬件电路图、软件全部代码刻录成光盘奉献给读者，以便读者快速掌握采集系统知识。

鉴于作者在整个研发过程处在项目管理角色，对高深理论的研究处于中级阶段，有些见解请学者和专家多予指导。因网络采集系统所研究的内容很多，作者无法对每个章节详细描述，重点突出设计思想和工作原理，从而给开发者一些启发。

由于初次编写工程类书籍，难免会出现不妥之处，恳请广大读者（工程技术员、学者、专家教授）给予指点，我们会虚心接受，及时改正。

李　军
新疆精准农业信息技术生产力促进中心
新疆吉尔利数字技术有限公司
2014 年 1 月

目　录

数据采集系统整体设计与开发

2

数
据
采
集
系
统
整
体
设
计
与
开
发

4

数据采集系统整体设计与开发

第 **1** 章

数据采集系统概述

1.1 采集系统总体需求

1.1.1 需求背景

　　如何根据土壤墒情、气象信息、田间环境参数、虫情分布数量等环境因子,找到田间害虫爆发概率,掌握害虫爆发预见性,一直困扰着农业植保技术人员。从某种意义上讲,导致田间病虫害突发事件给农业经济带来巨大损失。我们带着疑惑不解的心情,试图应用信息技术将田间环境参数因子如气压、空气温、湿度、日照强度、土壤湿度、作物叶面湿度等和田间实时小气候参数如风向、风速、雨量等与实时害虫数量有机结合,寻找农田害虫爆发的规律,建立准确的、可靠的害虫爆发模型,达到提前预知田间害虫爆发征兆,并能及时提出预防应急措施,从而减少农业经济损失。

1.1.2 虫情采集方式设想

1. 传统人工采集方式

　　调查取样方法:每块田用 5 点取样法,共调查 100～200 株,把调查的幼虫数量,根据每种作物种植密度,计算成每 667 m² 虫量。

　　田间采集方法:选择条播、小株密植作物,以平方米为单位,每种类型田调查 2～4 块,每块地取样 10 点,每点 5 m;单株、稀植作物,以株为单位,每块田调查取样 100～200 株。采用网捕的地区,仍可用网捕法。

　　杨树枝把诱蛾:取 10 枝 2 年生杨树枝条,枝长 67 cm 左右,凉萎蔫以后捆成一束,竖立于棉行间,其高度超出棉株 15～30 cm;选生长较好的棉田 2 块,每块田 2 m×667 m 以上,每块田 10 束。每日日出之前检查成虫。每 7～10 天更换一次,以保持诱蛾效果。

2. 信息化采集方式

　　与人工相比,信息化技术是将虫情采集装置安装在需求监测的地方,根据所要选择作物和害虫分类,如在棉田就选择监测棉铃虫,我们可以两种棉铃虫采集容器,一种靠光谱作为诱剂,光源选择在 350～360 μm、功率在 1～3 W 紫光光源作为诱剂;

另一种选择性诱芯作为诱剂,靠诱芯气味来诱集害虫。前者当棉铃虫看见自己喜欢的光谱,就会朝着光源发射的地方运动,达到人为设置光源扑虫器后,就会按照我们事先设置陷阱闯入光源采集容器内,然后触碰压电传感器,此时传感器发出一个非线性脉冲信号,经调理电路处理后形成一个我们需要的数字信号输入到主芯片内开始采集计数。诱芯采集容器也是这个原理,只是靠害虫闻到诱芯发出的气味,当雄性棉铃虫味道诱芯气味后,就会往诱芯浓度较大的方向飞去。当飞到诱芯采集容器后,用同样的方法诱集棉铃虫进入诱芯采集容器,唯一不同的是传感器的方式不同。我们采取的是用一对红外线发射、接收管作为采集棉铃虫数量的传感器,当棉铃虫穿过一对红外线二极管一瞬间给接收一个信号,此信号同样经过调理电路处理后形成一个数字信号输入到主芯片内开始处理计数。整个采集过程不需要人工操作,完全实现害虫数量自动化采集。特别提醒大家的是以上方法所采集害虫的类型不仅局限采集棉铃虫,只要市面有的诱芯都可以用此方法采集,只是采集什么样虫的名称采用什么样的诱芯而已。

3. 两者采集方式比较

人工监测与自动化监测比较如表 1-1 所列。

表 1-1　人工监测与自动化监测比较

选择参数	人工取样采集方式	信息技术取样采集方式
调查方式	抽样调查	抽样调查
时序性	间断性	连续性
采集范围	小	大
劳动强度	大	小
检测手段	人工检测	自动化检测
采集精度	间断性判断 42%	连续性判断 67%

1.1.3　系统总体设计思路

将某种传感器所采集信号输入的调理电路进行整形处理,无论是模拟信号还是数字信号转换成我们事先设定的方块巨型波,使某种物理状态转换成能够适应计算控制的状态,经芯片内程序运算处理后换算成符合 MCU 具备运算和控制的代码数据。此数据存放程序控制指定的位置,当此数据接到上一级命令请求时,立刻响应按照固件程序指定的规律排列形成包文件,通过有线或无线将数据包从信源地发送到信宿地,完成了传感器采集信号从信源地到信宿地的数据传输过程。

数据被传输到信宿地后还没有达到我们的目的,还有两种状态没有解决,一是传感器采集信号具有连续性,此刻信宿地接收到数据包,下一个时段同样要接到数据包,周而往复采集今天的数据、明天的数据就形成了数据累计存储问题;另一个情况就是怎样将 PC 所采集的信号在显示器显示出来供人们浏览,或将某一个时段传感器所采集信号状态值,利用一种转换工具从数据库取出来存,转换成在显示器软件界面上,所能显示的与传感器同一时刻所采集的信号所一致。从传感器采集到显示整个过程达到我们所需的目的,按照这个大体思路,建立软硬件工作程序就能完成我们所需的采集设计任务。

数据采集系统由硬件和软件两部分组成,硬件主要包括传感器、采集板、通信接口、系统电源、PC 等设备,而软件有嵌入式芯片固件程序、采集数据程序和 Web 服务器监控应用软件。下位机系统通过 GPRS/CDMA 无线通信模块将自动采集站数据信息与上位机监测中心连接,实现农田病虫害采集监测预警的目的。

系统利用太阳能绿色电源、计算机和传感器技术,根据应用专业性的性诱剂,将棉铃虫诱集到采集器内,害虫触碰压电陶瓷传感器就会产生一次害虫数量记录。我们知道害虫爆发不是孤立事件,它和环境空气温度、湿度、土壤水分、地表温度等环境参数有关。要想找到害虫爆发的规律,还必须找到所采集害虫爆发与环境因子同一时刻规律,建立此类害虫爆发模型。系统再利用 GSM 短信功能,将某个阶段害虫征兆状态发送到预先设定的"电子植保员"手机上,从而达到对田间害虫的自动化监测、预报一体化的效果。

1.1.4　采集硬件通用框架模型

采集器硬件按整机结构划分可分三大模块:核心模块、功能模块、基础模块。三大模块相互依赖、缺一不可,各自独立完成自己的任务。详见图 1-1 采集器硬件通用框架模型。

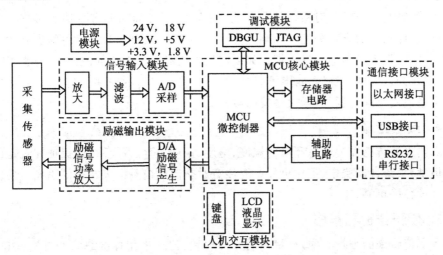

图 1-1　采集器硬件通用框架模型

采集系统硬件基本组成包括以下三大模块:

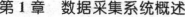

（1）核心模块：主要是微控制器、时钟电路等。

（2）功能模块：主要是存储器件、测控通道器件、人机接口/通信接口器件等。

（3）基础模块：主要是电源供电电路、电路监控电路、复位电路、电磁兼容与干扰抑制电路等。

1.2 采集器软硬件设计原则

1.2.1 系统整体设计的基本原则

1. 制定设计任务书

确定系统整体所要完成的任务和应具备的功能，提出相应的技术指标和功能要求，并在任务书里详细说明。并且通常要对系统功能进行任务分析，把较为复杂的任务分解为一些较为简单的任务模块，画出各个模块之间的关系图。

2. 确保性能指标

系统设计的根本依据是任务书所要求达到的性能指标，如采样频率、系统分辨率和系统精度等一些关键的性能指标。

要保证系统的性能指标，主要考虑要采集信号的特性，比如信号的幅值大小、时域波形特性、频谱特性、信号的输入方式（单端输入还是差动输入，单极性输入还是双极性输入）、共模电压大小和输入阻抗等。

3. 系统结构的合理选择

系统结构合理与否，对系统的可靠性、性价比、开发周期等有直接的影响。首先是硬件、软件功能的合理分配。原则上要尽可能"以软代硬"，只要软件能做到的就不要使用硬件，但也要考虑开发周期。如果市场上已经有了专用的硬件，此时为了节省人力、缩短开发周期，没必要自己开发软件，可以使用已有的硬件。其次，在硬件的选择上尽量使用可编程器件，增大系统的柔性。

4. 安全可靠

选购采集传感器要考虑环境的温度、湿度、振动、粉尘等要求，以保证在规定的工作环境下，系统性能稳定、工作可靠。要注意对交流电以及电火花等的隔离。要保证连接件的接触可靠。

5. 便于维护和维修

为了使将来的维护方便，尽量采用标准模块，比如采用标准总线和标准接口等。在不能使用标准模块的地方尽量使用可行的简单方法解决问题，不提倡使用复杂的或是特别巧妙的方法解决问题，因为这会给系统维护带来困难。如果确实需要用复杂的或巧妙的方法解决问题，一定要做好详细的文档记录以便于将来维护。

6. 模块化设计

不管是硬件设计还是软件设计,都提倡模块化设计,这样可以使系统分成较小的模块,便于团队合作,缩短系统的开发时间,提高团队的竞争力。在模块化设计时尽量把每个模块的功能、接口详细定义好。

在采集板设计中,硬件系统和软件系统设计两者互相渗透,不可分离。从时间上看,硬件系统设计的绝大部分工作量在最初阶段,到后期往往还要做部分修改。

1.2.2　软硬件协同设计

1. 上下位机划分概念

采集系统按模块状态划分由上位机和下位机两大模块组成。对开发过程而言,上位机主要由数据服务器软件、数据库管理系统、Web 服务器应用软件组成,要搭建运行环境才能实现应用软件运行;下位机由硬件和软件组成,即硬件主要包括 MCU、外存储器、输入设备、输出设备,软件是嵌入在 MCU 固件程序。上位机可以用人直接发出操控命令的 PC,一般是 PC 屏幕上显示各种信号变化(土壤水分、空气温湿度、光照强度等)。上位机给下位机发出的命令,下位机根据此命令解释成相应时序信号完成相应程序工作,并按照一定的格式将上位机所要的事件返回传输到上位机系统。上、下位机都需要编程,都有需要专门的开发系统完成此项工作,如表 1-2 所列。

表 1-2　采集系统上下位机区别

分　类	下位机	上位机
硬件	*采集板	PC
硬件组成	MCU	CPU
软件	*芯片内固件程序	*数据服务器程序、*数据库脚本文件、*Web 服务器程序
采集板硬件组成:MCU 微处理器、电源电路、晶振电路、外存储器、A/D 或者 D/A 转换器、串行接口、JTAG 接口、系统总线扩展。带"*"采集系统需开发部分		

传感器 → 采集板 ↔ 无线通信 ↔ Internet ↔ 数据服务器 → 数据库 ↔ Web服务器 → 界面显示

由表 1-2 不难看出,在采集系统设计中,协同设计主要指的是下位机软硬件系统设计。协同设计的主要任务是芯片的外围电路功能设计,一般采用从系统行为级开始的自顶向下设计方法,把处理机制、模型算法、软件、芯片结构、电路直至器件的设计紧密结合起来,在单个芯片上完成整个系统的功能。同 IC 组成的系统相比,由于采用了软硬件协同设计的方法,能够综合并全盘考虑整个系统的各种情况,可以在同样的工艺技术条件下,实现更高性能的系统指标。既缩短开发周期,又有更好的设计效果,同时还能满足苛刻的设计限制。

2. 软硬件协同设计的基本需求

下位机系统设计是使用一组物理硬件和软件来完成所需功能的过程。系统是指任何由硬件、软件或者两者的结合来构成的功能设备。由于下位机系统是一个专用系统,所以在采集板的设计过程中,软件设计和硬件设计是紧密结合、相互协调的。在设计时从系统功能的实现考虑,把实现时的软硬件同时考虑进去,硬件设计包括芯片级"功能定制"设计。这样,既可最大限度地利用有效资源,缩短开发周期,又能取得更好的设计效果。以下四点是软硬件协同设计的基本要求:

(1) 统一的软硬件描述方式:软硬件支持统一的设计和分析工具(技术允许在一个集成环境中仿真(评估)系统软硬件设计,支持系统任务在软件和硬件设计之间的相互移植。

(2) 交互式软硬件划分技术:允许多个不同的软硬件划分设计进行仿真和比较,辅助最优系统实现方式决策,将软硬件划分应用到模块设计,以便最优实现系统的设计指标、下位机功能和性能目标。

(3) 完整的软硬件模型基础:支持在设计过程中几个阶段的综合评价、支持软硬件逐步的开发和集成。

(4) 正确的验证方法:确保系统设计达到目标要求。

3. 系统硬件和软件功能划分

软硬件功能的划分就是确定系统功能哪一部分由硬件实现,哪一部分由软件实现,包含系统要求的功能、性能、功耗、成本、可靠性和开发时间等。通常一项基本的功能用软件可以实现,用硬件设计的方法同样可以实现。总体而言,硬件实现可以较好地保证系统实时的处理能力,但是成本相对较高。而软件为系统功能的实现提供了灵活的方式,并且成本较低,但是系统响应时间不能得以保证。

在进行系统软硬件功能划分时,应该协调地考虑系统的性能,成本以及开发时间等要素,得到一个较合理的划分方案。

在硬件和软件的划分阶段,通过逐步细化设计,可以将软硬件体系结构逐步模块化。采用软硬件协同设计的方式,定义软件和硬件模块间的接口,实现软硬件模块间的相互通信。系统设计,首先是确定所需的功能。复杂系统设计最常用的方法是将整个系统划分为简单的子系统及这些子系统的模块组合,然后以一种选定的语言对各个对象子系统加以描述,产生设计说明文档。其次是把系统功能转换成组织结构,将抽象的功能描述模型转换成组织结构模型。由于针对一个系统可建立多种模型,因此应根据系统的仿真和先前的经验来选择模型,如图 1-2 所示。

1.2.3　硬件设计的基本原则

硬件电路板设计考虑的因素较多,既要满足产品功能要求,又要考虑整套产品性

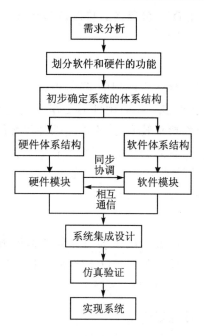

图 1 - 2 采集板软硬件协同设计流程图

价比,包括电路板布局的合理性,芯片固件烧录端口、调试以及电路板运行、故障指示灯等综合因素应反复推敲,最好是项目组集体论证定稿,为使硬件设计合理周全,减少或消除返工,在硬件系统设计时应遵循以下几个原则。

1. 采用功能强的芯片

设计中尽可能采用功能强的芯片,以简化电路,提高系统电路的集成度和可靠性。功能强的芯片可以代替若干普通芯片。随着生产工艺的提高,新型芯片的价格不断下降,体积不断缩小,芯片具有较高的性价比是硬件设计的首选。在数据采集系统中,具有高速数字信号处理能力的数字处理芯片(DSP)越来越被广泛应用。

2. 采用可编程逻辑器件

为了提高系统的柔性和可扩展性,在成本允许的条件下,应该多采用可编程逻辑器件。

可编程逻辑器件使用硬件描述语言(HDL)对其内部功能进行定制,修改起来也很方便,很多可编程逻辑器件可以实现在线擦写,避免了硬件制作和修改周期长的缺点。可编程逻辑器件的广泛使用使硬件设计和软件设计越来越相互渗透,也使两者的界限越来越模糊。

3. 留有余地

硬件电路设计时,要考虑到将来修改、扩展的方便,因此在硬件电路设计之初就应该使各部分的硬件电路设计留有相当的余地。如 ROM 存储空间、RAM 存储空间、I/O 的端口数目、A/D 和 D/A 的通道数目以及 A/D 和 D/A 的分辨率,必要时还需要在印制电路板上留有机动布线区。

4. 以软代硬

电路设计时原则上,只要软件能做到的就不用硬件。硬件多了,不仅增加成本,而且系统出故障的机会也会增多。一般硬件的工作方式是并行的,而软件是分时串行的,因此当对系统的实时性要求较高时,不能用软件代替硬件。当对系统的实时性要求不高时,以软件代硬件是合算的,也是值得提倡的。但也要考虑开发周期,如果市场上已经有了具有某些算法或功能的硬件,此时为了节省人力资源、缩短开发周期就没有必要自己开发软件,可以使用已有的硬件。

5. 抗干扰设计

在系统运行时,会有各种各样的电磁场干扰以及不可预见的一些故障。为了提高系统的稳定性和可靠性,系统硬件设计除了考虑抗干扰措施之外,还要有相应的监控电路、保护电路、报警电路和自诊断电路等。

1.2.4 软件设计的基本原则

软件系统设计贯穿于整个系统设计过程的始终,特别是到系统设计的中后期,基本上就是软件设计的任务。

为了方便合作与交流,减少重复工作,方便管理和维护,软件设计应该尽可能采用软件工程和项目管理的方法来进行。在进行软件开发之初,开发小组就应该对该软件系统所采用的开发环境、开发语言以及相应的数据结构进行统一。软件尽量采用面向对象的方法进行设计,同时采用结构化和模块化的方法设计,尽量把数据和过程进行封装,同时把接口的详细定义提供给项目管理者。

为了便于软件的维护,减少重复投入,软件开发者还应该养成良好的代码注释习惯和代码注释风格。同时,软件开发人员在软件开发过程中,不可避免地要根据不同的需求作较大的功能上或界面上的改动,这就会形成不同的软件版本,因此要对各种版本进行有效的版本管理。

文档是信息的载体,在整个软件系统的设计甚至整个项目系统设计过程中,设计的每一个环节、每一个步骤都应该有相应的文档。如何规范文档格式、强化文档管理是系统设计中很重要的内容。

(1)结构合理。程序应该采用结构模块化设计。这不仅有利于程序的进一步扩充,而且也有利于程序的修改和维护。在程序编序时,要尽量使得程序的层次分明,易于阅读和理解,同时还可以简化程序,减少程序对于内存的使用量。当程序中有经常需要加以修改或变化的参数时,应该设计成独立的参数传递群序,避免程序的频繁修改。

(2)操作性能好。操作性能好是指使用方便。这对数据采集系统来说是很重要的。在开发程序时,应该考虑如何降低对操作人员专业知识的要求。

（3）系统应设计一定的检测程序。例如状态检测利诊断程序,以便系统发生故障时容易确定故障部位,对于重要的参数要定时存储,以防止因掉电而丢失数据。

（4）提高程序的执行速度。

（5）给出必要的程序说明。

1.3　开发环境及工具的选择

1.3.1　软硬件开发环境

软、硬件开发环境如表1-3、表1-4所列。

表1-3　软件开发环境表

软　　件	版　　本
WindowsXP	XP
SQLserver	2008
Office	2007

表1-4　硬件开发环境表

设　　备	规　　格
CPU	2.80 GHz
内存	2 GB
硬盘	320 GB
网卡	100M

1.3.2　常用硬件开发工具

1. Altium Designer 6 功能与特点

Altium Designer 6 是一个强大的一体化电子产品开发系统,其将设计流程、集成化 PCB 设计、可编程器件 FPGA 等设计和基于处理器设计的嵌入式软件开发功能整合在一起。与 Protel DXP 版本相比,Altium Designer 6 新增了很多当前用户较为关心的 PCB 设计功能,如支持中文字体、总线布线、差分对布线等,并增强了推挤布线的功能,这些更新极大地增强了对高密板设计的支持。

2. Protel DXP Altium Designer 主要特点

（1）通过设计档包的方式,将原理图编辑、电路仿真、PCB 设计及打印这些功能有机地结合在一起,提供了一个集成开发环境。

（2）提供了混合电路仿真功能,为设计实验原理图电路中某些功能模块的正确与否提供了方便。

（3）提供了丰富的原理图组件库和 PCB 封装库,并且为设计新的器件提供了封装向导程序,简化了封装设计过程。

（4）提供了层次原理图设计方法,支持"自上向下"的设计思想,使大型电路设计的工作组开发方式成为可能。

(5) 提供了强大的查错功能。原理图中的 ERC(电气法则检查)工具和 PCB 的 DRC(设计规则检查)工具能帮助设计者更快地查出和改正错误。

(6) 全面兼容 Protel 系列以前版本的设计文件,并提供了 OrCAD 格式文件的转换功能。

(7) 提供了全新的 FPGA 设计的功能,这好似以前的版本所没有提供的功能。

3. Protel99SE

Altium 的 Protel 电路设计工具,集成电路原理图设计,电路模拟仿真、PCB 板图设计、光绘文件分解输出、PLD 逻辑设计和模拟分析等于一体,是一个综合性的开发环境软件工具,在中国的应用非常广泛。

Protel99SE 是 Protel 近十年来致力于 Windows 平台开发的结晶,它能实现从电学概念设计到输出物理生产数据,以及这之间的所有分析、验证和设计数据的管理。Protel99SE 可以毫无障碍地读 Orcad、Pads、Accel(PCAD)等知名 EDA 公司设计文件。

4. Eagle

Eagle 是一款界面丰富、人性化、易于学习和使用且功能强大的原理图和 PCB 设计工具。它有很多等级功能。例如:在线正反向标注功能、批处理命令执行脚本文件、覆铜以及交互跟随布线器等功能。

由于微型计算机的普及,可在微机上运行的计算机语言工具和软件系统越来越多,软件环境的选择,将直接影响系统开发和使用的效率,而农田环境采集系统由于其任务比较特殊,更对软件环境提出了更高的要求。

一般说来,选择系统开发的语言工具,必须考虑以下因素:

(1) 对内存的要求,是否是常驻内存或 ROM 的软件,是否对内存的使用有苛刻的要求。

(2) 软件的运行速度。

(3) CPU 资源的利用率。

(4) 是否经常需要对机器多种资源进行直接控制。

(5) 程序可维持性的可读性和可移植性。

(6) 软件生产率与开发周期。

一般来说,用 C 语言、C++、VC++、VB 等高级语言编程效率较高,可读性与可移植性好,出错率低,可以缩短开发周期,也便于用户进一步开发。但存在缺点,如高级语言对内存要求较高、运行速度慢、CPU 资源利用率低;很难对具体资源和基础功能进行控制;许多农田环境采集系统的功能难以实现。面向对象的新编程语言 JAVA 的诞生被软件工业界广为接受,JAVA 是专门针对网络应用而设计的编程语言,它与 C++ 相似但比其简练,而且具有独立于软件平台的特点,从而成为建立互联软件和软件客体新工具。另外农田环境采集系统要求较完善的数据管理功能,特

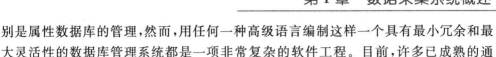

别是属性数据库的管理,然而,用任何一种高级语言编制这样一个具有最小冗余和最大灵活性的数据库管理系统都是一项非常复杂的软件工程。目前,许多已成熟的通用数据库管理系统,诸如 Foxpro、Sybase、Access、Oracle 等都提供用户可编程式命令语言,这些语言可以被看作是具有较强数据库管理功能的超高级语言工具,均适用于农田环境采集系统的属性数据管理。

1.3.3　软件开发工具

软件开发工具包(Software Development Kit,SDK)是一些被软件工程师用于为特定的软件包、软件框架、硬件平台、操作系统等建立应用软件的开发工具的集合。

它或许只是简单地为某个程序设计语言提供应用程序接口的一些文件,但也可能包括能与某种嵌入式系统通信的复杂的硬件。一般的工具包括用于调试和其他用途的实用工具。SDK 还经常包括示例代码、支持性的技术注解或者其他为基本参考资料澄清疑点的支持文档。

1.3.4　程序设计语言的选择

在系统的选型问题上与硬件相比,系统软件的选择更具有重要意义。软件选择的合理与否对于系统的设计、开发与实施等各个阶段都具有深刻的影响,甚至可以说它是采集系统成败的关键因素之一。

1. 选择软件的基本原则

性能能满足建立系统的需要、具有较好的开放性和兼容性、有良好的扩充性能、有良好的用户界面和汉化条件、性能价格比良好。

2. 选择软件的方法步骤

广泛调查:包括资料收集、参加厂家的展示、老用户访问等。

选择重点:在广泛调查的基础上形成重点调查对象,一般选 4～5 个为宜。

功能分析:按事先拟定的调查大纲对重点对象的软件的功能进行逐项分析,并认真填写分析表。

实际操作:争取软件提供厂家的支持,以借用或租用的形式进行软件试运行,以自己的数据和典型操作方式上机运行被调查的软件。

性能测试:在对软件进行了一般性了解的基础上,对软件提供的每项采集将要用到的功能和性能进行测试,认真填写性能测试表。

3. 选择软件的注意事项

由于目前采集软件层出不穷,市场上销售的系统多达几百种,而且新近推出的软件大多比较复杂,又无应用的实例,短期内不易掌握,容易给调查带来一定困难。因此在选择软件时应注意以下几点:

技术人员应当研究国际国内采集软件的发展现状和软件应用方面的动态,对现有软件市场有一个比较清楚的了解。掌握厂家对软件性能测试的研究报告和对厂家提供的性能指标的研究。厂家往往夸大优点而掩饰不足,因此必须亲手测试或者通过老用户进行了解。根据经济承受能力选择合适的软件,避免盲目追求高指标、高性能,以免使应用采集时部分功能闲置而造成浪费。

1.4 采集系统总体规划设计思路

1.4.1 采集系统整体规划

按照产品开发整个过程来讲可分七大模块:即硬件电路开发模块、虫情采集传感器开发模块、下位机软件开发模块、网络通信开发模块、数据服务器管理软件开发模块、数据库开发模块、上位机应用软件开发模块,如图1-3所示。由于每个模块开发任务不同,应在开发前将重点上下衔接和本模块重点任务首先阐明,接下来描述整个开发过程的重点内容,尽可能用实践的方式描述开发技术。

图1-3 采集系统工作流程

1.4.2 采集板硬件总体规划

田间采集站由采集器、太用能供电系统、传感器等组成,包括气压、空气温度、湿度、风向、风速、雨量、日照、地表温、土壤水分、虫情采集二路、叶面湿度等全部或部分采集要素。8路模拟量6路数字量。

硬件核心器件:由微控制器、外存储器、I/O输入/输出接口、供电电源四大部分组成。其中微控制器,就是一个小型的计算机,它由一系列简单的电路和一些支持MCU作用的简单模块组成,如晶体振荡器、定时器、看门狗、串行和模拟I/O口等等。芯片里包括非闪烁存储器和OTP ROM,用来存储程序,以及一个很小的读写程序。外存储器是MCU不能直接访问的存储器,它需要经过内存储器与MCU及I/O设备交换信息,用于长久地存放大量的包括暂不使用的程序和数据。外存储器有三种基本的存储类型:磁存储器、光存储器和闪存。

在采集器硬件电路板设计过程中,存储问题要考虑两个因素:①因为我们现阶段选择微控制器MCU芯片内部大部分都属于半导体存储器,容量较小,是否考虑外设存储器比较合适;②由于采集站和监测中心距离较远,为了提高采集的连续性,在网络运行出现故障情况下,是否考虑设计储存卡。按照新疆区域实际情况必须考虑克服上面两种因素产生后果。I/O输入/输出接口模块主要包括A/D模块、D/A模块、

RS-232 模块、RS-485 模块、GPRS/CDMA 通信模块、液晶显示模块等,主要表现在主芯片与 I/O 输入/输出接口模块连接,同时也属于采集器硬件主要具备功能。供电电源应从两部分考虑:其一利用太阳能电池将太阳能转换成直流电后,经充电电路存储到蓄电池,再经过放电电路,按不同的供电要求供给不同的直流负载。其二是采集电路板供电问题:一般来说,三种电压即芯片供电电压为 3~5 V,通信模块供电电压为 5 V,传感器驱动电压为 12~24 V。

1.4.3 集传感器规划

传感器是一种检测装置,能感受到被测量的信息,并能将检测感受到的信息,按一定规律变换成为电信号或其他所需形式的信息输出,以满足信息的传输、处理、存储、显示、记录和控制等要求。它是实现自动检测和自动控制的首要环节。

根据用户需求土壤墒情采集模块可设置二路模拟量传感器:分别是土壤水分和地表温度。田间气象采集模块主要有三路模拟量传感器分别是光照强度、风速、风向和一路数字量降雨量。田间环境参数采集模块主要有四路模拟量传感器分别是空气温度、湿度、二氧化碳、作物叶面湿度等。虫情数量采集模块最少可分一路,也可分四路按模拟量,按数字量划分也可只是选择传感器采集方式不同而易。上述采集模块划分不是唯一的,可根据用户需求增加或减少,我们所强调的是采用上述传感器规划,基本上能够满足常规研究田间害虫爆发的一般规律。

传感器电源 12~24 V 宽电压供电、4~20 mA 电流输出,已经成为一种工业标准。在与电流输出的传感器接口的时候,为了把传感器(变送器)输出的 1~10 mA 或者 4~20 mA 电流信号转换成为对应的 1~5 V 电压信号,往往都会在后级电路的最前端配置一个 I/V 转换电路,就可以把输入电流转换成为信号电压,其取样电阻可以按照 $V_{in}/I=R$ 求出,V_{in} 是单片机需要的满度 A/D 信号电压,I 是输入的最大信号电流。

1.4.4 采集芯片软硬件规划

整个采集系统是以应用为中心,以计算机技术为基础,并且软硬件可裁剪,适用于应用系统对功能、可靠性、成本、体积、功耗有严格要求的专用计算机系统。它一般由采集器微处理器、外围硬件设备、采集器软件系以及用户的应用程序等四个部分组成,用于实现对其他设备的控制、监视或管理等功能。

采集器将 CPU、存储器、I/O 接口芯片和简单的 I/O 设备等装配在一块线路板上,再配上监控程序(固化在 ROM 中)就构成了单板机,按照不同需求功能所设计的单板机的功能不同。

1. 采集电路硬件规划

CPU 最小系统晶振和时钟以及复位电路、存储器(铁存、外设 SD 存储卡)、I/O 接口芯片和输入/输出设备(8 路模拟量、6 路数字量、4 路开关输出量、无线通信接口、RS485 串口、RS232 串口、液晶显示接口、采集子站接口)等单板机供电电源。

2. 芯片内软件规划

芯片软件对应硬件接口,用软件语言编写指令,包括指令格式、寻址方式、指令分类和数据传送类指令,将采集数据进行内存分配、设备分配、并行机制、存储管理、文件管理、设备管理和作业管理,进程(任务)调度、同步机制、死锁防止、容错和恢复机制等。语言处理系统的功能是各种软件语言的处理程序,它把用户用软件语言书写的各种源程序转换成为计算机可识别和运行的目标程序,从而获得预期结果。

1.4.5 采集系统通信规划

1. 通信系统的组成

可以把通信系统概括为一个统一的模型。这一模型包括信源、变换器、信道、噪声源、反变换器和信宿 6 个部分。通信网是由一定数量的节点,包括终端设备和交换设备,和连接节点的传输链路相互有机地组合在一起,以实现两个或多个规定节点间信息传输的通信体系。也就是说,通信网是由相互依存、相互制约的许多要素组成的有机整体,用以完成规定的功能。通信网在硬件设备方面的构成要素是终端设备、传输链路和交换设备。为了使全网协调合理地工作,还要有各种规定,如信令方案、各种协议、网路结构、路由方案、编号方案、资费制度与质量标准等,这些均属于软件。终端设备是用户与通信网之间的接口设备。

2. 数据通信过程

微控制器将所采集的信息非电物理量转换为电量,再由电量信号转换为适合于在信道中传输的信号。它要完成调制、放大、滤波、发射四个环节,必须通过标准 RS232 接口与无线通信模块 GPRS/CDMA 连接,向监测中心发送信号,然后通过 Internet 网络 TCP/IP 协议栈,再接收信号反变换过程,进行解调、译码、解密等处理过程,把接收到的信号转换成源码信号,此过程完成数据通信整个过程。

3. 网路通信过程

采集工作站(以下简称采集站)与监测中心(以下简称中心)通信,这时采集站首先要封装这些需要发给中心的数据包,那么对于采集站来说,设定的 IP 发送端地址和 MAC(网卡地址)与中心的接收端 IP 地址和 MAC 必须一致,要不然它就不清楚采集站将要和谁通信,无线通信模块 GPRS/CDMA 将采集站数据包发射到公网,由公网进入 Internet 这时采集工作站就通过比较上面已经封装好的发送端 IP 和接收端 IP,通过子网掩码计算一下,发现发送端 IP 和接收端 IP 恰好在同一个 IP 网络内,那么它想要得到监测中心的 MAC 就有办法了,首先采集站就向本网段发过一个 ARP 请求,这个 ARP 请求包中包括采集工作站的发送端 IP 地址,发送端 MAC,监测中心的 IP 地址,而接收端 MAC 地址为广播 MAC 地址,因为我们要找的就是接收端 MAC,所以这里用广播 MAC 地址,又因为是以太网,所以整个局域网的所有主机都能收到这个请求 MAC 地址的数据包,当然监测中心也能收到,因此在监测中心收到此 ARP 请求后,立即构建一个包括自己的 MAC 地址的 ARP 回应包,回应给采集站,当采集站收到这个 ARP 回应后,终于完成了找寻接收端 MAC 的重大任务,从而把监测中心的 MAC 地址正确封装进上面还未封装结束的、正准备发给监测中心的数据包,在这时,发送端 IP 和 MAC 以及接收端 IP 和 MAC 都已正确存在于数据包中,那么这里采集站向网络内发出这些数据包,因为监测中心地址在本网段,所以本网段所有主机都能收到这个数据包(这是以太网的特性),最后只有真正监测中心能够打开这些数据包,在此,采集工作站与监测中心通信完成了网路通信过程。

1.4.6　数据管理服务器规划

在规划数据服务管理系统前,我们首先应调研它的核心任务是什么,工作方式要完成哪些功能,当我们确定这些以后自然就会对症下药,进行对数据服务器系统的规划,下面我们简单地进行描述。

(1)从下位机到上位机整体通信机制上讲,从下位机传输到上位机的数据,每一个采集器通信请求,要和它三次握手,在 TCP/IP 协议设定 IP 地址端口号,即在芯片固件里设定 IP 地址,系统将像一把钥匙,同时设定端口号 0~9999 区间内,它就好像门牌号一样,当数据传输到数据服务器端时,IP 和我们设定的端口号检索与下位机相同的地址门牌号和门锁,当下位机与上位机门牌号和门锁一致时,便打开上位机大门,下位机所采集的数据立刻进入我们设定存储地址内。

(2)按照全双工通信方式来讲,我们所采用的短信预警是将上位机发出的预警指令传输到下位机,借助下位机 GIS 卡(卡号×××),再向公网发送,由公网向我们事先设定预警对象发送。在整个预警通信过程有两种方式。第一种方式是自动预警发射,例如:当我们日平均所设定虫情数量超过 7 头以上,达到数据服务器设定上限值自动就会向短信服务器发出请求指令,短信服务器立刻响应按照事先设定短信语句和预警对象,便及时请求下位机 GIS 卡(卡号×××),这时下位机 GIS 卡起到中继的作用,转发到公网由公网向预警对象发送。第二种方式是人工设定预警发射,人为应急突发事件,在上位机界面上既可以重新设定预警对象,又可以重新设置短信语句,整个通信过程简单地讲,也就是由上位机界面将人工预警指令发送到 Web 服务器上,Web 服务器将预警信息再发送到短信服务器上,其他部分与第一种方式相同。

(3)期初我们设想在新疆区域设置一套数据服务器就能够胜任满足数据存储任务,这样可以给用户减少硬件投资,同时维护也很方便,但是在现实生活中用户还没有真正体验信息化资源共享的好处,加之政府统管力度还不到位,广大用户更喜欢各自分管自己的服务器,那么我们在设计数据服务器软件时有必要设定 IP 地址和 GIS 卡号等参数,以利于扩大各用户需求。数据服务器除接收信号和发出指令以外还将所接收信号进行解码作用。

(4)将田间下位机所采集的数据库存储到数据库,只能完成数据寄存问题,最终的问题是将寄存的数据通过一定的形式，或者我们把它叫做 JDBC 协议栈转换成适应 Web 服务器格式的信息。实现我们能浏览实时数据信息和查询过去所采集的数据，并将数据库更多寄存的数据通过 HTTP 协议表现在 html 网页的界面里，达到浏览田间历史数据、当日累计数据、实时数据等功能。

1.4.7 数据库设计规划

数据库系统的主要功能包括数据库的定义和操纵、共享数据的并发控制、数据的安全和保密等。按数据定义模块划分，数据库系统可分为关系数据库、层次数据库和网状数据库。按控制方式划分，可分为集中式数据库系统、分布式数据库系统和并行开发数据库管理系统。数据库系统开发的主要内容包括数据库设计、数据模式、数据定义和操作语言、关系数据库理论、数据完整性和相容性、数据库恢复与容错、死锁控制和防止、数据安全性等。

1. 数据存储过程

数据存储过程就好像我们企业仓库一样，当采购员在市场采购物品入库，办理入库手续，库管员按照分类规范标示，寄存在仓库一个货架上，当我们生产需要此材料，我们可以通过在会计处开具的领料单，找到库管员从仓库内领出，我们从田间所采集的数据通过无线 GPRS/CDMA 通信模块，TOP/IP 协议栈，寄存到数据仓库内，由 Web 服务器从数据仓库内提取，通过我们浏览、查询整个过程也就是数据库工作原理。

2. 数据库应用中设计模式

三层结构是传统的客户/服务器结构的发展，代表了企业级应用的未来，典型的有 Web 下的应用，三层架构三层体系的应用程序将业务规则、数据访问、合法性校验等工作放到了中间层进行处理。通常情况下，客户端不直接与数据库进行交互，而是中间层向外提供接口，通过 COM/DCOM 通信或者 HTTP 等方式与中间层建立连接，再经由中间层与数据库进行交互。当然数据通过中间层的中转无疑是降低了效率，但是它脱离于界面与数据库的完美封装，使得它的缺点显然不值得一提。

1.4.8 上位机系统总体规划

上位机最基本功能就是在网页上显示所采集的数据，我们把网页一般又称 HTML 文件，是一种可以在 WWW 上传输、能被浏览器认识和翻译成页面并显示出来的文件。文字与图片是构成一个网页的两个最基本的元素，除此之外，网页的元素还包括图表、数字、程序等。网页是构成网站的基本元素，是承载各种网站应用的平台。

静态网页与动态网页的区别在于 Web 服务器对它们的处理方式不同。当 Web 服务器接收到对静态网页的请求时，服务器直接将该页发送给客户浏览器，不进行任何处理。如果接收到对动态网页的请求，则从 Web 服务器中找到该文件，并将它传递给一个称为应用程序服务器的特殊软件扩展,由它负责解释和执行网页,将执行后的结果传递给客户浏览器。

最简单的 Web 应用程序其实就是一些 HTML 文件和其他的一些资源文件组成的集合。Web 站点则可以包含多个 Web 应用程序。Web 应用程序就是一种通过互联网能够让 Web 浏览器和服务器通信的计算机程序。不同于静态网站的,Web 应用程序动态创建页面。采用动态方式生成的 Web 站点通过使用计算机程序来实现动态的特性。这种动态的应用程序可以用各种计算机语言来编写。运行 Web 程序所需要的最基本的组成部分有网页、Web 服务器、客户端浏览器以及在客户端和 Web 服务端提供通信的 HTTP 协议。

浏览器是阅读和浏览 Web 的工具,它是通过客户端/服务器方式与 Web 服务器交互信息的。一般情况下,浏览器就是客户端,它要求服务器把指定信息传送过来,然后通过浏览器把信息显示在屏幕上。就像从电视上看到画面一样,浏览器实际上是一种允许用户浏览 Web 信息的软件,只不过这些信息是由 Web 服务器发送出来的。

在开发上位机过程中,采用"分而治之"的思想,把问题划分开来各个解决,易于控制,易于延展,易于分配资源。一般情况下按照三层结构模式编写代码:

(1) 表示层负责直接跟用户进行交互,一般也就是指系统的界面,用于数据录入,数据显示等。意味着只做与外观显示相关的工作,不属于它的工作不用做。

(2) 业务逻辑层用于做一些有效性验证的工作,以更好地保证程序运行的稳健性。如完成数据添加、修改和查询业务等;不允许指定的文本框中输入空字符串,数据格式是否正确及数据类型验证;用户的权限的合法性判断等,通过以上诸多判断,可以决定是否将操作继续向后传递,尽量保证程序的正常运行。

(3)数据访问层顾名思义,就是用于专门跟数据库进行交互。执行数据的添加、删除、修改和显示等。需要强调的是,所有的数据对象只在这一层被引用,如 System. Data. SqlClient 等,除数据层之外的任何地方都不应该出现这样的引用。除开发者简单地了解上位机系统规划以外,还必须熟悉上位机一般性概念,像网页、Web 服务器、HTTP 协议等相关知识。

总之,在开发和设计采集系统整个过程中,首先将一个采集整体系统划成两大块模型:上位机、下位机。其次再将下位机或上位机划成若干块小模块,下位机可划成硬件模块、芯片软件模块,同样上位机可划成数据服务器模块、数据库脚本模块、Web 服务器应用程序模块,这种方法就贯穿了分而治之的思想,也就是将复杂的问题简单化,将整个大系统模块分解成若干个小系统模块,由繁琐转化成简单,不仅硬件电路可以从整块采集板划分成若干块功能模块,而且软件同样如此按照功能模块划分成若干个小模块,其目的就是为了开发期间我们便于设计。特别强调是我们还要将小系统整合成大系统达到我们所开发一个采集系统整体目标。采集系统整体规划如表 1-5 所列。

表 1-3 嵌入式产品开发整体规划任务分配表

内容 流程		下位机			上位机			备注
		硬件电路	固件程序	无线通信	数据服务器	数据库脚本	Web 服务器	
可行性报告		↑ →	← ↑ →	← ● →	← ↑ →	● →	← ↑ ↓	
需求分析		↑ →	← ↑	← ● →	← ↑	● →	← ↑ ↓	
总体设计		↑ →	← ↑ →	← ● →	← ↑ →	● →	← ↑ ↓	
详细设计		↑ →	← ↑ →	← ● →	← ↑ →	● →	← ↑ ↓	
实现	电路	↑ →	← ●	← ● →	○	● →	○	
	代码	○	← ↑ →	← ● →	← ↑ →	● →	← ↑ ↓	
测试	单元	↑ →	← ↑ →	← ● →	← ↑ →	● →	← ↑ ↓	
	集成	↑ →	← ↑ →	← ● →	← ↑ →	● →	← ↑ ↓	
	联调	↑ →	← ↑ →	← ● →	← ↑ →	● →	← ↑ ↓	
运行	环境	↑ →	← ↑	← ● →	← ↑	● →	← ↑ ↓	
	维护	↑ →	← ↑	← ● →	← ↑	● →	← ↑ ↓	
符号说明		1、箭头↑表示具备独立装置可以是硬件也可以是软件,箭头→表示与左边开发流程相关,箭头←表示与右边开发流程相关,黑色圆圈●表示含有协议栈节点,空圆圈○表示无内容表示符,箭头↑↓上下表示可接收和发射信号						

1.5 系统的整体架构

1.5.1 整体架构规划

农田病虫害监测预警系统如图 1-4 所示。

1.5.2 系统要达到的目标

(1)传感器。传感器包括空气温度、空气湿度、风向、风速、降雨量、土壤水分、叶面湿度、光照强度、虫情检测、二氧化碳等传感器。

(2)采集器。采集器负责实时采集田间传感器参数,并把参数发给采集程序。

(3)采集程序。实时和定时采集各个采集器的传感器数据,经过处理后存入数据库。

(4)数据库服务器。数据库中心是所有数据入库、数据报表、数据显示的来源。它和 Web 服务器、采集软件、告警系统和客户终端(浏览器终端)关联。

(5)Web 服务器。客户端通过访问 Web 服务器获得数据,客户根据不同的权限要求,只能访问受限的数据。

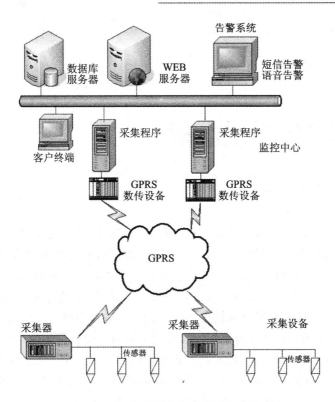

图1-4　农田病虫害监测预警系统

权限管理:省级管理地州、市;地州级管理县乡级。

（6）告警系统。短信功能:系统能够根据设定将相关信息以字符和数据的形式发送到设定的手机。

自动语音通话功能:当系统设定了预置的电话、语音信息、通话条件后,一旦满足了通话条件,则系统自动拨通设定的电话,将事先预制的信息以语音的形式传递出去,如果拨不通则会根据设定继续拨打。

（7）客户终端。客户操作查询数据的终端,用IE浏览器登录操作。

第**2**章

硬件电路设计分析

2.1 硬件开发任务

　　农田病虫害监测预警系统,按功能性划分由两部分组成,硬件部分主要包括传感器、采集板、通讯设备、太用能供电系统、PC 等;软件部分主要由采集芯片固件软件和数据服务器软件以及客户端应用软件包括运行环境搭建等软件组成。按照工作方式划分监测中心(以下简称监测站)、田间采集工作站(以下简称采集站)。监测站主要工作任务是将采集站所采集数据进行分析、处理、储存、发布,并根据所设定采集虫情数量数据上下限值、土壤水分体积含水量上下限值发出预警指令,预告农业技术人员当前田间虫情实时动态值。采集站主要工作任务是将田间环境参数因子按照用户所需采集气压、空气温度、湿度、风向、风速、降雨量、日照、地表温度、土壤水分、虫情、叶面湿度、二氧化碳等传感器数据,通过无线通信模块 GPRS/CDMA 方式发送到监测站。系统总体结构拓扑图如图 2-1 所示。

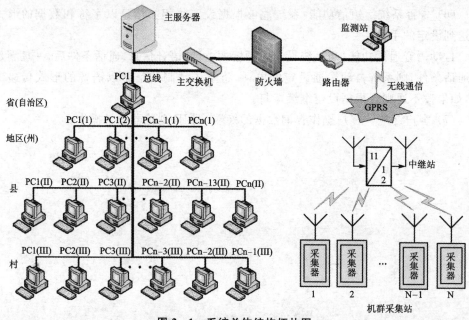

图 2-1　系统总体结构拓扑图

随着作物生长期各种要素值的变化,农田采集站的各种传感器的感应元件输出的电量产生变化,这种变化量被 MCU 实时运算给出相对应的数据值,经过线性化和定量化处理实现工程量到要素量的转换,再对数据进行模型化处理,得出所采集作物生长环境参数要素值,并按事先软件程序设定的格式存储在数据库内。并将作物生长环境参数要素值显示在 PC 屏幕上,同时根据业务需要实现所监测地块作物长势环境参数因子报告的编发,形成田间作物参数记录报表和农作物实时数据文件。

2.1.1　硬件系统组成

1. 采集系统组成

由中心站、中继站、采集站、手持机(可选配)、四级节点硬件配置(按规模选择配置)等五部分组成,是一种能自动收集、处理、存储或传输远程监测信息的装置。一般由传感器、数据采集器、PC、系统电源、通信接口、整套软件等组成。

2. 采集站

采集站由采集器、压电陶瓷或红外线,土壤水分、空气温、湿度、作物叶面、风速等传感器(可根据用户选择配置)、通信转换器和系统电源、蓄电池、电源控制器、防雷器、太阳能电池极板、下位机软件、可扩展通信接口等设备组成。其核心任务就是利用传感器技术将所采集虫情实时动态数据信息,及时发送到监测中心,并将接收反馈指令经处理后发送到农技管理员手机上,从而实现害虫监测预警目的。

3. 监测站

监测站由 PC、服务器、路由器、打印机、显示器、键盘、集群控制器(根据用户规模大小选择确定)、集群收发器(根据用户规模大小选择确定)、后台软件等辅助设备组成。其主要目标就是运用计算机技术将田间采集接收信息、储存、判断、分析、处理提出田间环境参数实时优化的参数,并将信息反馈发送给集群收发器,最终实现田间环境参数极限预警功能。

工作方式包括四级。一级省监测站主要汇集处理来自若干地州监测站的报表数据,它享有最高权限,能够访问其他地州、县市、乡镇监测站及任一采集站数据。二级地区监测站主要汇集处理管辖的县、市监测站的数据报表,能够访问管辖的县市、乡镇监测站的数据及管辖的乡镇内任一采集器数据。三级县监测站主要汇集处理各县、乡、镇管辖的监测站的数据报表,能够访问县管辖的乡镇监测站的数据及管辖的任一采集站数据。四级乡、镇、村监测站主要汇集处理各乡镇、村管辖的田间采集器数据,能够访问各乡镇、村监测站管辖的任一采集器数据。

2.1.2　采集系统工作原理

1. 采集器工作原理

采集器利用太阳能绿色电源、压电陶瓷或红外线传感器采集不同的害虫,选择不同的诱芯,将诱芯存放在诱集容器内,当所采集害虫闯入诱集容器内触碰到压电陶瓷传感器就会产生非线性脉冲信号,此脉冲信号经调理后就会计数 1 次,触碰二次计数 2 次,依此类推,这就是我们所需要的虫情数量计数。在采集害虫数量的同时,也在采集农田环境的温度、湿度和土壤水分等环境参数,关键是找到建立虫情数量与农田环境参数变化规律关系模型。

采集站的运行模式有工作时态和休眠时态,通常是处在休眠时态,此时态只有电源管理部分和 GPRS/CDMA 无线分组网络模块处于工作状态,当 GPRS/CDMA 无线分组网络模块接收到采集唤醒指令后,将采集唤醒命令广播出去,因为采集唤醒命令中包含采集站的区号和 ID 号,当区号和 ID 号相对应的采集站接收到采集唤醒命令后,当系统启动完成后,同时采集相应的各项信息数据,并将采集到的各项数据信息通过通信模块发送出去,安装有 GPRS 模块的主站接收到包含区号和 ID 号的数据信息后,通过 GPRS 通信模块将该信息发送到已经通过 TCP/IP 连接的监控站,当采集站完成数据信息采集传输后,采集进入休眠时态,等待下次采集唤醒指令。

2. 采集系统的组成

采集器是整个采集系统的嵌入式一种形式,与上位机系统本质上没有很大区别,由四部分组成,即硬件层、中间层、软件层、功能层,与执行装置各自承担不同的工作任务。

(1)硬件层。硬件层是由采集器微控制器、存储器系统、通用设备接口和 I/O 接口(A/D、D/A、I/O 等)组成。在一片采集微控制器基础上增加电源电路、时钟电路和存储器电路(ROM 和 SDRAM 等),就构成了一个采集器核心控制模块。其中操作系统或应用程序都可以固化在 ROM 中。

(2)中间层。中间层也称为硬件抽象层或板极支持包,它把系统软件与底层硬件部分隔离,使得系统的底层设备驱动程序与硬件无关。BSP 具有两个特点:操作系统相关性和硬件相关性。

设计一个完整的 BSP 需要完成两部分工作:采集器系统的初始化,片级初始化、板级初始化和系统级初始化和设计硬件相关的设备驱动。

(3)软件层。软件层由实时多任务操作系统(RTOS)、文件系统、图形用户接口(GUI)、网络系统及通用组件模块组成。RTOS 是采集器应用软件的基础和开发平台。RTOS 实际上是一段采集器目标代码中的程序,系统复位后首先执行,相当于用户的主程序,用户的其他应用程序都建立在 RTOS 之上。RTOS 是一个标准的内核,它将 CPU 时钟、中断、I/O、定时器等资源都封装起来,留给用户的是一个标准的 API 函数接口。

(4)功能层与执行装置。功能层由基于 RTOS 开发的应用程序组成,用来完成对被控对象的控制功能。功能层是面向被控对象和用户的,为方便用户操作,往往需要提供一个友好的人机界面。

执行装置是指那些可以接受采集器计算机系统发出的控制命令,执行所规定的操作或任务的设备和装置。在不同的应用领域中,采集器系统的执行装置一般是不同的,应该根据具体的应用场合和系统所要求实现的功能选择不同的设备和执行装置(详见图 2-2 硬件设计框架图)。

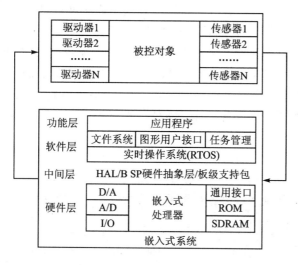

图 2-2　硬件设计框架图

2.2　硬件设计思路

2.2.1　采集板总体架构设计思路

1. 采集板电路设计思路

整体采集系统我们不妨用人体来比喻可能会形象一点,容易理解。采集系统就好像人体一样,具有有五脏六腑,人体的脸就好像显示器一样,心脏像单片机的晶振一样,人的嘴巴就好像采集板的输入端口一样,采集传感器就好像人的五官一样,软件就像嵌入人脑的指挥系统一样,当我们用现实仿真物体联想微观抽象物体就不难理解,在硬件设计中我们也不例外构架硬件设计模型。思考时必须遵循两个基本原则,一是仍然要依赖用户需求来源,二是要通过用仿生现实的物体去遐想微电子抽象物体,两方面结合起来就很容易构思出我们所需要的总体硬件电路。

一般来说硬件电路由四大部分组成,即微控制器(MCU)、外存储器、输入设备、输出设备;从用户需求角度考虑,采集气压 1 路、空气温度、湿度各 1 路、风向 1 路、风速 1 路、日照 1 路、地表温度 1 路、土壤水分 2 路、叶面湿度 1 路、二氧化碳 8 路模拟量传感器,虫情 2 路(数字脉冲量)、降雨量 1 路、4 路数字量传感器和输出开关量 4 路,从现场实际情况考虑,是否考虑采集子站?包括子站传输最大距离?是否考虑采集板液晶显示?知道用户需求后由选择核心器件-微控制器。从技术角度考虑,微控制器最小系统的构成由电源电路、晶振电路、复位电路、存储器接口、中断接口及

JTAG 接口以及上述传感器字节存储容量等因素,考虑是否外设存储器? 从产品扩展角度考虑:选择什么样扩展串口方式比较合适? 一般来说选择 RS232 和 RS485 比较合适,从通信角度考虑:选择哪种通信方式既经济又可靠,最后从芯片内部保护角度考虑:选择什么样的保护电路符合所选择 MCU 保护要求。

采集系统的硬件电路设计包含两部分内容:一是系统扩展,即单片机内部的功能单元,如 ROM、RAM、I/O、定时器/计数器、中断系统等不能满足应用系统的要求时,必须在片外进行扩展,选择适当的芯片,设计相应的电路;二是系统的配置,即按照系统功能要求配置外围设备,如键盘、显示器、A/D、D/A 转换器等,要设计合适的接口电路。

依据产品开发需求:本产品模拟量输入 8 路,数字量输入 4 路,围绕硬件设计任务的要求,结合软件的设计,选择合适的电路元件,设计合理的接口电路以便能够高效率、稳定合理、方便地实现多路数据采集(详见图 2-3 硬件采集器设计框图)。

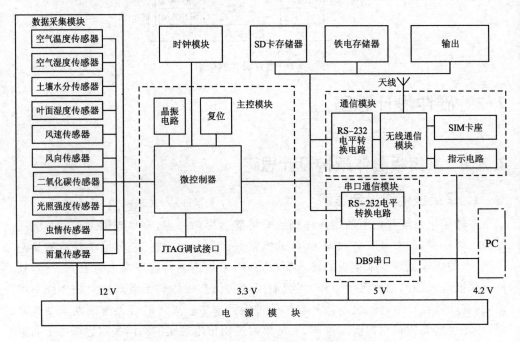

图 2-3 硬件采集器设计框图

2. 硬件设计基本原则

(1) 尽可能选择典型电路,并符合单片机常规用法。使硬件系统的标准化、模块化打下良好的基础。

(2) 系统扩展与外围设备应充分满足应用系统的功能要求,并留有适当余地,以便进行二次开发。

(3) 硬件结构应结合芯片软件方案一并考虑。硬件结构与软件方案会产生相互

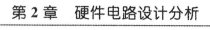

影响,考虑的原则是:软件能实现的功能尽可能由软件实现,以简化硬件结构。但必须注意,由软件实现的硬件功能一般响应时间比硬件实现长,且占用 CPU 时间。

(4) 系统中的相关器件要尽可能做到性能匹配。如选用 CMOS 芯片单片机构成低功耗系统时,系统中所有芯片都应尽可能选择低功耗产品。

(5) 可靠性及抗干扰设计是硬件设计必不可少的一部分,它包括芯片、器件选择、去耦滤波、印制电路板布线、通道隔离等。

(6) 外围电路较多时,必须考虑其驱动能力。驱动能力不足时,系统工作不可靠,可通过增设线驱动器增强驱动能力或减少芯片功耗来降低总线负载。

(7) 尽量朝"单片"方向设计硬件系统。系统器件越多,器件之间相互干扰也越强,功耗也增大,也不可避免地降低了系统的稳定性。

3. MCU 芯片设计思路

MCU 是把那些作为控制应用所必需的基本内容都集成在一个尺寸有限的集成电路芯片上。如果按功能划分,它由以下功能部件组成,即微处理器(MCU)、数据存储器(RAM)、程序存储器(ROM/EPROM)、并行 I/O 口、串行口、定时器/计数器、中断系统及特殊功能寄存器。它们都是通过片内单一总线连接而成,其基本结构依旧是 MCU 加上外围芯片的传统结构模式。但对各种功能部件的控制是采用特殊功能寄存器的集中控制方式。

中央处理器 CPU 是单片机内部的核心部件,它决定了单片机的指令系统及主要功能特性。CPU 由运算器和控制器两部分组成。运算器是以算术逻辑单元为核心,加上累加器 A、寄存器 B、程序状态字及专门用于位操作的布尔处理机等组成,它可以实现数据的算术运算、逻辑运算、位变量处理和数据传送操作等。控制器是单片机的神经中枢,它包括控制逻辑(时基电路、复位电路)、程序计数器 PC、指令寄存器、指令译码器、堆栈指针、数据指针寄存器以及信息传送控制等部件。

控制器以主振频率为基准产生 CPU 的时序,对指令进行译码,然后发出各种控制信号,完成一系列定时控制的微操作,对外发出地址锁存 ALE、外部程序存储器选通/PSEN,数据存储器读(/RD)、写(/WR)等控制信号;处理复位 RST 和外部程序存储器访问控制/EA 信号,是单片机的控制中心。

MSP430 系列是一个 16 位的、具有精简指令集的、超低功耗的混合型单片机,其主要特点如下:

(1) 低电源电压范围为 1.8～3.6 V。

(2) 超低功耗,拥有 5 种低功耗模式(1.8～3.6 V 供电电压范围、200 μA @ 1 MHz, 2.2 V、活动模式、0.7 μA 备用模式、0.1 μA 保持 RAM 数据、6 μs 从备用模式唤醒)。

(3) 灵活的时钟使用模式。

(4) 高速的运算能力,16 位 RISC 架构,125 ns 指令周期。

(5) 丰富的功能模块,这些功能模块包括:A:多通道 10～14 位 A/D 转换器;B:

双路 12 位 DA 转换器；C：比较器；D：液晶驱动器；E：电源电压检测；F：串行口 US-ART(UART/SPI)；G：硬件乘法器；H：看门狗定时器，多个 16 位、8 位定时器(可进行捕获，比较，PWM 输出)；I：DMA 控制器。

(6) MSP430 芯片上包括 JTAG 接口，仿真调试通过一个简单的 JTAG 接口转换器就可以方便的实现如设置断点、单步执行、读写寄存器等调试。

(7) 快速灵活的变成方式，可通过 JTAG 和 BSL 两种方式向 MCU 内装在程序。

在运算速度方面，MSP430 系列单片机能在 8 MHz 晶体的驱动下实现 125 μs 的指令周期。16 位的数据宽度、125 μs 的指令周期以及多功能的硬件乘法器相配合，能实现数字信号处理的某些算法(如 FFT 等)。

MSP430 系列单片机的中断源较多，并且可以任意嵌套，使用时灵活方便。当系统处于省电的备用状态时，用中断请求将它唤醒只需 6 μs。

超低功耗 MMSP430 单片机之所以有超低的功耗，是因为其在降低芯片的电源电压及灵活而可控的运行时钟方面都有其独到之处。

首先，MSP430 系列单片机的电源电压采用的是 1.8～3.6 V 电压。因而可使其在 1 MHz 的时钟条件下运行时，芯片的电流会在 0.1～400 μA 之间。

其次，独特的系统时钟系统的设计，在 MSP430 系列中有两种不同的系统时钟系统：基本时钟系统和锁频环(FLL 和 FLL＋)时钟系统。有的使用一个晶体振荡器 32 768 Hz，有的使用两个晶体振荡器，一个为 32 768 Hz，另一个为高频振荡器。由系统时钟系统产生 CPU 和各功能模块所需的时钟。并且这些时钟可以在指令的控制下打开和关闭，从而实现对总体功耗的控制。

由于系统运行时打开的功能模块不同，即采用不同的工作模式，芯片的功耗有着显著不同。在系统中共有一种活动模式(AM)和五种低功耗模式(LPM0～LPM4)。在等待方式下，耗电为 0.7 A，在节电方式下，最低可达 0.1 A。

系统工作稳定上电复位后，首先由 DCOCLK 启动 CPU，以保证程序从正确的位置开始执行，保证晶体振荡器有足够的起振及稳定时间。然后软件可设置适当的寄存器的控制位来确定最后的系统时钟频率。如果晶体振荡器在用作 CPU 时钟 MCLK 时发生故障，DCO 会自动启动，以保证系统正常工作；如果程序跑飞，可用看门狗将其复位。MSP430 系列单片机功能与典型的 8 位单片机比较如表 2-1 所列。

表 2-1　MSP430 与 8 位单片机性能比较

MSP430	典型的 8 位单片机
32 kHz 晶振	20 MHz 晶振
DCO 作为主时钟发生器	内部 4 分频
主时钟：4 MHz＝250 ns	主时钟：5 MHz＝200 ns
1 机器周期 /指令	5 机器周期 /指令
250 ns 指令周期，16 位操作	1 000 ns 指令周期，8 位操作

控制器是单片机的指挥控制部件,控制器的主要任务是识别指令,并根据指令的性质控制单片机各功能部件,从而保证单片机各部分能自动而协调地工作。

单片机执行指令是在控制器的控制下进行的。首先从程序存储器中读出指令,送指令寄存器保存,然后送至指令译码器进行译码,译码结果送定时控制逻辑电路,由定时控制逻辑产生各种定时信号和控制信号,再送到单片机的各个部件去进行相应的操作。这就是执行一条指令的全过程,执行程序就是不断重复这一过程。控制器主要包括程序计数器、程序地址寄存器、指令寄存器 IR、指令译码器、条件转移逻辑电路及时序控制逻辑电路。

2.2.2　存储器设计思路

1. 存储器工作原理

存储器是由成千上万个"存储单元"构成的,每个存储单元存放一定位数(微机上为 8 位)的二进制数,每个存储单元都有唯一的编号,称为存储单元的地址。"存储单元"是基本的存储单位,不同的存储单元是用不同的地址来区分的,就好像居民区的一条街道上的住户是用不同的门牌号码来区分一样。一个存储器就像一个个的小抽屉,一个小抽屉里有 8 个小格子,每个小格子就是用来存放"电荷"的,电荷通过与它相连的电线传进来或释放掉,至于电荷在小格子里是怎样存的,就不用我们操心了,你能把电线想象成水管,小格子里的电荷就像是水,那就好理解了。存储器中的每个小抽屉就是一个放数据的地方,我们称之为一个"单元"。它是利用电平的高低来存放数据的,也就是说,它存放的实际上是电平的高、低,而不是我们所习惯认为的1234 这样的数字。

存储器的主要功能是存储程序和各种数据信息,并能在计算机运行过程中高速、自动地完成程序或数据的存取。存储器是具有"记忆"功能的设备,它用具有两种稳定状态的物理器件来存储信息,这些器件也称为记忆元件。由于记忆元件只有两种稳定状态,因此在计算机中采用只有两个数码"0"和"1"的二进制来表示数据。记忆元件的两种稳定状态分别表示为"0"和"1"。日常使用的十进制数必须转换成等值的二进制数才能存入存储器中。计算机中处理的各种字符,如英文字母、运算符号等,也要转换成二进制代码才能存储和操作。

计算机采用按地址访问的方式到存储器中存数据和取数据,即在计算机程序中,每当需要访问数据时,要向存储器送去一个地址指出数据的位置,同时发出一个"存放"命令,或者发出一个"取出"命令。这种按地址存储方式的特点是,只要知道了数据的地址就能直接存取。但也有缺点,即一个数据往往要占用多个存储单元,必须连续存取有关的存储单元才是一个完整的数据。

存储器用来存放计算机程序和数据,并根据微处理器的控制指令将这些程序或数据提供给计算机使用。存储器一般分为内存储器和外存储器。

(1)内存:内存储器简称内存。内存空间由存储单元组成,每个单元存放 8 位二进制数,称为一个字节。存储单元的数量称为存储容量。内存容量可用 MB 来衡量。内存主要以半导体存储为主,为可读写的随机存取存储器(RAM),允许以任意顺序访问,即采用按地址存(写)取(读)的工作方法。内存的全部存储单元按一定顺序编号,这种编号就称为存储器的地址。当访问内存时,来自地址总线的存储器地址经地址译码后,选中制定的存储单元,而读写控制电路根据读写命令实施对于存储器的读写操作,数据总线则用于传送进出内存的信息。

(2) 外存:外存储器简称外存。外存是存放程序和数据的"仓库",可以长时间地保存大量信息。外存与内存相比容量要大得多,但外存的访问速度远比内存要慢,所以计算机的硬件设计都是规定 MCU 只从内存取出指令执行,并对内存中的数据进行处理,以确保指令的执行速度。当需要时,系统将外存中的程序或数据成批地传送到内存,或将内存中的数据成批地传送到外存。

2. 半导体存储器基本概念

单片机是一种集成的电路芯片采用了超大规模技术把具有运算能力(如算术运算、逻辑运算、数据传送、中断处理)的微处理器(MCU),随机存取数据存储器(RAM),只读程序存储器(ROM),输入/输出电路(I/O 口),可能还包括定时计数器,串行通信口(SCI),显示驱动电路(LCD 或 LED 驱动电路),脉宽调制电路(PWM),模拟多路转换及 A/D 转换器等电路集成到一块单片机上,构成一个最小然而很完善的计算机系统。这些电路能在软件的控制下准确快速地完成程序设计者事先规定的任务。

存储器是具有记忆功能的部件,它是由大量的记忆单元或称基本存储电路组成,而记忆单元是用一种具有两种稳定状态的物理器件来表示二进制数的 0 和 1,这种物理器件可以是磁芯、半导体器件等。位(bit)是二进制数最基本的单位,一个记忆单元能存储二进制数的一位。

半导体存储器由地址寄存器,译码电路、存储体、读/写控制电路、数据寄存器、控制逻辑等 6 个部分组成。

衡量半导体存储器性能的指标很多,诸如功耗、可靠性、容量、价格、电源种类、存取速度等,但从功能和接口电路的角度来看,最重要的指标是存储器芯片的容量和存取速度。

3. 铁电存储技术选择

FM25CL64 是采用先进的铁电工艺制造的 64 kbit/s 非易失性存储器。铁电随机存储器(FRAM)具有非易失性,并且可以像 RAM 一样快速读写。FM25CL64 中的数据在掉电后可以保存 45 年。相对 EEPROM 或其他非易失性存储器,FM25CL64 具有结构更简单,系统可靠性更高等诸多优点。

与 EEPROM 系列不同的是,FM25CL64 以总线速度进行写操作,无须延时。数据发到 FM25CL64 后直接写到具体的单元地址,下一个总线操作可以立即开始,无

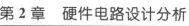
需数据轮询。此外,FM25CL64 的读写次数几乎为无限次,比 EEPROM 高得多。同时,由于无需内部升压电路,FM25CL64 的写操作功耗非常低。

FRAM 存储器具有 RAM 和 ROM 优点,读/写速度快,功耗极低,可以像非易失性存储器一样使用,不存在如 EEPROM 的最大写入次数的问题;但是 FRAM 存储器访问(主要是读操作)次数是有限的,超出限度,FRAM 存储器就不再具有非易失性。给出的最大访问次数是 100 亿次,但是并不是说在超过这个次数之后,FRAM 就会报废,而是它仅仅没有了非易失性,但它仍可像普通 RAM 一样使用。

4. 存储卡的选择

SD 卡是一种为满足安全性、容量、性能和使用环境等各方面的需求而设计的一种新型存储器件,SD 卡的技术是基于 MultiMedia 卡(MMC)格式上发展而来,大小和 MMC 卡差不多,尺寸为 32 mm×24 mm×2.1 mm。长宽和 MMC 卡一样,只是比 MMC 卡厚了 0.7 mm,以容纳更大容量的存贮单元。SD 卡与 MMC 卡保持着向上兼容,也就是说,MMC 卡可以被新的 SD 设备存取,兼容性则取决于应用软件,但 SD 卡却不可以被 MMC 设备存取。(SD 卡外型采用了与 MMC 卡厚度一样的导轨式设计,SD 卡结构以使 SD 设备可以适合 MMC 卡)。SD 卡接口除了保留 MMC 卡的 7 针外,还在两边加多了 2 针,作为数据线。采用了 NAND 型 Flash Memory,基本上和 SmartMedia 的一样,平均数据传输率能达到 2 MB/s。设有 SD 卡插槽的设备能够使用较簿身的 MMC 卡,但是标准的 SD 卡却不能插入到 MMC 卡插槽。SD 卡能够在 CF 卡和 PCMCIA 卡上插上转接器使用;而 miniSD 卡和 microSD 卡也能插上转接器于 SD 卡插槽使用。

2.2.3　I/O 设备接口电路设计思路

1. 数据输入

在不要求高速采样的场合,一般采用共享的 A/D 转换通道,分时对各路模拟量进行模/数转换,目的是简化电路,降低成本。用模拟多路开关来轮流切换模拟量与 A/D 转换器间的通道,使得在一个特定的时间内,只允许一路模拟信号输入到 A/D 转换器,从而实现分时转换的目的。

在数据采集时,来自传感器的模拟信号,一般都是比较弱的电平信号,因此需要放大电路把输入的模拟信号进行适当地放大。放大器的作用是将这些微弱的输入信号进行放大,以便充分利用 A/D 转换器的满量程分辨率。为了充分利用 A/D 转换器输出的数字位数,就要把模拟输入信号放大到与 A/D 转换器满量程电压相应的电平值。

2. 采样保持

采集模拟信号进行 A/D 转换时,从启动转换到转换结束输出数字量,需要一定的转换时间。在这个转换时间内,模拟信号要基本保持不变。否则转换精度没有保证,特别当输入信号频率较高时,会造成很大的转换误差。要防止这种误差的产生,必须在 A/D 转换开始时将输入信号的电平保持住,而在 A/D 转换结束后又要跟踪输入信号的变化。实现这种功能可以用采样/保持器来实现,因而,由于采样/保持器的加入,大大提高了数据采集系统的采集频率。

3. A/D 转换

因为单片机只能处理数字信号,所以需要把模拟信号转换成数字信号,实现这一转换功能的器件是 A/D 转换器。A/D 转换器是采样通道的核心,因此,A/D 转换器是影响数据采集系统采样速率和精度的主要因素之一。

4. 硬件和单片机的连接

该部分用来将传感器输出的数字信号进行整形或电平调整,然后再传给单片机。单片机及外设负责对数据采集系统的工作进行管理和控制,并对采集到的数据作相应的处理。

5. D/A 转换

D/A 转换部分也是数据采集系统的一个重要部分,在数字控制系统中作为关键器件,用来把单片机输出的数字信号转换成电压或电流等模拟信号,并送入执行机构进行控制或调节。

2.2.4　串口通信电路设计思路

选用了标准 RS-232C 接口,它是电平与 TTL 电平转换驱动电路。常用的芯片是 MAX-232,MAX-232 的优点是:一片芯片可以完成发送转换和接收转换的双重功能。单一电源+5V 供电它的电路设计与连接比较简单而且功能齐全。

GPRS 是在现有的 GSM 网络基础上叠加了一个新的网络,同时在网络上增加一些硬件设备和软件升级,形成了一个新的网络实体,提供端到端的、广域的无线 IP 连接。目的是为 GSM 用户提供分组形式的数据业务。

GPRS 是一种移动数据通信业务,在移动用户和数据网络之间提供一种连接,给移动用户提供高速无线 IP 服务。GPRS 理论带宽可达 171.2 kbit/s,实际应用带宽大概在 40~100 kbit/s,分组交换接入时间缩短为少于 1 秒,能提供快速即时的高速 TCP/IP 连接,每个用户可同时占用多个无线信道,同一无线信道又可以由多个用户共享,具备与 RS-232 接口连接,资源被有效利用。

2.2.5　供电电源设计思路

1. 太阳能供电原理

采集站由太阳能供电系统组成:主要包括太阳能电池板、充放电控制器、蓄电池等三部分组成。

(1) 太阳能电池板的作用是将太阳辐射能量直接转换成直流电,供负载使用或贮存于蓄电池内备用,它是太阳能发电系统中最重要的部件之一,其转换率和使用寿命是决定太阳能电池是否具有使用价值的重要因素。按照整个采集站供电量所需一般选择 50W 太阳能极板为宜,能够满足采集正常工作。

(2) 太阳能充放电控制器。在太阳能发电系统中,充放电控制器在整个系统中起着重要的作用,扮演着系统管理和组织核心的角色。太阳能充放电控制器能够为蓄电池提供最佳的充电电流和电压,快速、平稳、高效的为蓄电池充电,并在充电过程中减少损耗、尽量延长电池的使用寿命;同时保护蓄电池,避免过充电和过放电现象的发生。

(3) 蓄电池。蓄电池是独立太阳能供电系统不可缺少的重要部件。蓄电池将太阳能电池方阵发出的直流电贮存起来,供负载使用。在太阳能发电系统中,蓄电池处于浮充电状态。白天太阳能电池极板给负载供电,同时电池极板还给蓄电池充电,晚上或阴雨天负载用电全部由蓄电池供给。根据实际测算蓄电池选择 12V 26Ah 比较合适,既经济又实用在阴雨天满足 7 天正常工作。

2. DC/DC 电源模块设计思路

电源模块选择需要考虑的几个方面:额定功率、封装形式、温度范围与降额使用、工作频率、隔离电压、工作频率、故障保护功能、功耗和效率等内容。

(1) 额定功率:一般建议实际使用功率是模块电源额定功率的 50%～80% 为宜,这个功率范围内模块电源各方面性能发挥都比较充分而且稳定可靠。负载太轻造成资源浪费,太重则对温升、可靠性等不利。

(2) 封装形式:模块电源的封装形式多种多样,符合国际标准的也有,非标准的也有,就同一公司产品而言,相同功率产品有不同封装,相同封装有不同功率,那么怎么选择封装形式呢? 主要有三个方面:

① 一定功率条件下体积要尽量小,这样才能给系统其他部分更多空间更多功能。

② 尽量选择符合国际标准封装的产品,因为兼容性较好,不局限于一两个供货厂家。

③ 应具有可扩展性,便于系统扩容和升级。

选择一种封装,由于功能升级对电源功率的要求提高,电源模块封装依然不变,系统线路板设计可以不必改动,从而大大简化了产品升级更新换代,节约时间。

(3) 温度范围与降额使用:一般厂家的模块电源都有几个温度范围产品可供选用:商品级、工业级、军用级等,在选择模块电源时一定要考虑实际需要的工作温度范围,因为温度等级不同材料和制造工艺不同价格就相差很大,选择不当还会影响使用,因此不得不慎重考虑。可以有两种选择方法:一是根据使用功率和封装形式选择,如果在体积(封装形式)一定的条件下,实际使用功率已经接近额定功率,那么模块标称的温度范围就必须严格满足实际需要甚至略有裕量,二是根据温度范围来选。

如果由于成本考虑选择了较小温度范围的产品,但有时也有温度逼近极限的情况,怎么办呢？降额使用。即选择功率或封装更大一些的产品,这样"大马拉小车",温升要低一些,能够从一定程度上缓解这一矛盾。降额比例随功率等级不同而不同,一般 50 W 以上为 3～10 W/℃。总之要么选择宽温度范围的产品,功率利用更充分,封装也更小一些,但价格较高;要么选择一般温度范围产品,价格低一些,功率裕量和封装形式就得大一些。应折衷考虑。

（4）工作频率:一般而言工作频率越高,输出纹波噪声就更小,电源动态响应也更好,但是对元器件特别是磁性材料的要求也越高,成本会有增加,所以国内模块电源产品开关频率多为在 300 kHz 以下,甚至有的只有 100 kHz 左右,这样就难以满足负载变条件下动态响应的要求,因此高要求场合应用要考虑采用高开关频率的产品。另外一方面,当模块电源开关频率接近信号工作频率时容易引起差拍振荡,选用时也要考虑到这一点。

（5）隔离电压:一般场合使用对模块电源隔离电压要求不是很高,但是更高的隔离电压可以保证模块电源具有更小的漏电流,更高的安全性和可靠性,并且 EMC 特性也更好一些,因此目前业界普遍的隔离电压水平为 1500 V_{DC} 以上。

（6）故障保护功能:有关统计数据表明,模块电源在预期有效时间内失效的主要原因是外部故障条件下损坏。而正常使用失效的概率是很低的。因此延长模块电源寿命、提高系统可靠性的重要一环是选择保护功能完善的产品,即在模块电源外部电路出现故障时模块电源能够自动进入保护状态而不至于永久失效,外部故障消失后应能自动恢复正常。模块电源的保护功能应至少包括输入过压、欠压、软启动保护;输出过压、过流、短路保护,大功率产品还应有过温保护等。

（7）功耗和效率:功耗是指在输出功率一定的条件下,电源模块输入、输出功率和自身功率损耗。模块损耗 P 耗越小则效率越高,温升就低,寿命更长。除了满载正常损耗外,还有两个损耗值得注意:空载损耗和短路损耗（输出短路时模块电源损耗）,因为这两个损耗越小,表明模块效率越高,特别是短路未能及时采取措施的情况下,可能持续较长时间,短路损耗越小则因此失效的概率也大大减小。当然损耗越小也更符合节能的要求。

2.2.6　硬件电路框图设计

整个硬件需要在明确硬件电路功能前提下,以单片机为核心,配以一定的外围电路和软件组成,就能实现用户所要求的采集系统的功能。在设计过程中重点体现主电路以芯片为主,辅助电路以参照标准电路为辅的原则,以单片机引脚接口连接所要设计电路功能模块,首先考虑硬件最小系统组成;时钟电路、外接晶振电路、复位电路、外存储电路等组成,其次考虑芯片满足设置 RS - 232 接口、串口扩展 RS - 485 接口、GPRS 通信接口,液晶显示模块、子站无线接收模块、采集板电源模块,最后考虑辅助电路,芯片保护电路、报警电路、调试接口等电路组成整块采集板。这里所说的是当硬件功能模块确定后,开始依据所需功能模块选择微控器芯片,特别提醒硬件设计者,在选择微控器芯片时必须先了解芯片内部结构,其目的就是为了软硬件在结构设置上设计合理可靠,同时还应考虑在功能上满足软硬件的一致性。

经过筛选最终本产品选择 MSP430F5438,我们知道芯片是硬件核心部件,它就像人体的心脏致关重要。这里必须强调的是在选择微控芯片的功能尽量选择与硬件需求保持一致,然后熟悉芯片引脚资源分配。就我们选中的 MSP430F5438 来说有100 个引脚,设计者应对每个引脚中文列表注释。设计整个硬件电路前最好先以芯片为中心,各单元功能模块对应芯片引脚功能,用框图的形式依次顺序编号画出整体设计框图:1 号框图代表模拟量模块、2 号框图代表数字量模块、3 号框图代表 RS-232 电路模块、4 号框图代表 RS-485 电路模块、5 号框图代表 GPRS 通信模块模块、6 号框图代表液晶显示模块、7 号框图代表子站无线接收模块、8 号框图代表电源模块。如果整机需求有输出模块还应增加框图代表输出模块,详见图 2-4 硬件电路设计框图所示。设计者需经过深入细致需求分析:被采集参数的形式(电量、非电量、模拟量、数字量等)、被采集参数的范围、性能指标、系统功能、工作环境、显示、报警、打印要求等。注意,方案确定时,简单的方法往往可以解决大问题,切忌"简单的问题复杂化"。按照框图功能要求,进行选择电子器件,并对主要器件比较确认,如表 2-2所列。

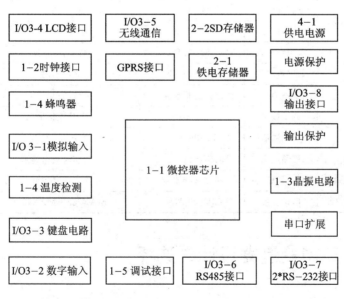

图 2-4　硬件电路设计框图

注意:

(1) 在元器件的布局方面,应该把相互有关的元件尽量放得靠近一些,例如,时钟发生器、晶振、CPU 的时钟输入端都易产生噪声,在放置的时候应把它们靠近些。对于那些易产生噪声的器件、小电流电路、大电流电路开关电路等,应尽量使其远离单片机的逻辑控制电路和存储电路(ROM、RAM),如果可能的话,可以将这些电路另外制成电路板,这样有利于抗干扰,提高电路工作的可靠性。

（2）在关键元件,如 ROM、RAM 等芯片旁边应安装去耦电容。实际上,印制电路板走线、引脚连线和接线等都可能含有较大的电感效应。大的电感可能会在 V_{CC} 走线上引起严重的开关噪声尖峰。防止 V_{CC} 走线上开关噪声尖峰的唯一方法,是在 V_{CC} 与电源地之间安放一个 $0.1\,\mu F$ 的电子去耦电容。如果电路板上使用的是表面贴装元件,可以用片状电容直接紧靠着元件,在 V_{CC} 引脚上固定。最好是使用瓷片电容,这是因为这种电容具有较低的静电损耗（ESL）和高频阻抗,另外这种电容温度和时间上的介质稳定性也很不错。尽量不要使用钽电容,因为在高频下它的阻抗较高。

表 2－2　硬件电路主要元器件选择

序　号	器件名称		规格型号	主要参数及作用	备　注
1	微控制器	MSP430	MSP430F5438	100 个引脚	
		时钟	DS1302	频率的产生	
		外接晶振	XTAL	16 MHz 12 MHz	
		保护电路	DS1820	芯片温度扩展	
		蜂鸣器	BEEP	报警发音装置	
2	存储器	铁存存储器	FM25CL64	程序储存	
		SD 卡座	SD/MMC	扩展存储器	
3	输入设备	模拟量输入	8×A/D	传感器信号	
		数字量输入	TLP521－4	光电隔离	
		子站通信	根据选择确定	数传模块	
		调试接口	JTAG	与芯片连接串口	
4	输出设备	无线通信	GTM900－C	10 个 AT 指令	
		液晶显示	NOKia5110－lcd	在线实时数据显示	
		开关量输出	根据选择确定	输入信号控制	
		串口扩展	SP3539 芯片	MAX232　MAX485	

2.3　MCU 微控制器设计与选择

2.3.1　MSP430 单片机电气特性介绍

MSP430F5438 是一种集成的电路主芯片,采用了超大规模技术把具有运算能力（如算术运算、逻辑运算、数据传送、中断处理）的微处理器（MCU）、随机存取数据存储器（RAM）、只读程序存储器（ROM）、输入/输出电路（I/O 口）、以及定时计数器、串行通信口（SCI）、显示驱动电路（LCD 或 LED 驱动电路）、脉宽调制电路（PWM）、模拟多路 A/D 转换器等电路集成到一块单片机上,构成一个最小然而很完善的计算机系统。这些电路能在软件的控制下准确快速地完成程序设计者事先规定的任务。总之 MSP430 系列单片机的特点可以归纳为以下几个方面:集成度高、存储容量大、外部扩展能力强、控制功能强、低电压、低功耗、性能价格比高、可靠性高等优越性。

2.3.2 MSP430F5438 引脚功能分析

1. 建立"网表字典"

MSP430F5438 引脚功能分析:在输入模块方面,最多可以提供 8 路模拟量 I/O 接口,最多可以提供 12 路数字 I/O 接口;在振荡电路方面,2 路晶振电路 I/O 接口,1 路主时钟电路 I/O 接口;在外接存储器方面,带有 SD 卡存储模块 I/O 接口和铁电存储器 I/O 接口;在通信方面,具备标准的 RS232 和 RS485 I/O 接口;在输出方面,具备显示模块和 8 路输出开关量 I/O 接口,芯片内设有温度测量保护模块 I/O 接口和程序下载 JTAG 调试 I/O 接口,以及电源和接地 I/O 接口共 100 个引脚 I/O 接口。根据采集系统硬件功能需求此芯片基本能够满足采集硬件电路功能分配,所以此项目选择了 MSP430F5438 作为本产品主芯片,如图 2-5 所示。

单片机的集成度越来越高,许多外围部件都已集成在芯片内,有的单片机本身就是一个系统,这可省去许多外围部件的扩展工作,使设计工作简化。

单片机引脚的分析在硬件设计过程中起到关键的一步,接下来就是将主芯片引脚和外围器件引脚连接问题,很多人从方块图就直接用硬件工具开始画原理图,结果出现差错较多,经常会出现返工,为了减少返工现象,我们认为可以模仿像软件数据库开发,先建立数据字典一样,在硬件电路设计过程建立"网表字典",将所选定的单片机引脚与硬件功能模块引脚一一对应起来,并且设置准确、符合要求的网表名称,如实例表 2-3 和表 2-4 所示。建立硬件"网表字典"的目的,一方面帮助我们用工具画原理图少出现差错,另一方面可以用硬件工具准确生成 PCB 板电路,大大提高开发工作效率。

表 2-3　主芯片引脚与模拟量输入接口引脚对应连接"网表字典"

MSP430F5438 引脚				模拟量采集模块		
引脚号	端口号	(I/O)	网表名	模拟量采集模块	网表名	说　明
97	P6.0	I	AINV1	第 1 路	KW1	空气温度传感器
98	P6.1	I	AINV2	第 2 路	KS1	空气湿度传感器
99	P6.2	I	AINV3	第 3 路	SF1	土壤水分 1 传感器
100	P6.3	I	AINV4	第 4 路	SF2	土壤水分 1 传感器

数据采集系统整体设计与开发

续表 2 - 3

MSP430F5438 引脚				模拟量采集模块		
引脚号	端口号	(I/O)	网表名	模拟量采集模块	网表名	说　明
1	P6.4	I	AINV5	第 5 路	YS1	叶面湿度传感器
2	P6.5	I	AINV6	第 6 路	FS1	风速传感器
3	P6.6	I	AINV7	第 7 路	FX1	风向传感器
4	P6.7	I	AINV8	第 8 路	EYHT1	二氧化碳传感器
5	P7.4	I	AINV9	第 9 路	GZ1	光照强度传感器
9	P5.0		VREF+	为 ADC 模块提供外部参考电压的正极		
10	P5.1		VREF-	为 ADC 模块提供外部参考电压的负极		
11	AVCC		AV3.3			模拟电源 AV3.3
12	AVSS		AGND			模拟地

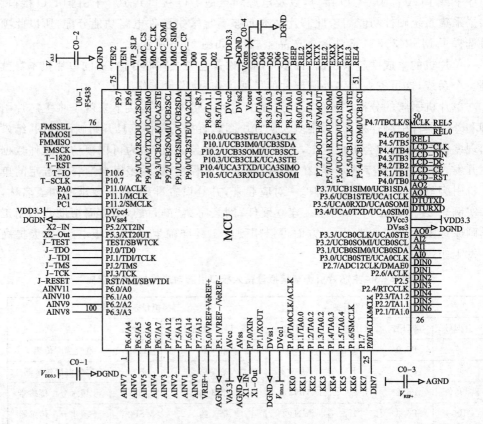

图 2 - 5　MSP430F5438 引脚图

表 2 - 4　主芯片引脚与串口通信 GTM900 - C 模块引脚对应连接"网表字典"

MSP430F5438 引脚				GTM900 - C 通信模块引脚			
引脚号	端口号	(I/O)	网表名	引　脚	网表名	说　明	
84	P11.0	O	PA0	15	IGT		
39	P3.4	I	DTURXT	19	DTURXT		
40	P3.5	O	DTUTXD	18	DTUTXD		
85	P11.1	O	PA1	31	PD		

注:特别提醒大家在列芯片引脚与 IC 引脚连线时一定要一一对应。

2. 单片机内部结构验证

市面上几千种单片机类型,内部结构千差万别,在硬件设计过程中无论是从里到外,还是从外到里都必须遵循一个法则:表里如一、内外一致的原则。

(1) CPU。MSP430 系列单片机的 CPU 和通用微处理器基本相同,只是在设计上采用了面向控制的结构和指令系统。MSP430 的内核 CPU 结构是按照精简指令集和高透明的宗旨而设计的,使用的指令有硬件执行的内核指令和基于现有硬件结构的仿真指令。这样可以提高指令执行速度和效率,增强了 MSP430 的实时处理能力。

(2) 存储器。存储器包括存储程序、数据以及外围模块三部分,主要功能是运行控制信息,包括程序存储器和数据存储器两种类型。对程序存储器访问总是以字形式取得代码,而对数据存储器可以用字或字节方式访问。其中 MSP430 各系列单片机的程序存储器有 ROM、OTP、EPROM 和 FLASH 型。

(3) 外围模块。经过 MAB、MDB、中断服务及请求线与 CPU 相连。MSP430 不同系列产品所包含外围模块的种类及数目可能不同。它们分别是以下一些外围模块的组合:时钟模块、看门狗、定时器 A、定时器 B、比较器 A、串口 0、1、硬件乘法器、液晶驱动器、模/数转换、数/模转换、端口、基本定时器、DMA 控制器等。

MSP430 系列单片机由 CPU、存储器和外围模块组成,这些部件通过内部地址总线、数据总线和控制总线相连构成单片微机系统。MSP430 的内核 CPU 结构是按照精简指令集的宗旨来设计的。具有丰富的寄存器资源、强大的处理控制能力和灵活的操作方式。MSP430 的存储器结构采用了统一编址方式,可以使得对外围模块寄存器的操作,像普通的 RAM 单元一样方便、灵活。MSP430 存储器的信息类型丰富,并具有很强的系统外围模块扩展能力。内部结构由程序存储器(ROM 或 EPROM);数据存储器(RAM 或 EEPROM);电源管理模块、看门狗、乘法器、定时器、日历时钟、串行同步通信模块、A/D 转换模块、振荡器和倍频器等构成,如图 2 - 6 所示。

整个硬件电路的设计,根据系统框图,可以采用从单片机输入部分到输出部分依次设计电路或者采用从输出到输入部分依次设计电路,还可以用从输入部分和输出

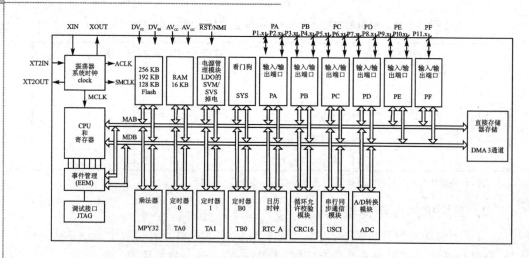

图 2 – 6　MSP430F5438 内部结构框图

部分两端开始设计电路的混合方式设计电路。

（1）从输入到输出部分设计的思路：从输入到输出部分依次设计电路的方法是依据信号源的特性，确定电路形式。用本级电路的输出信号向后级提供最可靠的信号作为后级电路的信号源。后级电路根据前级电路的信号大小、类型确定设计参数。先针对信号源考虑传感器的选择，根据传感器的输出特性设计放大电路，根据放大电路的输出信号幅度，确定比较器的比较参考电位。

（2）从输出到输入部分设计的思路：从输出到输入部分依次设计电路的方法，是首先考虑完成功能的具体执行机构的动作。根据完成所有功动作的所需的信号的要求，分别向前一级电路提出所需信号的幅度、频率等技术参数的要求。向前级电路提供在设计时，应该输出信号的依据和技术指标。从输出到输入部分设计思路，先根据负载驱动所需要的信号方式，设计开关驱动的输出信号方式。根据开关驱动部分输入信号的要求，确定比较器的比较参考电位和输出信号的幅度。再向前级就是向放大器提出所需的模拟信号的输出幅度了。

输入部分和输出部分两端开始设计电路的方法是根据信号源的特性设计输入部分的电路，根据执行机构的特性设计输出部分的电路。中间电路是将前级电路的输出信号特性作为本级电路的输入信号，后级电路的输入信号的要求作为本级电路的输出信号的任务完成电路设计。放大器作为中间级。放大器的输入信号来自前级传感器输出信号。

（3）混合方式设计的思路：混合方式设计的关键点是放大器放大倍数部分的设计。这部分是前后级之间的动态连接点。必须拥有较大的动态范围。放大器输出信号提供给信号比较电路。根据前级的传感器输出信号的幅度和后级的比较电路提出的输入信号的幅度要求，确定中间级放大器的放大倍数。这种方式的好处是因为放大倍数可以比较方便地调节，便于适应前后级之间的衔接。这是一种既适合单人设计系统又适合团队合作设计系统的比较好的设计方法。

框图中每一个框都要由一种具体的电路来完成其功能。对于这些功能可以在没有进行电路的选择和设计前初步确定相互之间的信号类型和参数。也可以在选择和设计后逐步确定信号类型和参数。

根据框图,我们先从信息采集部分开始考虑设计方案,然后对放大电路、信号比较电路、开关驱动电路及负载驱动方案和有关延时电路方案逐步进行考虑。

在考虑电路设计的方案前,首先要对功能进行分析,这是关键的一步。对于初学者而言,应该是根据功能的需要,通过查找网络、手册等资料列出所能想到和查到的有可能实现设计要求的全部方案,然后对这些方案逐条分析,删除不可能或不易实现的部分,保留可能实现和容易实现且可靠性高的部分。选择和使用任何方案或电路都必须根据用户的功能的要求决定。在没有实际操作前不要轻易下结论。"实践是检验真理的唯一标准"。更不要认为某某电路不可能行,某某电路一定行。要用科学的态度和方法进行分析和设计,万万不可毫无依据地"想当然"。最后用上述方法验证电路设计的合理性和有效性,完善框图如图 2-7 所示。

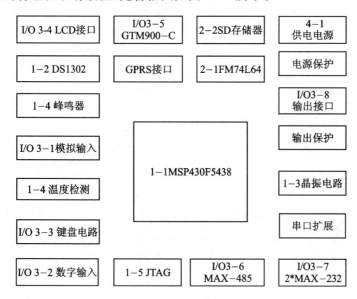

图 2-7　硬件电路设计分布框图

经过电路框图的设计到整个电路器件的选定,再有单片机引脚与外围功能模块引脚网表字典的建立,而后将单片机引脚与内部结构表里如一的验证,完成 MSP430F5438 外围电路设计工作如图 2-8 所示,即为系统 MCU 板的电路原理图。由 5 V 电源经 LM317 产生 3.3 V 直流电压给 MSP430 供电,单片机负责采集 7 个通道的电压数据并在 LCD 上显示对应电压值,同时单片机和上位机进行串行通信,通信方式采用标准的 RS232 方式,也可采用 RS485 差分方式接口以改善通信速率和距离。

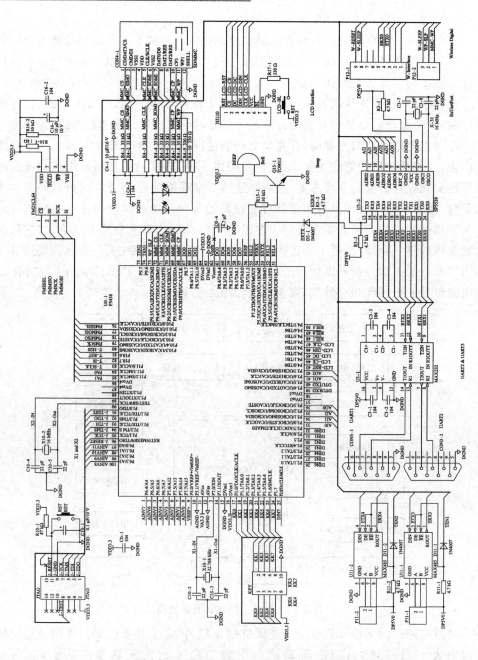

图2-8 MSP430F5438外围电路原理图

但需在上位机前另加485-232转换芯片,稍显复杂,因此采用RS232即可满足系统要求,简单又实用。通过上位机可对单片机的采样模式进行控制,即循环采集和固定通道采集两种模式,实现了远端可控的数据采集。

2.3.3　硬件电路设计评估

选择一个合适的评估工具,利用该工具可以评估系统的大部分输入/输出与通信模框。也可以自行搭建硬件评估系统。有一些开发系统带有较大的 IC 扩展区域,利用现有的 MCU 可以进行开发系统的一些初步评估。在此过程中,子程序尽可能规范设计,把与 MCU 引脚相关的程序分离出来,做成独立的子程序(MCU 的引脚分配应独立列表)。与 MCU 引脚相关的子程序,应该做到可方便地重新定义引脚,一般放在"头文件"中或子程序前部,以便在实际使用中更改。应该遵守"面向硬件对象封装"原则,进行硬件驱动子程序的开发。这一过程中,应该对与 MCU 引脚相关的硬件系统,通过 MCU 软件进行独立的评估,并产生一些规范的子程序及其测试程序。当然,这里并不是测试完整的硬件模框,而是截取靠近 MCU 的部分进行编程与测试。例如,要测量温度,这一过程并不要求温度传感器、放大器等部件,而是用一个电位器取代,目的是要编制 A/D 转换子程序,并进行测试程序的编制。

2.3.4　MCU 外围单元电路设计

1. 时钟电路工作原理

硬件电路设计也是从局部单元电路模块设计入手,逐步将每块单元电路设计完成后,再用硬件设计工具绘制整块单板原理图。时钟电路是一个独立的部件,在 MCU 工作过程中,系统时钟每隔一定的时间间隔发出脉冲式的电信号,这种脉冲信号控制着各种系统部件的动作速度,使它们能够协调同步。就好像一个定时响铃的钟表,人们按照它的铃声来安排作息时间一样。在 MCU 芯片里,系统时钟的频率是根据部件的性能决定的。如果系统时钟的频率太慢,则不能发挥 MCU 等部件的能力,但如果太快而工作部件跟不上它,又会出现数据传输和处理发生错误的现象。因此,MCU 能够适应的时钟频率,或者说 MCU 作为产品的标准工作频率,即 MCU 在一秒钟内能够完成的工作周期数,就是一个很重要的性能指标。MCU 的标准工作频率就是人们常说的 MCU"主频"。MCU 主频以 MHz(兆赫)为单位计算,1 MHz 指每秒一百万次(脉冲)。显然,在其他因素相同的情况下,主频越快的 MCU 速度越快。

时钟电路用于产生单片机工作时所必须的时钟控制信号,单片机内部电路在时钟信号的控制下,严格的执行指令进行工作,在执行指令时,MCU 首先要到程序存储器中取出所需要的指令操作码,然后译码,并由时序电路产生一系列控制信号去完成指令所规定的操作。

时钟是最小工作系统就像人体心脏的脉搏一样,任何指令的执行、内存读写外设的访问等操作都需要在时钟的作用下完成,单片机各功能部件的运行都是以时钟频率为基准,有条不紊地一拍一拍地工作。因此,时钟频率直接影响单片机的速度,时钟电路的质量也直接影响单片机系统的稳定性。常用的时钟电路有两种方式:一种是内部时钟方式称主系统时钟信号 MCLK 供 CPU 和系统使用；另一种为外部时钟方式：子系统（控制）时钟 SMCLK，供外围模块使用和辅助时钟 ACLK，由 LFXT1 CLK（晶振额率）产生，供外围模块使用。

2. 时钟电路设计

时钟电路为系统提供时间，通过 MCU 所显示时间在 LCDInterfice 显示集成电路上。当外部不供电时，通过钮扣电池（BATTERY）来供时钟电路使用。标准时钟电路如图 2-9 所示。

V_{CC1} 为后备电源，V_{CC2} 为主电源。在主电源关闭的情况下，也能保持时钟的连续运行。DS1302 由 V_{CC1} 或 V_{CC2} 两者中的较大者供电。当 V_{CC2} 大于 V_{CC1} + 0.2V 时，V_{CC2} 给 DS1302 供电。当 V_{CC2} 小于 V_{CC1} 时，DS1302 由 V_{CC1} 供电。X1 和 X2 是振荡源，外接 32.768 kHz 晶振。RST 是复位/片选线，通过把 RST 输入驱动置高电平来启动所有的数据传送。RST 输入有两种功能：首先，RST 接通控制逻辑，允许地址/命令序列送入移位寄存器；其次，RST 提供终止单字节或多字节数据的传送手段。当 RST 为高电平时，所有的数据传送被初始化，允许对 DS1302 进行操作。如果在传送过程中 RST 置为低电平，则会终止此次数据传送，I/O 引脚变为高阻态。上电运行时，在 V_{CC} > 2.0 V 之前，RST 必须保持低电平。只有在 SCLK 为低电平时，才能将 RST 置为高电平。I/O 为串行数据输入/输出端（双向），SCLK 为时钟输入端。

注意：时钟输入频率范围 10~40 MHz 输出频率可以是输入时钟的 5 倍。

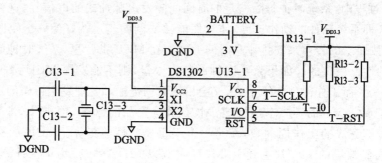

图 2-9　时钟电路

DS1302 是 DALLAS 公司推出的涓流充电时钟芯片，内含有一个实时时钟/日历和 31 字节静态 RAM，通过简单的串行接口与单片机进行通信实时时钟/日历电路。提供秒、分、时、日、日期、月、年的信息，每月的天数和闰年的天数可采集调整时钟操作可通过 AM/PM 指示决定采用 24 或 12 小时格式。DS1302 与单片机之间能简单地采用同步串行的方式进行通信。仅需用到三个端口线：RES 复位，I/O 数据线，SCLK 串行时钟。时钟/RAM 的读/写数据以一个字节或多达 31 字节的字符组方式通信。DS1302 工作时功耗很低，保持数据和时钟信息时功率小于 1 mW。DS1302 是由 DS1202 改进而来，增加了以下的特性：双电源引脚用于主电源和备份电源供应 V_{CC1}，为可编程涓流充电电源附加 7 字节存储器。

3. 晶振和振荡器

在单片机应用电路中,几乎所有的处理器都需要时钟。靠时钟产生数字脉冲流来自振荡器的输出,这样就构成输出管理着处理器以及其他与时钟相关的所有系统事件。我们选用的 MSP430F5438 单片机最多可选择使用 3 个振荡器。这 3 个振荡器介绍如下:

① DCO 数控 RC 振荡器。它在芯片内部不用时可以关闭。

② LFXT1 接低频振荡器。典型接 32.768 kHz 的标准晶体振荡器,此时振荡器可不需要接负载电容。

③ XT2 接 450 kHz～12 MHz 的标准晶体振荡器。此时需要接负载电容,不用时可关闭。

低频振荡器主要用来降低能量消耗,高频振荡器用来对事件作出快速反应或者供 CPU 进行大量运算,如何使系统既能降低能耗又能快速处理数据,LFTX1 振荡器对我们的主控模块来说是直接信号源。对于 CPU 和其他模块,晶振频率用一个锁频环电路(FLL)倍频。FLL 在上电后以最低频率开始工作,并通过控制一个数控振荡器(DCO)来调整到适当的频率。长时间的频率偏离受到晶体和振荡器的稳定性的限制。供处理机工作的时钟发生器的频率固定在晶振的倍频上。并提供时钟信号 MCLK,如图 2-10 所示。

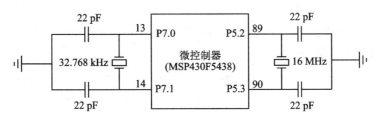

图 2-10　晶振电路

晶振作用:电路产生振荡电流,发出时钟信号,较可靠保证了数据传输的精确同步性,大大减少了丢包的可能性,并且在线路的设计上尽量靠近主芯片,使信号走线的长度大大缩短,可靠性进一步增加。

提示:振荡频率可在 1.2～12 MHz 之间任选,工程应用通常采用 6 MHz 或 12 MHz。电容 C1、C2 可在 10～30 pF 之间选择,电容的大小对振荡率有微小的影响,可起频率微调作用,通常取 30 pF。

4. JATG 及复位电路设计

(1) JATG 接口电路。JATG 作用是通过连接计算机进行调试控制下载的程序。JTAG 编程方式是在线编程,传统生产流程中先对芯片进行预编程再装到板上因此而改变,简化的流程为先固定器件到电路板上,再用 JTAG 编程,从而大大加快工程进度。

由 SP3539、MAX-232、SP485 组成的串口通信电路链接 PC 的 RS-232 以供上位机配置工具通信使用,以及 JTEG 芯片调试接口、RES 电路,如图 2-11 所示。

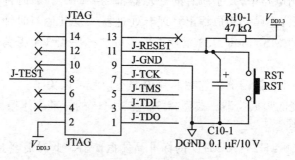

图 2-11　接口及调试电路

（2）复位电路工作原理。复位电路由开关按键 RST 和一个 0.1 μF 的小电容组成,当 RST/NMI 引脚保持"低"时 CPU 一直保持复位状态。当引脚电平变"高",CPU 开始从 0FFFEh（复位向量）所含的地址执行程序,电路通电时电容两端相当于是短路,于是 RST 引脚上为高电平,然后电源通过电阻对电容充电 RST 端电压慢慢下降到一定程序,即为低电平单片机开始正常工作。

5. 温度保护模块

温度控制器 Temperature:通过"一线总线"数字化温度传感器,测电路板上温度高低,以免温度过高对各个芯片造成损伤,如图 2-12 所示。

6. 蜂鸣电路设计

蜂鸣器电路主要由一个 3.3 V 蜂鸣器和 MCU 中断口 P4.7 连接构成,当系统需要蜂鸣器工作时,通过软件设置 MCU 定时计数器来控制蜂鸣器工作,由于 MCU 输出脚的电压一般为 2.0 V 左右,不能为蜂鸣器工作提供稳定的电压,故使用一个肖特三级管和一个电阻制作蜂鸣器电路,如图 2-13 所示。

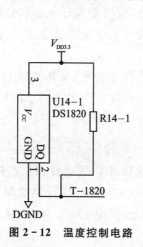

图 2-12　温度控制电路

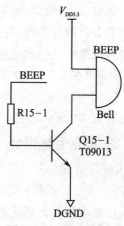

图 2-13　蜂鸣器电路

2.4　存储器电路设计

半导体存储器可分为只读存储器(ROM)和随机存取存储器(RAM)两大类。ROM 是一种非易失性存储器,其特点是信息一旦写入,就固定不变,掉电后,信息也不会丢失。在使用过程中,只能读出,一般不能修改,常用于保存无须修改就可长期使用的程序和数据,如主板上的基本输入/输出系统程序 BIOS、打印机中的汉字库、外围设备的驱动程序等,也可作为 I/O 数据缓冲存储器、堆栈等。RAM 是一种易失性存储器,其特点是在使用过程中,信息可以随机写入或读出,使用灵活,但信息不能永久保存,一旦掉电,信息就会自动丢失,常用做内存,存放正在运行的程序和数据。

2.4.1　铁电存储器电路设计

FM25CL64 是一款 64KB 的非易失性存储器,它采用先进的铁电处理技术。铁电随机存取存储器,又名 FRAM,是非易失的,但该器件执行读和写操作与 RAM 相似。它提供 45 年的数据保存时间,同时消除了由 EEPROM 和其他非易失性存储器导致的复杂性,开销和系统级别可靠性问题。

铁电串行存储器 FM MEN:铁电 SPI 串行存储器,存储配置信息、A/D 转换信息、时钟信息,以供 MCU、GPRS 通信信息存储用,如图 2-14 所示。

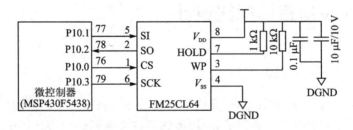

图 2-14　铁电存储器电路

提示:FM25CL64 没有电源管理电路,只有一个简单的内部上电复位电路。用户有责任确保 V_{DD} 在数据手册允许的误差范围内以防止不正确的操作。建议在芯片使能有效时,不要将器件掉电。

2.4.2　SD 存储卡电路设计

为了在长期断电的情况下和野外采集数据存储,在采集板硬件设计过程中,我们增加 SD 存储卡便于野外工作的数据采集正常保存。SD 卡存储电路:由 MSP430 控制存取数据,SD 存储卡通信是基于 9 引脚的接口(时钟线、命令线、4 个数据线和 3 个电源线),工作于低电压范围。SD 卡主机接口也支持常规的 MMC 卡操作。SD 存储器卡系统定义了两个可选择的通信协议:SD 和 SPI 总线传输协议。可以选择其中的任何一个模式操作。

在 SD 存储卡系统中存在两种操作模式:卡识别模式和数据传输模式。卡识别模式:在复位之后并且主机在总线上寻找新的卡时,主机处于此模式;卡在复位之后收到 SENG_RCA 命令之前处于此模式。数据传输模式:卡在它们的 RCA(卡的相对地址)被第一次发布之后将处于此模式;主机在识别率总线上所有的卡之后将进入此模式,如图 2-15 所示。

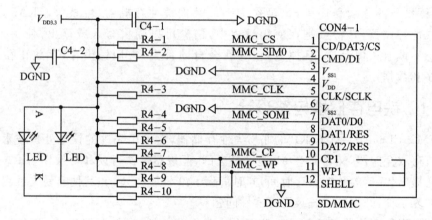

图 2-15　SD 卡存储电路

2.5　I/O 设备接口电路设计

2.5.1　基本输入/输出分析

在工业生产过程要实现计算机测控的前提是必须将工业生产过程的工艺参数、工况逻辑和设备运行状况等物理量,经过传感器或变送器转变为计算机可以识别的电压或电流信号。传感器和变送器输出的信号有多种规格,其中毫伏(mV)信号、0~5 V 电压信号、1~5 V 电压信号、0~10 mA 电流信号、4~20 mA 电流信号、电阻信号是计算机测控系统经常用到的信号规格,本采集系统也同样如此。

对采集器系统进行输入/输出分析是整个工程的第一步,应该以 MCU 系统为核心展开。输入分析分为开关量类与模拟量类。数字量类输入样表如表 2-5 所列,模拟量类输入样表如表 2-6 所列,输出分析也可分为数字量类与模拟量类。还可以对通信类输入、键盘类输入进行必要的列表,参照进行。

表 2-5　采集板数字量输入量分析表

编号	开关量名称	命　名	来　源	备　注
	（给出中文名）	（英文简写名）	（哪个传感器）	（额外信息）
1—8	虫情监测 1—4	CQ1—8	压电陶瓷虫情传感器	
9	雨量	YL	雨量传感器	
10—20	其他			备用

表 2-6　采集板模拟量输入量分析表

编　号	模拟量名称	命　名	来　源	数值范围	分辨率要求	备　注
	（给出中文名）	（英文简写名）	（哪个传感器）	（最小值最大值）	（给出分辨率，一遍选择 A/D 转换的位数）	（额外信息）
1	空气温度	SD	空气温度	4～20 mA	0.1 ℃	
2	空气湿度	WD	空气湿度	4～20 mA	0.10%	
3	风　向	FX	风　向	4～20 mA	3°	
4	风　速	FS	风　速	4～20 mA	0.03 m/s	
5	土壤水分	TS	土壤水分	4～20 mA	0.10%	
6	叶面湿度	YS	叶面湿度	0～5 V_{DC}	0.1 ℃	
7	光照度	GZ	光照度	4～20 mA	200 ux	
8	二氧化碳	EY	二氧化碳	4～20 mA	2 ppm	

2.5.2　传感器状态参数

1. 传感器的选型及参数

根据用户需求采集分别选用了空气温度、湿度、风速、风向、叶面湿度、降雨量、害虫数量、风速、风向、日照强度、光照强度等传感器,各传感器要素的测量要求如表 2-7 所列。传感器的详细资料可参阅传感器说明书。

表 2-7　采集系统传感器基本要求设计参考指标确定值

序　号	传感器名称	信号状态	测量范围	驱动电压	电流信号	精度要求	准确度
1	空气温度	模拟信号	−20～80 ℃	DC 24 V	4～20 mA	0.1 ℃	±0.5 ℃
2	空气湿度	模拟信号	0～100%	DC 24 V	4～20 mA	0.1%	±3% RH
3	风　向	模拟信号	0～360°	DC 24 V	4～20 mA	3°	
4	风　速	模拟信号	0～30 m/s	DC 24 V	4～20 mA	0.03 m/s	±5%
5	降雨量	数字信号	0～102.3mm	无需供电	单干簧管通断	0.1 mm	
6	土壤水分	模拟信号	0～100%	DC 12 V	4～20 mA	0.1%	

续表 2-7

序 号	传感器名称	信号状态	测量范围	驱动电压	电流信号	精度要求	准确度
7	叶面湿度	模拟信号	0～100%	DC 12 V	0～5 V_{DC}	±0.1 ℃	
8	光照强度	模拟信号	0～200001ux	DC 24 V	4～20 mA	200 ux	±2%
9	虫情检测	数字信号	0～15/s	DC 5 V	开关量	0.1 mm	
10	二氧化碳	模拟信号	0～2000 ppm	DC 24 V	4～20mA	2 ppm	

2. 传感器的标准参数

传感器大多都有两种输出模式可供选择,一种是输出 4～20 mA 的标准电流,一种是输出 0～+5 V 的标准电压模式,考虑到以后软件设计的可供选择设计方案的多变性,我们对传感器送到 MCU 中的模拟量进行了跳线处理,通过连接插件改变模拟量的输入方式为电流量还是电压量。

模拟信号是指随时间连续变化的信号,这些信号在规定的一段连续时间内,其幅值为连续值,即从一个量变到下一个量时中间没有间断。

模拟信号有两种类型:一种是由各种传感器获得的低电平信号;另一种是由变送器输出的 4～20 mA 的电流信号或 1～5 V 的电压信号。这些模拟信号经过采样和A/D 转换输入计算机后,常常要进行数据正确性判断、标度变换、线性化等处理。

2.5.3 模拟电路输入设计

由传感器采集到的为连续变化的电压/电流信号,这些模拟量的电信号在单片机中是不能被直接识别的,需要将传感器输出的连续变化的模拟量转变为单片机能够识别和接受的数字量。实现模拟量到数字量变化的元件我们称为 A/D 转换器。另外由于传感器采集到的电压/电流信号比较微弱的情况下可加必要的放大电路。去除杂波(如 50 Hz 工频干扰),可加滤波电路。在本次设计中由于选用的是成熟的传感器技术,传感器送入的电压/电流值已经是调理好的可监测的值(电压为 0～+5 V,电流为 4～20 mA),故可将硬件调理电路在硬件设计时省略。

考虑到传感器送来的信号分为电压和电流两种方式。可将数据采集口做跳线处理,跳线电路图如下:当传感器输出的是电压信号,跳线接头 J8-1 的 5 脚和 6 脚相连,电压信号直接送入主控模块在通过软件进行算法实现模拟量到数字量的转换,当传感器输出的是电流信号,跳线接头的 3 脚和 4 脚相连,通过一只 I/V 转换取样电阻就可以把输入电流转换成为信号电压,其取样电阻可以按照 $V_{in}/I = R$ 求出,V_{in} 是单片机需要的满度 A/D 信号电压,I 是输入的最大信号电流。按 4～20 mA 输入电流转换到最大 5 V 电压来分析,其取样电阻阻值为 250,故选用一个 100 和一个 150 串联达到 250,如图 2-16 所示。

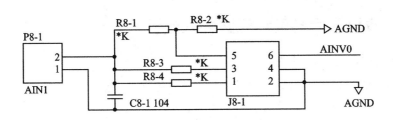

图 2 - 16　信号采集端口跳线处理

2.5.4　数字量电路输入设计

采集板数字量的传感器有虫情和降雨量两种,这些传感器输出的都是标准的脉冲信号,只要对传感器输出的脉冲信号在 MCU 内进行计数就可以对虫情和降雨量进行监测,但由于在电路中存在一定的信号干扰,必须在数据送入 MCU 之前进行滤除信号中的干扰源。滤除信号干扰可采用加入光电耦合电路来解决。

采集板数字滤波选用 TLP521 光电耦合器来完成,电路如图 2 - 17 所示。TLP521 光电耦合器的 A、K 两个引脚是发光侧,C、E 两个引脚是受光侧。应用该光电耦合器时,外部 5V 数字信号进来,先是经过 LED 指示灯,再经过 3.3 kΩ 的限流电阻,到达 TLP521 光电耦合器的 A 脚,然后光电耦合器 K 脚接地。A、K 两引脚之间并联电容是防止发光二极管暗亮产生误动作。以 TLP521 - 1 为例,输出端为 NPN 型光电三极管结构,E 脚为发射极,C 脚为集电极,受光点为基极,接线方式有两种:

(1) E 脚下拉电阻接地,C 脚接+3.3 V,E 脚为 I/O 输出端,这种接法导通输出为 1,截止输出为 0。

(2) C 脚上拉电阻接+3.3 V,E 脚接地,C 脚为 I/O 输出端,这种接法导通输出为 0,截止输出为 1。

在本次设计中使用的是第二种接法。

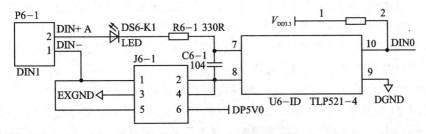

图 2 - 17　光电耦合电路

2.5.5　液晶显示与键盘电路输入设计

1. 液晶显示工作原理

串行模式下指令/数据的传输过程是先传输起始位,起始位元组接收到五个连续的"1"(同步位串)时。传输计数器将披重置。并且串行传输也将被同步。随后的二个位分别指定传输方向位(RW)及暂存器选择位(RS)。第八位为"0",在接收到起始位元组后。每个指令/数据将分为二组接收。高 4 位元(D7～D4)的指令资料被放在第一组的低字节部分,低 4 位元(D3～D0)的指令资料则放在第二组的低字节部分。而相关的另四位均为 0。

在串行工作方式下,同步时钟的下降沿写入数据有效,与并行工作方式相反。由于液晶显示器内部没有发送/接收数据的缓冲区、所以、当有多个数据/指令需要传送时,必须一个指令完成后再传送下一个指令/数据,如图 2-18 所示。

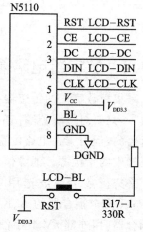

图 2-18　液晶电路连接器

2. 键盘电路设计

键盘及显示电路设计主要是解决人机交互的问题,系统操作员可通过键盘电路对采集系统进行控制,并能通过显示模块对系统运行状态的反馈从而判断、决定下一步的操作步骤。

键盘实质上是一组按键开关的集合。通常按键所用开关为机械弹性开关,利用机械触点的合、断作用。键盘接口应具有如下功能:

识键功能:判别是否有键按下、译键功能:确定哪个键被按下、键义分析功能:根据按键被识别后的结果,产生相应的键值、去抖动功能:消除按键或释放键时机械触点产生的抖动、处理同时按键功能:同时有一个以上的键被按下时能正确处理。

行扫描法识别闭合键的原理如下:先使第 0 行输出"0",其余行输出"1",然后检查列线信号。如果某列有低电平信号,则表明第 0 行和该列相交位置上的键被按下,否则说明没有键被按下。此后,再将第 1 行输出"0",其余行为"1",检查列线中是否有变为低电平的线。如此往下逐行扫描,直到最后一行。在扫描过程中,当发现某一行有键闭合时,就中断扫描,根据行线位置和列线位置,识别此刻被按下的是哪一个键。实际应用中,一般先快速检查键盘中是否有某个键已被按下,然后再确定具体按下了哪个键。为此,可以使所有各行同时为低电平,再检查是否有列线也处于低电平。这时,如果列线上有一位为 0,则说明必有键被按下,然后再用扫描法来确定具体位置。

2.5.6 无线通信电路设计

采集板硬件无线通信模框分五部分组成,即通信电源、微控制器、RS-232 串口、SIM 卡座、无线通信模框,硬件接口连接方式:通信电源向 ZIF 连接器供直流 3.8 V 电源,连接器分别向 GTM900-C 无线模框引脚 1-5 端口和向 SIM 卡坐 V_{CC} 端口同样供直流 3.8 V 电源,作为 TM900-C 无线模框和 SIM 卡驱动电源,整个通信模框硬件设计思路详如图 2-19 所示。当数据从 CPU 经过串行端口发送出去时,字节数据转换为串行的位。在接收数据时,串行的位被转换为字节数据,由于 CPU 与接口之间按并行方式传输,接口与外设之间按串行方式传输,因此,在串行接口中必须要有"接收移位寄存器"(串→并)和"发送移位寄存器"(并→串)。

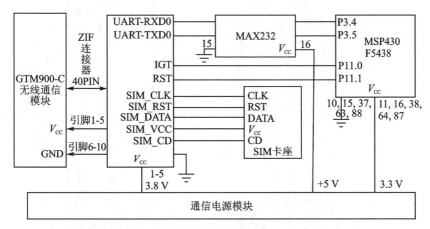

图 2-19 通信模块框图

1. 通信电源管理

通信电源部分要求较高,其电源范围为直流 3.3~4.8 V,正常工作值为 3.8 V,不同状态电流消耗不同,休眠状态为 3.5 mA,空闲状态为 25 mA,发射状态为 300 mA(平均),峰值瞬间电流 2A,同时无线通信模框模框的供电电压如果低于 3.3 V 会自动关机。因此,对电源电路设计需要严格注意选择可提供较高电流的电源芯片,并且在电源输出端增加电容值较大的电容器,保证瞬间供电电压变化率较小。

2. RS-232 串口

GTM900-C 无线模框与主控模框进行数据交换时,由于其输出的信号时 TTL2.85V 接口,需要进行电平转换,因此可加一个 RS-232 电平转换电路,电平转换芯片选用德州仪器公司(TI)推出的一款兼容 RS-232 标准的芯片 MAX-232。该器件符合 TIA/EIA-232-F 标准,每一个接收器将 TIA/EIA-232-F 电平转换成 5-V TTL/CMOS 电平。每一个发送器将 TTL/CMOS 电平转换成 TIA/EIA-232-F 电平。

无线通信模框整体框图。

3. SIM 卡接口

TC35I 基带处理器具备一个兼容 ISO 7816 IC 卡标准的集成 SIM 卡接口,通过外接 SIM 卡槽(座)与 TC361 的 ZIP40 接口相连接,TC351 预留了 6 个引脚用以连接接 SIM 卡槽及接口,常用 6 脚 SIM 卡槽(座)外形结构图如图 2-20 所示,本书所述 SIM 卡引脚编号封装以该图为准。

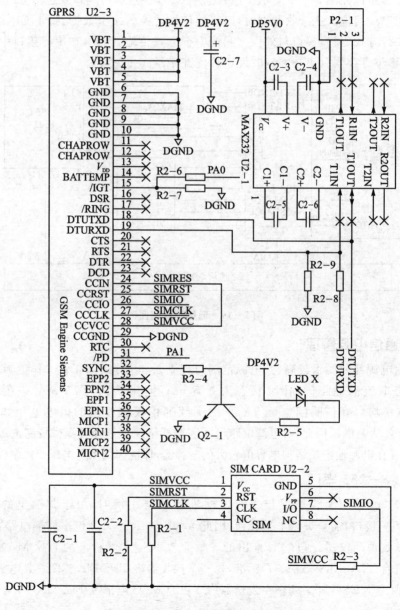

图 2-20　GPRS 无线通信电路原理图

4. 无线通信模块

采集板无线通信模块我们选用华为公司生产的 GTM900 - C 无线模框。GTM900 - C 无线模框是一款双频段 GSM/GPRS 无线模框。它支持标准的 AT 命令及增强 AT 命令，提供丰富的语音和数据业务等功能，是高速数据传输等各种应用的理想解决方案。GTM900 - C 无线模框可通过一个 40PIN 的 ZIF 连接器与系统相连，其工作电源电压为 3.4～4.7 V（推荐值 3.8 V），空闲状态的工作电流 3.8 mA，GPRS 数据传输状态的工作电流为 350 mA，完全符合本次设计中低功耗，长时间数据采集通信的要求。

2.5.7　RS - 232/RS - 485 扩展接口电路设计

1. RS - 485 扩展接口电路设计

在样机研制出来现场试用时，往往会发现一些被忽视的问题，而这些问题是不能单靠软件措施来解决的。如有新的信号需要采集，就必须增加输入检测端；有些物理量需要控制，就必须增加输出端。如果在硬件设计之初就多设计留有一些 I/O 端口，这些问题就会迎刃而解。

RS - 485 串行接口通信：利用 TTL 电平转换电路连接，RS - 485 的数据最高传输速率为 10 Mbit/s，抗共模干扰能力增强。其作用是终端 MCU 与计算机相互之间的数据传送。

串口扩展电路使用 SP3539 分出两个 RS - 232 协议的串口调试用接口与两个 RS - 485 传感器接口：

RS - 485 数据信号采用差分传输方式，使用一对双绞线，一线为 A，一线为 B。发送驱动器 A、B 之间的正电平在＋2～＋6 V，负电平在－2～6 V，一个信号地 C，一个"使能"端，如图 2 - 21 所示。

2. RS - 232 扩展接口电路设计

串行通信电路 RS - 232 产品是由德州仪器公司（TI）推出的一款兼容 RS - 232 标准的芯片。由于计算机串口 RS - 232 电平是－10～＋10 V，而一般的数据采集系统的信号电压是 TTL 电平 0＋5 V，MAX - 232 就是用来进行电平转换的，该器件包含 2 个驱动器、2 个接收器和一个电压发生器电路提供 TIA/EIA - 232 - F 电平。

该器件符合 TIA/EIA - 232 - F 标准，每一个接收器将 TIA/EIA - 232 - F 电平转换成 5－V TTL/CMOS 电平。每一个发送器将 TTL/CMOS 电平转换成 TIA/EIA - 232 - F 电平。

主要特点如下：

（1）单 5 V 电源工作。

（2）LinBiCMOSTM 工艺技术。

（3）两个驱动器及两个接收器。

数据采集系统整体设计与开发

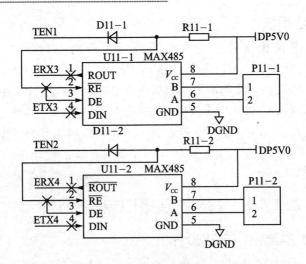

图 2 - 21　RS - 485 接口电路

54

（4）±30 V 输入电平。

（5）低电源电流:典型值是 8 mA。

（6）符合甚至优于 ANSI 标准 EIA/TIA - 232 - E 及 ITU 推荐标准 V.28。

（7）ESD 保护大于 MIL - STD - 883(方法 3015)标准的 2000 V。

如图 2 - 22 所示,MAX - 232 双串口的连接图可以分别接单片机的串行通信口或者实验板的其他串行通信接口:232 是电荷泵芯片,可以完成两路 TTL/RS - 232 电平的转换,它的第 9、10、11、12 引脚是 TTL 电平端,用来连接单片机的。

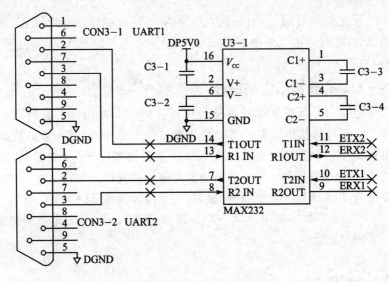

图 2 - 22　串口通信电路

MAX - 232 获得正负电源的另一种方法。在单片机控制系统中,我们时常要用到数/模(D/A)或者模/数(A/D)变换以及其他的模拟接口电路,这里面要经常用到正负电源,例如 9 V,−9 V;12 V,−12 V。这些电源仅仅作为数字和模拟控制转换接口部件的小功率电源。在控制板上,我们有的只是 5 V 电源,可又有很多方法获得非 5 V 电源,如外接或者 DC/DC 变换。在这里介绍一个大家常用的芯片:MAX - 232。MAX - 232 是 TTL—RS232 电平转换的典型芯片,按照芯片的推荐电路,取振荡电容为 104 μF 的时候,若输入为 5 V,输出可以达到 −14 V 左右,输入为 0 V,输出可以达到 14 V,在输出电流为 20 mA 的时候,电压可以稳定在 12 V 和 −12 V。因此,在功耗不是很大的情况下,可以将 MAX232 的输出信号经稳压器后作电源使用。

1. DB9 和 DB25 的常用信号引脚说明

DB9 和 DB25 的常用信号引脚说明如表 2 - 8 所列。

表 2 - 8　DB9 和 DB25 的常用信号引脚说明表

9 针串口(DB9)			25 针串口(DB25)		
针　号	功能说明	缩　写	针　号	功能说明	缩　写
1	数据载波检测	DCD	8	数据载波检测	DCD
2	接收数据	RXD	3	接收数据	RXD
3	发送数据	TXD	2	发送数据	TXD
4	数据终端准备	DTR	20	数据终端准备	DTR
5	信号地	GND	7	信号地	GND
6	数据设备准备好	DSR	6	数据准备好	DSR
7	请求发送	RTS	4	请求发送	RTS
8	清除发送	CTS	5	清除发送	CTS
9	振铃指示	DELL	22	振铃指示	DELL

2. RS - 232C 串口通信接线方法(三线制)

首先,串口传输数据只要有接收数据引脚和发送引脚就能实现:同一个串口的接收脚和发送脚直接用线相连,两个串口相连或一个串口和多个串口相连。

同一个串口的接收脚和发送脚直接用线相连对 9 针串口和 25 针串口,均是 2 与 3 直接相连。两个不同串口(不论是同一台计算机的两个串口或分别是不同计算机的串口)。

对微机标准串行口而言的,还有许多非标准设备,如接收 GPS 数据或电子罗盘数据,只要记住一个原则:接收数据引脚(或线)与发送数据引脚(或线)相连,彼此交叉,信号地对应相接,就能百战百胜。

RS-232 UART 串口调试电路通过 MAX-232 与 PC 进行串口通信,将 TTL/CMOS 数据从 T1IN、T2IN 输入转换成 RS-232 数据从 T1OUT、T2OUT 送到计算机 DB9 插头;DB9 插头的 RS-232 数据从 R1IN、R2IN 输入转换成 TTL/CMOS 数据后从 R1OUT、R2OUT 输出。

3. 串口调试中要注意的几点

不同编码机制不能混接,如 RS232C 不能直接与 RS422 接口相连,必须通过转换器才能连接;线路焊接要牢固,不然程序没问题却因为接线问题误事;串口调试时,准备一个好用的调试工具,如串口调试助手、串口精灵等,有事半功倍之效果;强烈建议不要带电插拨串口,插拨时至少有一端是断电的,否则串口易损坏。

2.5.8　开关量输出接口电路设计

开关信号是指在有限的离散瞬时上取值间断的信号。在二进制系统中,数字信号是由有限字长的数字组成,其中每位数字不是 0 就是 1。数字信号的特点是,它只代表某个瞬时的量值,是不连续的信号。开关信号的处理主要是监测开关器件的状态变化。

开关量信号反映了生产过程、设备运行的现行状态、逻辑关系和动作顺序。例如,行程开关可以指示出某个部件是否达到规定的位置,如果已经到位,则行程开关接通,并向工控机系统输入 1 个开关量信号;又如工控机系统欲输出报警信号,则可以输出 1 个开关量信号,通过继电器或接触器驱动报警设备,发出声光报警。如果开关量信号的幅值为 TTL/CMOS 电平,有时又将一组开关量信号称为数字量信号。

开关量输入信号有触点输入和电平输入两种方式。触点又有常开和常闭之分,其逻辑关系正好相反,犹如数字电路中的正逻辑和负逻辑。工控机系统实际上是按电平进行逻辑运算和处理的,因此工控机系统必须为输入触点提供电源,将触点输入转换为电平输入。开关量输出信号也有触点输出和电平输出两种方式。输出触点也有常开和常闭之分。

数字(开关)信号输入计算机后,常常需要进行码制转换的处理,如 BCD 码转换成 ASCII 码,以便显示数字信号。

开关量输出信号可以分为两种形式:一种是电压输出,另一种是继电器输出。电压输出一般是通过晶体管的通断来直接对外部提供电压信号,继电器输出则是通过继电器触点的通断来提供信号。电压输出方式的速度比较快且外部接线简单,但带负载能力弱;继电器输出方式则与之相反。电压输入,又可分为直流电压和交流电压输入,相应的电压幅值可以有 5 V、12 V 等,如图 2-23 所示。

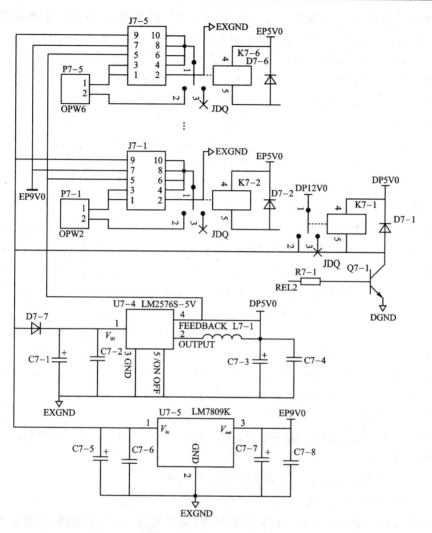

图 2-23　开关量输出电路

2.6　电源电路的设计

　　单片机应用系统中的许多器件需要有稳定的电压才能正常工作,因此,稳压电路是低功耗系统不可缺少的重要组成部分。稳压电源的效率对低功耗系统的功耗影响极大。稳压电路大致分为线性稳压电路和开关稳压电路。线性稳压电路的效率一般都在 70% 以下,而开关稳压电路的效率可以达到 90%,甚至更高。因此,低功耗系统中的稳压电源应当尽量采用开关稳压电路,尤其是负载电流较大的场合。

　　采集板电源设计首先要考虑采集板供电电源,由于采集站在野外工作受输电线路限制,只能选择太阳能电池板供电方式:有太阳能电池板作为充电电源,蓄电池作为采集站供电电源,一般来说蓄电池电压选择 12 V 较为普遍,根据采集板负荷估算采集站蓄电池额定容量最小配备 26(Ah)比较合适,我们根据新疆夏季光照时间和采集供电时间平均每天 4 小时,那么太阳能极板 50 W 与 26(Ah)蓄电池匹配,包括太阳能充放电控制器整个太阳能供电系统的匹配全部设备。

在采集板电路中需要使用 $+24$ V、$+12$ V_{DC}、$+5$ V_{DC}、$+3.8$ V_{DC}、$+3.3$ V_{DC} 的直流稳压电源,其中,传感器工作需 12 V 和 24 V 的电源,MSP430 微控制器工作需 3.3 V 电源,微控制器端口工作和部分器件需 3.3 V 电源,为串口电平转换及串口扩展,数字信号提供 5 V 的直流稳压电源。通信模框工作需要独立的 3.8 V 直流电源,如图 2-24 所示。

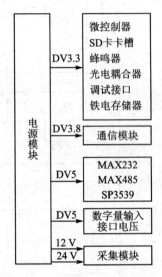

图 2-24 电源模块原理框图

工作原理:通过 12 V 电压到可调的高压差稳压集成电路 LM2576S—ADJ(它通过两个 R1-1 和 R1-2 的阻止比 1.5∶3.6,得到 1 个 4.2 V 的电压),传送到 GPRS 模框。(L1-1:功率电感,作用:通直阻交。C1-1,C1-2:滤波。led:led 灯。R1-3:降压限流。LN1117-3.3:低压差把 5 V 电压转成 3.3 V。DGND:数字电路。AGND:模拟电路。EXGND:外部供电(L1-5,L1-3,L1-4:功率电感,防止接地串扰)供电原理如图 2-25 所示。

(1) 通过可调的高压差稳压集成电路 LM2576S—ADJ 将 12 V 电源转成 3.8 V 电源给 GPRS 模框供电。

(2) LM2576S—5:把 12 V 电源转成 5 V 电源。

(3) LN1117—3.3:低压差把 5 V 电源转成 3.3 V 电源。

采集板系统由集成电路与辅助电路组成,集成电路又是电路的微电子集成。因此,采集板的运行操作都是具体电路的运行操作。采集板系统中,绝大多数电路的运行操作都体现在逻辑电平的变换上。电路不运行时,逻辑状态不变,电路处于稳定的静态电平上;电路运行时,则处于不停的逻辑变化的动态运行中。一个独立、完整的功能电路由一系列电路组成,电路中的每个部分不会同时处于动态变化之中,从而形成了电路运行中的宏观动态占空比。

正如上面所述的正在运行中的电路部分,其逻辑电平的变化操作可分解为逻辑电平变化的过渡态和逻辑电平的稳定态,这样的逻辑变换的过渡态与稳定态表现为逻辑电路运行的微观动态占空比。例如,实时时钟电路中的毫秒、秒、分、时、日都是独立的单元电路,这些电路中的微观动态占空比表现在毫秒、秒、分、时、日的计数进位瞬间的动态运行和计数周期的稳定状态。

从上述分析可知,实际采集板系统运行的时域、空域中存在有效运行与无谓等

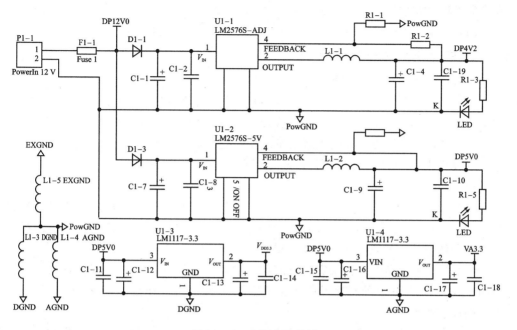

图 2-25　电源电路设计

待;在系统电路中也有相应的静态、动态运行状态。系统时域、空域中的有效运行以及电路的动态运行都要求电流的注入,形成系统中的有效功耗;而在供电状态下,系统时、空中的无谓等待及电路的稳定状态也要产生一定的功耗,称为无效功耗。通常情况下,有效功耗、无效功耗的占空比与时、空有效运行的占空比,电路中动、静态运行占空比是一致的。

　　相对于有效运行与无谓等待,电路静态与动态运行功耗无区别的系统(如无电源管理的 TTL 电路系统)的功耗而言,只有在有效运行及电路动态运行才消耗功率的系统称为零功耗系统。例如,在热流量计中,只考虑时空占空比,即达 1/600×1/3 为1/1800,若考虑电路的动静态占空比,其有效功耗还要大幅度减小。若把热流量计设计成零功耗系统,则系统平均功耗将在最大功耗的 0.1% 以下。

2.7　电路板设计规则

1. 电路设计原理

　　(1) 电路板设计主要分为 3 个步骤:设计电路原理图、生成网络表、设计印制电路板。

　　(2) 网络表是电路原理设计和印制电路板设计中的一个桥梁,它是设计工具软件自动布线的灵魂。

　　(3) 网络表的格式包括两部分:元器件声明和网络定义(缺少任一部分都有可能

在布线的时候出错)。

(4) 电路原理图设计不仅是整个电路设计的第一步,也是电路设计的基础。

2. 原理图具体设计步骤

原理图具体设计步骤如下:

(1) 新建原理图文件。在进入 SCH 设计系统之前,首先要构思好原理图,即必须知道所设计的项目需要哪些电路来完成,然后用 Protel DXP 来画出电路原理图。

(2) 设置工作环境。根据实际电路的复杂程度来设置图纸的大小。在电路设计的整个过程中,图纸的大小都可以不断地调整,设置合适的图纸大小是完成原理图设计的第一步。

(3) 放置元件。从元件库中选取元件,布置到图纸的合适位置,并对元件的名称、封装进行定义和设定,根据元件之间的走线等联系对元件在工作平面上的位置进行调整和修改使得原理图美观而且易懂。

(4) 原理图的布线。根据实际电路的需要,利用 SCH 提供的各种工具、指令进行布线,将工作平面上的器件用具有电气意义的导线、符号连接起来,构成一幅完整的电路原理图。

(5) 建立网络表。完成上面的步骤以后,可以看到一张完整的电路原理图了,但是要完成电路板的设计,就需要生成一个网络表文件。网络表是电路板和电路原理图之间的重要纽带。

(6) 原理图的电气检查。当完成原理图布线后,需要设置项目选项来编译当前项目,利用 Protel DXP 提供的错误检查报告修改原理图。

(7) 编译和调整。如果原理图已通过电气检查,那么原理图的设计就完成了。这是对于一般电路设计而言,尤其是较大的项目,通常需要对电路的多次修改才能够通过电气检查。

(8) 存盘和报表输出:Protel DXP 提供了利用各种报表工具生成的报表(如网络表、元件清单等),同时可以对设计好的原理图和各种报表进行存盘和输出打印,为印制电路板的设计做好准备,如表 2-9 所列。

表 2-9　电路原理与 PCB 电路设计步骤

序　号	电路原理图设计步骤	序　号	PCB 电路设计步骤
1	建立元器件库中没有的库元件	1	建立封装库中没有的封装
2	设置图纸属性	2	规划电路板
3	放置元件	3	载入网络表和元件封装
4	原理图布线	4	布置元件封装
5	检查与校对	5	布线
6	电路分析与仿真	6	设计规则检查

序　号	电路原理图设计步骤	序　号	PCB 电路设计步骤
7	生成网络表	7	PCB 仿真分析
8	保存与输出	8	存档输出

3. PCB 电路设计原理图

　　这是设计 PCB 电路的第一步,就是利用原理图设计工具先绘制好原理图文件。如果在电路图很简单的情况下,也可以跳过这一步直接进入,PCB 电路设计步骤,进行手工布线或自动布线。

　　(1) 定义元件封装。原理图设计完成后,元件的封装有可能被遗漏或有错误。正确加入网表后,系统会自动地为大多数元件提供封装。但是对于用户自己设计的元件或者是某些特殊元件必须由用户自己定义或修改元件的封装。

　　(2) PCB 图纸的基本设置。这一步用于 PCB 图纸进行各种设计,主要有:设定 PCB 电路板的结构及尺寸,板层数目,通孔的类型,网格的大小等,既可以用系统提供的 PCB 设计模板进行设计,也可以手动设计 PCB 板。

　　(3) 生成网表和加载网表。网表是电路原理图和印制电路板设计的接口,只有将网表引入 PCB 系统后,才能进行电路板的自动布线。在设计好的 PCB 板上生成网表和加载网表,必须保证产生的网表已没有任何错误,其所有元件能够很好的加载到 PCB 板中。加载网表后系统将产生一个内部的网表,形成飞线。

　　(4) 元件布局。是由电路原理图根据网表转换成的 PCB 图,一般元件布局都不很规则,甚至有的相互重叠,因此必须将元件进行重新布局,元件布局的合理性将影响到布线的质量。在进行单面板设计时,如果元件布局不合理将无法完成布线操作。在进行对于双面板等设计时,如果元件布局不合理,布线时将会放置很多孔,使电路板走线变得复杂。

　　(5) 布线规则。在实际布线之前,要进行布线规则的设置,这是 PCB 板设计所必须的一步。在这里用户要定义布线的各种规则,比如安全距离、导线宽度等。

　　(6) 自动布线。Protel DXP 提供了强大的自动布线功能,在设置好布线规则之后,可以用系统提供的自动布线功能进行自动布线。只要设置的布线规则正确、元件布局合理,一般都可以成功完成自动布线。

　　(7) 手动布线。在自动布线结束后,有可能因为元件布局或别的原因,自动布线无法完全解决问题或产生布线冲突时,即需要进行手动布线加以设置或调整。如果自动布线完全成功,则可以不必手动布线。

　　在元件很少且布线简单的情况下,也可以直接进行手动布线,当然这需要一定的熟练程度和实践经验。

　　(8) 生成报表文件。印制电路板布线完成之后,可以生成相应的各类报表文件,比如元件清单、电路板信息报表等。这些报表可以帮助用户更好地了解所设计的印制板和管理所使用的元件。

（9）文件打印输出。生成了各类文件后，可以将各类文件打印输出保存，包括 PCB 文件和其他报表文件均可打印，以便永久存档。

2.8　硬件电路的 PCB 板图绘制

2.8.1　PCB 板图设计的工作流程

1. 建立 PCB 新文档，设置 PCB 设计环境

PCB 设计环境的设置主要包括两项：全局布线规则的设置与个性化显示形式的设置。

① 全局布线规则的设置：包括自动布线规则、加工制造规则、高频信号布线规则、元器布局规则、信号的完整性设计规则等，通常需要设置的是自动布线规则和元器件布局规则，选项采用默认设置即可。

② 个性化显示形式的设置：包括前景/背景与各种 PCB 层的显示样式/颜色、显示/捕捉栅格类型与大小、移动光标的形状与大小等项，可以根据个人的喜好进行具体设定。设定后的个性化显示形式，可以存为默认形式，以后进行其他项目设计，可以直接使用。

2. 安装常用元器件封装库，自制或提取没有的元器件封装图

载入 PCB 软件工具中提供的常用元器件封装库，以在设计中直接使用。对元器件库中没有具体封装的元器件，可用 PCB 元器件库编辑器自制。自制 PCB 元器件封装，包括设计器件的外形、固定孔位和设计焊盘，其中主要的是器件的焊盘设计，要根据器件的 SPEC 文档材料认真设计。其他设计好的 PCB 板图中有的相关器件，可以直接从中提取。对库中已有的元器件，其形状与焊盘与实际不符的，可以在其所在的库编辑器中进行修改，也可以单独拿出来，命名为新器件，再进行修改。

最好把设计需要的元器件，按 1∶1 比例打印出来，与元器件实物对比，不合适的，再对其封装进一步加以修改。

3. 规划 PCB 总体结构，装载元器件网络表

PCB 的结构规划，包括 PCB 外框规划、固定孔预留、插接件/主要元器件位置规划、PCB 布线层设置等。PCB 外框，通常画在禁止布线层（Keepout Layer），需要根据实际要求确定。PCB 板层的设置在其板层管理器中进行，可以设置项有单/双面板选择、电源层设置、中间信号层设置、各层之间的板基材料及其厚度指定、表面绝缘层设定等，还可以指定每层上铜箔走线的大致方向，通常是一个层次水平走线，另一个层次垂直走线，以增强走线的电磁兼容性。在各个电源层或信号层上，还可以根据需要，设置分割区，以满足特定信号布线或散热等特殊要求。

打开由电路原理图设计得到的电气网络表,检查/修改其中的错误与不合理之处,并使网络表更适合 PCB 设计意愿。把网络表载入 PCB 板图,仔细检查载入过程中的各类错误,逐一修改,直到无误。载入网络表后的 PCB 板图,是一堆由飞线密密麻麻连接的零乱的摆放在禁止布线图框外的元器件。

4. 元器件布局,标注设计与摆放

元器件布局时需要综合考虑机械结构、散热、EMC 等因素,一般过程是:先通过手工布局摆放好有特殊要求的元器件,并锁定其位置,然后再进行全局自动布局,最后进行局部器件的手工调整,如把滤波电容放置在相应的 IC 器件附件等。手工布局-q 调整时,要时时观察飞线的重叠情况与密稀状况,尽可能使飞线重叠与分布密度最少。

布局完成后,在空隙大的部位,丝印层或顶/底层,放置需要的文-T-标注,如商标、设计版本、出厂日期等;然后摆放标识元器件的各种编号和标称值,如果丝印层上空白位置有限,可以全部或部分隐去元器件的标称值,也可以进一步缩小标识文字。标识文字一般水平放置,需要垂直放置时,要注意字头一律朝左,以最大限度地方便装配与维护。

5. 铜箔布线及其策略

铜箔布线的一般过程是:设置布线分割区,全局自动布线,局部手工调整,连接点泪滴处理、顶/底层电源区铺铜箔。

布线分割区用于在某个区域放置特定的信号,如表面散热、高频信号的蛇形走线等。

泪滴处理是在引脚焊盘或过孔与信号线的连接处由宽到窄的过渡,有助于电路电流流动。

在顶/底层上,对电源或地信号作大面积铺铜,有助于抑制电磁干扰、器件散热等,铺铜区通常设置成横纵交织的网格形状,这种形状,对高频干扰特别有效。

优化(Optimize)策略:能够对完成的走线图形进行优化,减少过孔和走线长度,使走线更平滑美观。

对中(Center)策略:能够对元件脚和过孔之间的走线自动进行对中操作。

弯行(Miters)策略:能够对所有走线拐角按设置好的角度倾斜以及对拐角增加导角。

谐调(Tune)策略:能够利用最小、最大和匹配长度约束调节网络的走线长度。

一般的单层或多层 PCB,利用 PCB 软件设计工具自身携带的自动布线器,可以在很短的时间内全部布通。对于一些高密度或高频 PCB 设计,可以借助于专用的 PCB 布线器来实现快速高性能的 PCB 布线设计,如 PDAS Router、OrCAD Spacctra 等。

全自动布线完成后,还要对局部布线作手工调整,改变一些僵化的 PCB 布线,使 PCB 设计更加完善。电脑高智能布线,虽然先进,毕竟不是人脑。

6. 设置运行设计规则检查，纠正错误

PCB 设计规则检查 DRC(Design Rule Check)包括线间距检查、走线宽度检查、连接短路检查、SMD 布线特性检查、开孔孔径检查、高速布线特性检查等，其中间距检查与连接短路检查是各种类型的 PCB 设计后必做的检查。

在软件工具的相关管理窗口中选择设置所需的检查项，运行 DRC，软件工具会在电路中标示出错误之处，并生成报告文档，指明错误与警告的位置、原因。要设法更正这些错误，反复进行 DRC 检查，直到没有错误与警告。

7. 标注加工要求，输出光绘文档

加工要求有 PCB 外形尺寸要求、特殊部位结构要求、板材要求等项，通常在指定的机械层以图示或文字加以说明。

光绘(Gerber)文档包含的文件有信号层图、电源层图、丝印层图、阻焊层图、助焊层图、钻孔图、孔位图等，用于计算机辅助制造 CAM。现代 PCB 设计一般不做光绘文档输出，而是直接将设计好的 PCB 板图交到 PCB 加工厂，由 PCB 加工厂自行免费处理。

2.8.2　PCB 设计技巧与注意事项

1. 装入网络表时元器件不能完全调入的原因及处理

PCB 设计中装入网络表时元器件不能完全调入，其原因可能是：原理图中未定义元件的封装形式、PCB 封装的名称不存在、封装可以找到但元器件的引脚名称与印制电路板库中封装的引脚名称不一致等。相应的解决办法是：到网络表文档中查找并补上未定义封装的元件；确认印制电路板元件封装库是否已调入，同时检查原理图中元件封装名称是否与 PCB 元件封装库中的名称一致；将印制电路板元件封装库中的元器件引脚命名修改成与原理图中定义的一致等。如三极管的引脚名称在原理图中定义为 1、2、3，而在印制电路板封装库中焊盘序号定义为 E、B、C，必须修改印制电路板封装库中的三极管引脚名称，使它与原理图中定义的三极管引脚名称一致。

2. 表层电源区铺铜前后的线间距调整

通常采取的做法是：在表层电源区铺铜前，把线间距调大，如 30 m，这样 DRC 自动运行的话，立即会有大部分错误警告出现，暂不要理会。在表层电源区铺铜全部完成后，再把线间距调整回到原来的值，原来的错误警告之处在 DRC 自动运行后便自动消失了。这样做的目的在于，拉大电源与信号走线之间的距离，以有效地避免制造过程中出现短路或应用中出现的电气性能不佳现象。

3. 自制元器件的焊盘设计

自制元器件的焊盘设计，其孔径要向常用的 PCB 加工钻头直径规格上靠近，焊盘不宜设计定大，以便于焊盘间能够走线。如果为增大元器件附着面积而要设计大

焊盘,可以考虑把焊盘设计成长圆形。插接连接件的焊盘孔径与焊盘要注意大小适中。PCB 固定孔设计要比实际选用镙栓/镙钉的直径大,其焊盘直径通常要两倍于开孔直径。

4. 高频电路的布线技巧与要求

(1)高频电路集成度较高,布线密度大,宜采用多层板布线。多层板布线,能充分利用中间层来设置屏蔽,更好地实现就近接地,有效地降低寄生电感,缩短信号的传输长度,大幅度地降低信号间的交叉干扰等。

(2)高速电路器件引脚间的引线弯折越少越好,引线越短越好,引线最好采用全直线,需要转折,可用 45°折线或圆弧转折,这种要求可以减少高频信号对外的发射和相互间的耦合。

(3)高频电路器件引脚间的引线层间交替越少越好,即元件连接所用的过孔(via)越少越好。

(4)高频电路布线要注意信号线近距离平行走线所引入的"交叉干扰",若无法避免平行分布,可在平行信号线的反面布置大面积"地"来大幅度减少干扰。同一层内的平行走线几乎无法避免,但是在相邻的两个层,走线的方向务必取为相互垂直。

(5)对特别重要的信号线或局部单元实施地线包围的措施。把此功能用于时钟等单元局部进行包地处理对高速系统也将非常有益。

(6)各类信号走线不能形成环路,地线也不能形成电流环路。自动布线的走线原则除最短化原则外,还有基于 X 方向、基于 Y 方向和菊花状(Daisy)走线方式,采用菊花状走线能有效避免布线时形成环路。

(7)模拟地线、数字地线等接往公共地线时要用高频扼流环节。在实际装配高频扼流环节时往往采用中心孔穿有导线的高频铁氧体磁珠,在电路原理图上对它一般不予表达,由此形成的网络表(Netlist)就不包含这类元件,布线时就会因此而忽略它的存在。针对此现实,可在原理图中把它当作电感,在 PCB 元件库中单独为它定义一个元件封装,布线前把它手工移动到靠近公共地线汇合点的合适位置上。

2.8.3　PCB 设计原则与抗干扰措施

1. PCB 设计的一般原则

要使电子电路获得最佳性能,元器件的布局及导线的布设是很重要的。为了设计质量好、造价低的 PCB,应遵循以下一般原则:

1)布局

首先,要考虑 PCB 尺寸大小。PCB 尺寸过大,印制线条长,阻抗增加,抗噪声能力下降,成本也增加;过小,则散热不好,且邻近线条易受干扰。在确定 PCB 尺寸后,再确定特殊元件的位置。最后,根据电路的功能单元,对电路的全部元器件进行布局。

在确定特殊元件的位置时要遵守以下原则：

（1）尽可能缩短高频元器件之间的连线，设法减少它们的分布参数和相互间的电磁干扰。易受干扰的元器件不能相互挨得太近，输入和输出元件应尽量远离。

（2）某些元器件或导线之间可能有较高的电位差，应加大它们之间的距离，以免放电引出意外短路。带高电压的元器件应尽量布置在调试时手不易触及的地方。

（3）重量超过 159 的元器件、应当用支架加以固定，然后焊接。那些又大又重、发热量多的元器件，不宜装在印制板上，而应装在整机的机箱底板上，且应考虑散热问题。热敏元件应远离发热元件。

（4）对于电位器、可调电感线圈、可变电容器、微动开关等可调元件的布局应考虑整机的结构要求。若是机内调节，应放在印制板上方便于调节的地方；若是机外调节，其位置要与调节旋钮在机箱面板上的位置相适应。

根据电路的功能单元，对电路的全部元器件进行布局时，要符合以下原则：

（1）按照电路的流程安排各个功能电路单元的位置，使布局便于信号流通，并使信号尽可能保持一致的方向。

（2）以每个功能电路的核心元件为中心，围绕它来进行布局。元器件应均匀、整齐、紧凑地排列在 PCB 上，尽量减少和缩短各元器件之间的引线和连接。

（3）在高频下工作的电路要考虑元器件之间的分布参数。一般电路应尽可能使元器件平行排列。这样，不但美观，而且装焊容易，易于批量生产。

（4）位于电路板边缘的元器件，离电路板边缘一般不小于 2 mm。电路板的最佳形状为矩形。长宽比为 3：2 或 4：3。电路板面尺寸大于 200 mm×150 mm 时，应考虑电路板所受的机械强度。

2）布线

其原则如下：

① 输入/输出端用的导线应尽量避免相邻平行。最好加线间地线，以免发生反馈耦合。

② 印制板导线的最小宽度主要由导线与绝缘基板间的黏附强度和流过它们的电流值决定。

当铜箔厚度为 0.05 mm、宽度为 1～15 mm 时，通过 2 A 的电流，温度不会高于 3℃，因此导线宽度为 1.5 mm 可满足要求。对于集成电路，尤其是数字电路，通常选 0.02～0.3 mm 导线宽度。当然，只要允许，还是尽可能用宽线，尤其是电源线和地线。

导线的最小间距主要由最坏情况下的线间绝缘电阻和击穿电压决定。对于集成电路，尤其是数字电路，只要工艺允许，可使间距小至 5～8 mm。

③ 印制导线拐弯处一般取圆弧形，而直角或夹角在高频电路中会影响电气性能。此外，尽量避免使用大面积铜箔，否则，长时间受热时，易发生铜箔膨胀和脱落现象。必须用大面积铜箔时，最好用栅格状，这样有利于排除铜箔与基板间粘合剂受热

产生的挥发性气体。

3）焊盘

焊盘中心孔要比器件引线直径稍大一些。焊盘太大易形成虚焊。焊盘外径 D 一般不小于 $d+1.2$ mm,其中 d 为引线孔径。对高密度的数字电路,焊盘最小直径可取 $d+1.3$ mm。

2. PCB 及电路抗干扰措施

印制电路板的抗干扰设计与具体电路有着密切的关系,下面列出了一些 PCB 抗干扰设计的常用措施。

1）电源线设计

根据印制线路板电流的大小,尽量加粗电源线宽度,减少环路电阻。同时,使电源线、地线的走向和数据传递的方向一致,这样有助于增强抗噪声能力。

2）地线设计

其原则如下:

（1）数字地与模拟地分开。若线路板上既有逻辑电路又有线性电路,应使它们尽量分开。低频电路的地应尽量采用单点并联接地,实际布线有困难时可部分串联后再并联接地。高频电路宜采用多点串联接地,地线应短而粗,高频元件周围尽量用栅格状的大面积铜箔。

（2）接地线应尽量加粗。若接地线用很细的线条,则接地电位随电流的变化而变化,使抗噪性能降低。因此应将接地线加粗,使它能通过 3 倍于印制板上的允许电流。如有可能,接地线应在 3 mm 以上。

（3）接地线构成闭环路。只由数字电路组成的印制板,其接地电路布成闭环路大多数情况下能够提高抗噪声能力。

3）退耦电容配置

PCB 设计的常规做法之一是在印制板的各个关键部位配置适当的退耦电容。退耦电容的一般配置原则是:

（1）电源输入端跨接 $10 \sim 100$ μF 的电解电容器,接 100 μF 以上的更好。

（2）原则上每个集成电路芯片都应布置一个 0.01 pF 的瓷片电容,如遇印制板空隙不够,可每 $4 \sim 8$ 个芯片布置一个 $1 \sim 10$ pF 的钽电容。

（3）对于抗噪声能力弱、关断时电源变化大的器件,如 RAM、ROM 存储器件,应在芯片的电源线和地线之间直接接入退耦电容。

（4）电容引线不能太长,尤其是高频旁路电容不能有引线。此外,还应注意以下两点:在印制板中有接触器、继电器、按钮等元件时,操作它们时均会产生较大火花放电,必须采用 RC 电路来吸收放电电流,一般 R 取 $1 \sim 2$ kΩ,c 取 $2.2 \sim 47$ μF;CMOS 的输入阻抗很高,且易受感应,因此在使用时不要使其 T/O 引脚直接接地或接正电源。

4）挡阻的使用

经常使用排阻作为上拉或下拉,排阻的公共端接电源或地线。在实际使用过程中发现,如果排阻阻值较大则通过公共端耦合引起误动作;排阻阻值较小则增加系统功耗。因此,排阻阻值要慎选,公共端接线或电源线要粗,最好有退耦电容。

2.9　抗干扰技术

所谓抗干扰是指把窜入微机控制系统的干扰衰减到一定的强度以内,保证系统能够正常工作或者达到要求的测量控制精度。

提高设备的抗干扰能力,必须从设计阶段开始,要考虑到电磁兼容性(EMC)的设计。电磁兼容性设计要求所设计的电子设备在运行时,既不受周围电磁干扰而能正常工作,又不对周围设备产生干扰。

常用抗干扰技术主要有滤波、接地、屏蔽、隔离、设置干扰吸收网络及合理布线等。

1. 接地技术

将电路、单元与充作信号电位公共参考点的一个等位点或等位面实现低阻抗连接,称为接地。一个系统涉及许多接地点,它对系统的工作性能有极大的影响。良好的接地处理有利于抑制干扰信号和稳定系统的工作状态,接地处理不当则导致系统不能正常工作,甚至根本不能工作。

接地的目的通常有两个:一是为了安全,即安全接地;二是为了给系统提供一个基准电位,并给高频干扰提供低阻通路,即工作接地。前一系统的基准电位必须是大地电位,后一系统的基准电位可以是大地电位,也可以不是。通常把接地面视作电位处处为零的等位体,并以此为基准测量信号电压。但是,无论何种接地方式,公共接地面(或公共地线)都有一定的阻抗(包括电阻和感抗),当有电流流过时,地线上要产生电压降,加之地线还可能与其他引线构成环路,从而成为干扰的因素。

不同的地线有不同的处理技术,下面介绍几种常用的接地处理原则及技术。

2. 接地方式

(1) 安全接地:设备金属外壳的接地,又分为两种。

① 保护接地:将电气设备的金属外壳与大地之间用良好的金属连接,接地电阻越小越好。

② 保护接零:在低压三相四线制中,如果变压器二次侧的中性点接地则称为零点,这时由中性点引出的线称为零线。此时,如果将电气设备直接接地,则要求接地电阻小于 1 Ω,但小于 1 Ω 的接地电阻在实际中很难实现,因此,一般将电气设备直接接到零线,以达到接零保护的目的。

(2) 工作接地:信号回路接于基准导体或基准电位点。

① 浮地方式。系统的电气装置的整个地线与大地之间无导体连接则称为浮地

方式。在浮地方式中,如果系统对地的电阻很大,对地的分布电容很小,则系统由外界共模干扰引起的干扰电流就很小。但是,大系统一般对地存在较大的分布电容,很难实现真正的对地悬浮,当系统的基准电位受到干扰导致不稳定时,将通过对地分布电容产生电流,从而导致设备不能正常工作。

② 直接接地方式。这种接地方式的优缺点与浮地方式正好相反。当控制设备对地存在很大的分布电容时,只要选择合理的接地点,就可以抑制分布电容对系统的影响。

③ 电容接地方式。经过电容器将工作地与大地相连。这种接地方式对高频干扰分量提供对地通道,抑制分布电容的影响,对低频信号或直流信号则近似于浮地方式。

（3）屏蔽接地:电缆、变压器的屏蔽层的接地。

"安全接地"均采用一点接地方式。"工作接地"依工作电流频率不同而有一点接地和多点接地两种。低频时,因地线上的分布电感并不严重,故往往采用一点接地;高频情况下,由于电感分量大,为减少引线电感,故采用多点接地。频带很宽时,常采用一点接地和多点接地相结合的混合接地方式。

2.10　可靠性设计

计算机测控系统对靠性提出了很高的要求,系统一旦发生故障,既有可能造成经济损失,还有可能造成安全事故。因此,设计测控系统时必须考虑可靠性。可靠性技术涉及生产过程的多个方面,不仅与设计、制造、安装、维护有关,而且还与生产管理、质量监控体系、使用人员的专业技术水平与素质有关。下面主要是从技术的角度介绍提高计算机测控系统可靠性的最常用的方法。

2.10.1　影响可靠性的因素

影响计算机测控系统可靠性的因素有内部与外部两方面。针对内外因素的特点,采取有效的软硬件措施是可靠性设计的根本任务。

1. 内部因素

导致系统运行不稳定的内部因素主要有以下三点:

（1）元器件本身的性能与可靠性。元器件是组成系统的基本单元,其特性好坏与稳定性直接影响整个系统性能与可靠性。因此,在可靠性设计当中,首要的工作是精选元器件,使其在长期稳定性、精度等级方面满足要求。

（2）系统结构设计。包括硬件电路结构设计和运行软件设计。元器件选定之后,根据系统运行原理与生产工艺要求将其连成整体,并编制相应软件。电路设计中要求元器件或线路布局合理,以消除元器件之间的电磁耦合相互干扰;优化的电路设计也可以消除或削弱外部干扰对整个系统的影响,如去耦电路、平衡电路等;也可以采用冗余结构,当某些元器件发生故障时,也不影响整个系统的运行。软件是计算机测控系统区别于其他通用电子设备的独特之处,通过合理编制软件可以进一步提高系统运行的可靠性。

(3) 安装与调试。元器件与整个系统的安装与调试,是保证系统运行和可靠性的重要措施。尽管元件选择严格,系统整体设计合理,但安装工艺粗糙,调试不严格,仍然达不到预期的效果。

2. 外部因素

外因是指计算机所处工作环境中的外围设备或空间条件导致系统运行的不可靠因素,主要包括以下几点:

(1) 外部电气条件,如电源电压的稳定性、强电场与磁场等的影响。

(2) 外部空间条件,如温度、湿度、空气清洁度等等。

(3) 外部机械条件,如振动、冲击等等。

为了保证计算机系统可靠工作,必须创造一个良好的外部环境。如采取屏蔽措施、远离产生强电磁场干扰的设备,加强通风以降低环境温度,安装紧固以防止振动等等。

元器件的选择是根本,合理安装调试是基础,系统设计是手段,外部环境是保证,这是可靠性设计遵循的基本准则,并贯穿于系统设计、安装、调试、运行的全过程。为了实现这些准则,必须采取相应的硬件或软件方面的措施,这是可靠性设计的根本任务。

2.10.2　可靠性设计技术

由于系统是由硬件和软件组成,因而系统的可靠性也分硬件可靠性和软件可靠性两个方面。

1. 硬件的可靠性设计技术

1) 元器件级

元器件是计算机系统的基本部件,元器件的性能与可靠性是整体性能与可靠性的基础。因此,元器件的选用要遵循以下原则:

(1) 严格管理元器件的购置、储运。元器件的质量是主要由制造商的技术、工艺及质量管理体系保证的,应选择有质量保证的元器件。采购元器件之前,应首先对制造商的质量信誉有所了解。这可通过制造商提供的有关数据资料获得,也可以通过调查用户来了解,必要时可亲自做试验加以检验。制造商一旦选定,就不应轻易更换,尽量避免在一台设备中使用不同厂家的同一型号的元器件。

(2) 老化、筛选和测试。元器件在装机前应经过老化筛选,淘汰那些质量不佳的元件。老化处理的时间长短与所筛选的元件量、型号、可靠性要求有关,一般为 24h 或 48h。老化时所施用的电气应力(电压或电流等)应等于或略高于额定值,常为额定值的 110％～120％。老化后测试应注意淘汰那些功耗偏大、性能指标明显变化或不稳定的元器件。老化前后性能指标保持稳定的是优选的元器件。

（3）降额使用。所谓降额使用，就是在低于额定电压和电流条件下使用元器件，这将能提高元器件的可靠性。降额使用多用于无源元件（电阻、电容等）、大功率器件、电源模框或大电流高压开关器件等。降额使用不适用于 TTL 器件，因为 TTL 电路对工作电压范围要求较严，不能降额使用。MOS 型电路因其工作电流十分微小，失效主要不是功耗发热引起的，故降额使用对于 MOS 集成电路效果不大。

（4）选用集成度高的元器件。近年来，电子元器件的集成化程度越来越高。系统选用集成度高的芯片可减少元器件的量，使得印制电路板布局简单，减少焊接和连线，因而大大减少故障率和受干扰的频率。

2）部件及系统级

部件及系统级的可靠性技术是指功能部件或整个系统在设计、制造、检验等环节所采取的可靠性措施。元器件的可靠性主要取决于元器件制造商，部件及系统的可靠性则取决于设计者的精心设计。可靠性研究资料表明，影响计算机可靠性因素，有40％来自电路及系统设计。

（1）采用高质量的主机。计算机尽可能采用工业控制用计算机或工作站，而不是采用普通的商用计算机。因为工业控制计算机在整机的机械、防振动、耐冲击、防尘、抗高温、抗电磁干扰等方面往往针对生产现现场的特点，采取了特殊的处理措施，以保证系统在恶劣的工业环境下仍能正常工作。所采用各种硬件和软件，尽可能不要自行开发。采用高质量的电源；一般来说 PLC 的 I/O 模式的可靠性比 PC 总线 I/O 板卡的可靠性高，如果成本和空间允许，应尽可能采用 PLC 的 I/O 模式。

（2）采用模框化、标准化、积木化结构。目前各大公司推出的 IPC 工控机及过程通道板卡都实现了模框化和标准化，设计者开发的板卡或设备实现模框化和标准化。

板卡的布线要合理：一般要做到电源线尽可能粗；多条平行信号线不能过长；两面的信号尽可能垂直走线；模拟器件和数字器件分开走线；过接孔不能过多；小信号线有地线屏蔽等。

选择优质电源：模拟量输入所用的电源最好是线性电源，其他部分尽可能采用纹波较小的电源。电源的选择必须留有充分的余量，电源最好是密封结构和大散热器结构，如国产的朝阳电源系列。

散热措施：如果板卡使用了功耗性器件，控制柜顶部一般应安装风扇。如果板卡器件全为 CMOS，也可以不装风扇。

机械结构：控制柜和板卡插箱一般要使用全钢结构或铝合金结构。器件过重，控制柜和器件底板必须设计加强筋。表面必须喷漆或喷塑，以防止锈蚀。

（3）采用冗余技术。对于关键的检测点、控制点可以进行双重或多重冗余设计。冗余技术也称容错技术，是通过增加完成同一功能的并联或备用单元数目来提高可靠性的一种设计方法。如一点模拟量信号可以输入到两个控制站的模拟量输入板卡,当其中一个站故障,在另一个站同样可以监测该信号的变化。也可以给计算机控制系统配备手操器,当计算机系统故障,利用手操器可以进行显示和手动控制。对于重要的控制回路,选用常规控制仪表作为备用。一旦计算机故障,就把备用装置切换到控制回路中,维持生产过程的正常运行。冗余技术包括硬件冗余、软件冗余、信息冗余、时间冗余等。

硬件冗余:是用增加硬件设备的方法,当系统发生故障时,将备份硬件顶替上去,使系统仍能正常工作,硬件冗余结构主要用在高可靠性场合。如采用双机系统,即采用两台计算机,互为备用地执行任务。

信息冗余:对计算机控制系统而言,保护信号信息和重要数据是提高可靠性的重要方面。为了防止系统因故障等原因而丢失信息,常将重要数据或文件多重化,复制一份或多份"拷贝",并存于不同的空间。一旦某一区间或某一备份被破坏,则自动从其他部分重新复制,使信息得以恢复。

时间冗余:为了提高计算机控制系统的可靠性,可以采用重复执行某一操作或某一程序,并将执行结果与前一次的结果进行比较对照来确认系统工作是否正常。

(4)电磁兼容性设计。电磁兼容性是指计算机系统在电磁环境中的适应性,即能保持完整规定的功能的能力。电磁兼容性涉及的目的是使系统既不受外部电磁干扰的影响,也不对其他电子设备产生影响。

(5)故障自动检测与诊断技术。对于复杂系统,为了保证能及时检验出有故障装置或单元模框,以便及时把有用单元替换上去,就需要对系统进行在线的测试与诊断。这样做的目的有两个:一是为了判定动作或功能的正常性;二是为了及时指出故障部位,缩短维修时间。

对于一些智能设备采用故障预测、故障报警等措施。出现故障时将执行机构的输出置于安全位置,或将自动运行状态转为手动状态。

(6)其他措施。采用可靠的控制方案,使系统具有各种安全保护措施,如异常报警、事故预测、安全连锁、不间断电源等功能。

采用集散控制系统。对于规模较大的系统,应采用集散控制系统,它是一种分散控制、集中操作的计算机控制系统,它具有危险分散的特点,整个控制系统的安全可靠性高。

采取各种抗干扰措施,包括滤波、屏蔽、隔离和避免模拟信号的长线传输等。

2. 软件的可靠性设计技术

由于计算机测控系统是由硬件和软件组成,因而系统的可靠性也分硬件可靠性和软件可靠性两个方面。通过提高元器件的质量、采用冗余设计、进行预防性维护、增设抗干扰装置等措施,能够提高硬件的可靠性,但是要想得到理想的可靠度是不够的,通常还要利用软件来进一步提高系统的可靠性。

计算机运行软件是系统欲实行的各项功能的具体反映。软件的可靠性主要标志是软件是否真实而准确地描述了欲实现的各种功能。因此,对生产工艺的了解熟悉程度直接关系到软件的编写质量。提高软件可靠性的前提条件是设计人员对生产工艺过程的深入了解,并且使软件易读、易测和易修改。

为了提高软件的可靠性,应尽量将软件规范化、标准化和模框化,尽可能把复杂的问题化成若干较为简单明确的小任务。把一个大程序分成若干独立的小模框,这有助于及时发现设计中的不合理部分,而且检查和测试几个小模框要比检查和测试大程序方便得多。

软件可靠性技术主要包括以下两个方面的内容:

1) 利用软件来提高系统的可靠性

具体措施包括以下几方面:

(1) 利用软件冗余,防止信息的输入输出过程及传送过程中出错。如对关键数据采用重复校验方式,对信息采用重复传送并进行校验,通过设置错误陷阱,自动捕捉错误,自动报告和排错提示等。

(2) 逻辑闭锁和限值闭锁。闭锁是防止误操作、过操作的有效方法。如为调节阀的开度设置闭锁,为各种温度值设置上下限闭锁,以保证系统安全可靠运行。在控制输出、修改重要参数处,软件采取操作口令、操作确认等多重闭锁,防止误操作。

(3) 编制自动诊断检测程序,自动检测设备的运行情况,及时发现故障,找出故障的部位并排除,以便缩短修理时间。

(4) 数据保护处理。针对系统突然停机、冷热启动或时间改动对数据库造成的破坏、遗失等情况,应采取实时数据备份、安全性检查等保护措施。一旦系统重新运行,系统首先自动读取保护信息,修补数据库,以便系统可靠运行。

(5) 采用系统信息管理的软件。它与硬件配合,对信息进行保护,这包括防止信息被破坏,在出现故障时保护信息,并迅速用备用装置代替故障装置;在故障排除后,恢复信息,并使系统迅速恢复正常运行。

2) 提高软件自身的可靠性

尽管在前面介绍了用软件提高系统可靠性的措施,但应该指出,软件本身也会发生故障。为了减少出错和使用户能得到一个满足要求的软件,应该采取以下措施以提高软件自身的可靠性:

(1) 采取措施,减少软件设计中的错误,这包括采用模框化、结构化设计,采用组态软件形式,进行软件评审等。

(2) 采用能提高可测试性的设计。在系统设计时就充分考虑到测试的要求,使得软件的可维护性较高、故障的诊断及时迅速。

第**3**章

虫情采集传感器设计

进入 21 世纪,信息技术的发展日新月异,信息技术的三大支柱技术——传感器技术、通信技术和计算机技术实现了质的飞跃。在具体的科学实验和科技应用中,传感器技术犹如人的"感官",通信技术犹如人的"神经",计算机技术犹如人的"大脑",而作为获取信息的"感官",人们为了从外界获取信息,必须借助于感觉器官。而传感器是人类五官的延长。例如光线传感器相当于眼睛,声音传感器相当于耳朵,气体传感器相当于鼻子,压力、湿度、温度传感器相当于皮肤传感器在整个信息系统中的作用显得尤为重要。

传感器是能感受规定的被测量并按照一定的规律转换成可用输出信号的器件或装置。传感器由敏感元件和转换元件组成。其中,敏感元件是指传感器中能直接感受或响应被测量的部分;转换元件是指传感器中能将敏感元件感受或响应的被测量转换成适于传输或测量的电信号部分。

目前,传感器技术已经在越来越多的领域得到了广泛的应用,从简单的家用电器到高科技集中地航空航天领域,凡是涉及智能检测、智能显示、自动控制的装置无疑都离不开传感器这一"电五官"。在当今的现代农业发展中,从农作物的育苗、生长、收获一直到储藏等环节,传感器技术也得到了较为成熟、广泛的应用。

现代设施农业常用的传感器包括空气温、湿度、土壤地表温度、土壤水分、光照强度、CO_2、NH_3 含量传感器、肥分(氮、磷、钾含量)传感器等,已经在农田节水灌溉自动化控制系统、作物病虫害监测系统、农田土壤水分监测系统等领域得到广泛应用。

3.1 传感器开发任务

3.1.1 虫情采集传感器设计

在现有传感器技术中,用传感器直接判断害虫类型,准确提供害虫的数量,按照我们预期的设想精准地在上位机软件界面显示所采集当前数值和记录历史数据存储起来,这似乎看起来是一种非常简单的问题。也许有人会说无论用什么方法都可以运用现有的传感器原理监测到不同种类害虫数量,我们尝试过直接用现有的传感器技术几乎没有成功。因受农田环境和害虫运动规律等诸多因素影响,虫情采集传感器是采集系统首要任务,要完成识别害虫类型和害虫数量计数两大功能,才是虫情采集系统的基本任务。

3.1.2　高精度虫情传感器设想

由于农田害虫的种类很多,不同的作物有不同的害虫,仅仅用简单的方法高精度地识别各种害虫的种类有一定的困难,不妨用视频技术去采集害虫的种类。也许这也是一个尝试。其基本原理是事先将各种害虫标本模型建立在数据库内,然后在田间用视频技术拍照并进行处理分析,用实时害虫模型和库内原模型进行比对,两种模型相似就可判断我们要监测到的害虫种类,应该说应用现代视频技术实现高精度采集识别害虫没有什么困难,只是需要一定的时间而已。

3.2　传感器概述

传感器是将被测的某一物理量信号按一定规律转换为另外一种与之有确定对应关系的、便于应用的物理量信号输出的装置。

3.2.1　传感器的分类

(1) 按传感器的工作机理分为物理型、化学型和生物型。
(2) 按传感器的构成原理分为结构型和物性型两大类。
(3) 按传感器的能量转换情况分为能量控制型和能量转换型。

3.2.2　传感器的性能要求

作为测量装置的一个重要组成部分,传感器必须具有良好的性能。这些性能一般包括下列各项:
(1) 输出与输入信号呈线性关系,灵敏度高。
(2) 内部噪声小,对被测对象以外的其他物理量变化无响应。
(3) 回程误差、滞后、漂移量小。
(4) 动态响应好。
(5) 功耗小。
(6) 不使被测对象受到影响。
(7) 重现性好,有互换性。
(8) 容易校准。

当然,任何一种传感器很难同时满足上述所有要求。这时应根据我们所测量的目的、环境、对象、精度要求、信号处理、配套仪器及成本等方面的情况综合考虑,选择适当的变换原理和材料、元件及结构形式,以便尽可能更多地满足上述要求。传感器综合指标如表 3-1 所列。

表 3-1　传感器综合指标

基本参数指标	环境参数指标	可靠性指标	其他指标
量程指标: 量程范围、过载能力等 灵敏度指标: 灵敏度、分辨力、满量程输出等 精度有关指标: 精度、误差、线性、滞后、重复性、灵敏度误差、稳定性 动态性能指标: 固定频率、阻尼比、时间常数、频率响应范围、频率特性、临界频率、临界速度、稳定时间等	温度指标: 工作温度范围、温度误差、温度漂移、温度系数、热滞后等 抗冲振指标: 允许各向抗冲振的频率、振幅及加速度、冲振所引入的误差 其他环境参数: 抗潮湿、抗介质腐蚀等能力、抗电磁场干扰能力等	工作寿命、平均无故障时间、保险期、疲劳性能、绝缘电阻、耐压及抗飞弧等	使用有关指标: 供电方式(直流、交流、频率及波形等)、功率、各项分布参数值、电压范围与稳定度等 外形尺寸、重量、壳体材质、结构特点等 安装方式、馈线电缆等

3.2.3　传感器选用原则

(1)灵敏度:传感器的灵敏度越高,可以感知的变化量越小,即被测量稍有微小变化,传感器即有较大的输出。

(2)性范围:任何传感器都有一定的线性范围,在线性范围内输出和输入成比例关系。线性范围越宽,则表明传感器的工作量程愈大。

(3)响应特性:传感器的响应特性必须在所测频率范围内尽量保持不失真。实际传感器的响应总有一定延迟,但延迟时间越短越好。

(4)稳定性:传感器的稳定性是指经过长期使用以后,其输出特性不发生变化的性能。

(5)精确度:传感器的精确度表示传感器的输出与被测量的对应程度。

3.2.4　常用传感器类型

常用传感器类型如表 3-2 所列。

表 3-2　常用传感器类型

分　类	原　理	名　称	输　出	典型应用
电阻式	移动电位器触点,改变电阻值	电位器	R→电压、电流	位移、压力
	改变熔丝(片)的几何尺寸	熔丝应变片		应变、位移、力、力矩
	利用电阻系数的物理效应	热电阻		温度
		热敏电阻		湿度
		湿敏电阻		气体成分、浓度
		气敏电阻		光强
		光敏电阻		
电容式	改变电容几何尺寸	变面积型	C→电桥→电压 / 振荡器→频率	位移、压力、声强
		变极距型		
	改变电容介质或含量	变介质型		液位、厚度、含水量
电感式	改变磁路几何尺寸或磁体位置	可变磁阻式	L→电桥→电压	位移、力
	利用自感和互感变化	涡流式	L(M)→振荡器→频率	位移、力
	利用互感变化	差动变压器	M→电桥→电压	位移、力
其它	接触电势、温差电势	热电偶	电压	温度
	压电效应	压电传感器	电荷	力、加速度
	压电和电致伸缩效应	超声传感器	频率、电压	距离、速度
	磁电感应	磁电测振器	电压	速度
	磁致伸缩	位移传感器	电压	位移
	霍尔效应	霍尔元件	电压	位移、力、磁通
	压阻效应	压力传感器	电阻→电压	压力
	PN 结温度特性	温度传感器	电压	温度
	光电效应	光电管	电压	光强
		光线传感器	电压	位移、速度、力、温度

3.2.5　虫情采集传感器设计思路

除人工能够通过经验识别农田害虫以外,有什么传感器能够在田间代替人工自动识别害虫,大大解放劳动生产力。不妨我们做几种假设。用视频技术代替人眼识别害虫,通过视频摄像、压缩、传输、解压等手段,将所采集的虫情动态图形,很难在上位机段精确判断所采集害虫的类别和害虫真实性。这种假设是一种理想的概念,即便我们不死心事先人工将害虫标本拍摄成各类图片,用数据库技术将图片存储在数据库。然后再用随机静态方式,将所拍摄同类害虫输入 PC 应用计算机将事先拍摄害虫标本与人工拍摄对比、判断、识别害虫种类,我们发现不仅工作量大,而且判断精度受一定的影响,没有真正解决快速准确识别机制。

　　一个静态标本,一个动态原型,用现阶段视频技术来完全实现自动监测各类田间害虫还不够成熟,如棉铃虫,由于区域差别棉铃虫种类千差万别,除非将棉铃虫各种形状光谱波段编程代码作为此种棉铃虫的模型,在田间自动抓拍瞬间成像,再把图形转变成条形码技术,再通过条形码技术转换成与事先数据库存储棉铃虫的模型一致就能很精确地识别判断害虫类型。这种技术关键是要建立各种害虫的模型,在研发此种产品费用上成本也比较高。

　　能否用一种简单现有传感器技术,将复杂的问题简化为分布实施害虫采集、识别、判断三类问题,而能否先解决虫情的采集问题,再解决识别问题,最后解决判断问题是个关键。采集问题内又分精确采集和模糊采集,上文所说的视频采集是精确采集的一种形式,可视频精确采集的背后再实现精确识别方面还有一定的困难。能不能用一种简单的办法,先对害虫模糊数量进行识别,用数量推理害虫爆发概率。那么用什么传感器能够及时准确记录害虫的数量? 不妨我们设想:用近红外传感器、电磁式传感器、光电传感器、压电传感器的类做一些尝试,如表 3-3 所列。

表 3-3　传感器的输出信号形式

输出形式	输出变化量	传感器的例子
开关信号型	机械触点	双金属温度传感器
	电子开关	霍耳开关式集成传感器
模拟信号型	电压	热电偶、磁敏元件、气敏元件
	电流	光敏二极管
	电阻	热敏电阻、应变片
	电容	电容式传感器
	电感	电感式传感器
其他	频率	多普勒速度传感器、谐振式传感器

3.3　虫情传感器设计遐想

3.3.1　电感式接近开关设计遐想

1. 接近开关工作原理

　　接近传感器可以不与目标物实际接触情况下检测靠近传感器金属目标物。在各类开关中,有一种对接近它物件有"感知"能力的元件——位移传感器。利用位移传感器对接近物体的敏感特性达到控制开关通或断的目的,这就是接近开关。

2. 接近开关分类

(1) 涡流式接近开关。这种开关有时也叫电感式接近开关。它是利用导电物体在接近这个能产生电磁场接近开关时,使物体内部产生涡流。这个涡流反作用到接近开关,使开关内部电路参数发生变化,由此识别出有无导电物体移近,进而控制开关的通或断。这种接近开关所能检测的物体必须是导电体。

(2) 电容式接近开关。这种开关的测量通常是构成电容器的一个极板,而另一个极板是开关的外壳。这个外壳在测量过程中通常是接地或与设备的机壳相连接。当有物体移向接近开关时,不论它是否为导体,由于它的接近,总要使电容的介电常数发生变化,从而使电容量发生变化,使得和测量头相连的电路状态也随之发生变化,由此便可控制开关的接通或断开。这种接近开关检测的对象,不限于导体,可以绝缘的液体或粉状物等。

(3) 霍尔接近开关。霍尔元件是一种磁敏元件。利用霍尔元件做成的开关叫做霍尔开关。当磁性物件移近霍尔开关时,开关检测面上的霍尔元件因产生霍尔效应而使开关内部电路状态发生变化,由此识别附近有磁性物体存在,进而控制开关的通或断。这种接近开关的检测对象必须是磁性物体。

(4) 光电式接近开关。利用光电效应做成的开关叫做光电开关。将发光器件与光电器件按一定方向装在同一个检测头内。当有反光面(被检测物体)接近时,光电器件接收到反射光后便在信号输出,由此便可"感知"有物体接近。

(5) 热释电式接近开关。用能感知温度变化的元件做成的开关叫热释电式接近开关。这种开关是将热释电器件安装在开关的检测面上,当有与环境温度不同的物体接近时,热释电器件的输出便变化,由此便可检测出有物体接近。

3. 电感式接近开关选择比较

经过上述分析,对电感式接近开关,按照相同的条件判断是否适应虫情采集指标,采用排除法,最初认定光电式接近开关可以考虑,如表 3 - 4 所列。

序　号	传感器名称	被检测对象工作条件	符合性判断	安装空间	选择结论
1	涡流式接近开关	检测物体是导电体	不符合	空间制约	不易选择
2	电容式接近开关	不限于导体	不符合	空间制约	不易选择
3	霍尔接近开关	磁性物体	不符合	空间制约	不易选择
4	光电式接近开关	满足条件	符合条件	空间适合	可以考虑
5	热释电式接近开关	受热释温度变化约束	不符合	空间制约	不易选择

3.3.2　扬声器工作原理设计遐想

1. 动圈式扬声器工作原理

在各种类型的扬声器中,运用最多、最广泛的是电动式扬声器,又称动圈式扬声器,它是应用电动原理的电声换能器件。根据法拉第定律,当载流导体通过磁场时,会受到一个电动力,其方向符合弗来明左手定则,力与电流、磁场方向互相垂直,受力大小与电流、导线长度、磁通密度成正比。当音圈输入交变音频电流时,音圈受到一个交变推动力产生交变运动,带动纸盆振动,反复推动空气而发音。目前使用最广泛的纸盆扬声器、号筒扬声器都属于电动式扬声器。扬声器尺寸标示方法圆形扬声器的标称尺寸通常用扬声器盆架的最大直径表示,如我们平时所说的 8 英寸扬声器,它的盆架外径为 200 mm;椭圆形扬声器的标称尺则用椭圆的长短轴表示,如我们平时所说的 4 英寸×6 英寸扬声器的盆架尺寸为 100 mm×160 mm;习惯上常用英寸表示,两者之间关系是 1 英寸约等于 25.4 mm。

2. 受话器工作原理

一般的受话器在工作时是利用电感的电磁作用的原理,即在一个放于永久磁场中的线圈中以声音的电信号,使线圈中产生相互作用力,依靠这个作用力来带动受话器的纸盆振动发声。放在永久磁场中的这个线圈,被称为"音圈"另外还有一种高压静电式受话器,它是通过在两个靠得很近的导电薄膜之间加上高话音电信号,使这两个导电薄膜由于电场力的作用而发生振动,来推动周围的空气振动,从而发出声音。这种受话器目前在手机中使用越来越多。

3. 压电扬声器工作原理

当给压电陶瓷片施加激励电场时,根据压电晶体的逆压电效应,压电陶瓷片即产生形变,而压电陶瓷片与扬声器的振动膜片连接在一起,当压电陶瓷片伸展的时候,振动膜片向上弯曲,当压电片收缩的时候,振动膜就会向下弯曲,这样就推动了空气,辐射出声音。

3.3.3　光电传感器采集方案

光电传感器原理-光电传感器是指能够将可见光转换成某种电量的传感器。光敏二极管是最常见的光传感器。光敏二极管的外型与一般二极管一样,只是它的管壳上开有一个嵌着玻璃的窗口,以便于光线射入,为增加受光面积,PN 结的面积做得较大,光敏二极管工作在反向偏置的工作状态下,并与负载电阻相串联,当无光照时,它与普通二极管一样,反向电流很小(<μA),称为光敏二极管的暗电流;当有光照时,载流子被激发,产生电子-空穴,称为光电载流子。在外电场的作用下,光电载流子参与导电,形成比暗电流大得多的反向电流,该反向电流称为光电流。光电流的大小与光照强度成正比,于是在负载电阻上就能得到随光照强度变化而变化的电

信号。

3.3.4　红外线传感器设计方案

1. 红外线传感器工作原理

利用红外线的物理性质来进行测量的传感器。红外线又称红外光,它具有反射、折射、散射、干涉、吸收等性质。任何物质,只要它本身具有一定的温度(高于绝对零度),都能辐射红外线。红外线传感器测量时不与被测物体直接接触,因而不存在摩擦,并且有灵敏度高,响应快等优点。

红外线传感器包括光学系统、检测元件和转换电路。光学系统按结构不同可分为透射式和反射式两类。检测元件按工作原理可分为热敏检测元件和光电检测元件。热敏元件应用最多的是热敏电阻。热敏电阻受到红外线辐射时温度升高,电阻发生变化,通过转换电路变成电信号输出。光电检测元件常用的是光敏元件,通常由硫化铅、硒化铅、砷化铟、砷化锑、碲镉汞三元合金、锗及硅掺杂等材料制成。

人的眼睛能看到的可见光按波长从长到短排列,依次为红、橙、黄、绿、青、蓝、紫。其中红光的波长范围为 $0.62 \sim 0.76~\mu m$;紫光的波长范围为 $0.38 \sim 0.46~\mu m$。比紫光光波长更短的光叫紫外线,比红光波长更长的光叫红外线。最广义地来说,传感器是一种能把物理量或化学量转变成便于利用的电信号的器件,红外线传感器就是其中的一种。

红外线传感器常用于无接触温度测量,气体成分分析和无损探伤,在医学、军事、空间技术和环境工程等领域得到广泛应用。例如采用红外线传感器远距离测量人体表面温度的热像图,可以发现温度异常的部位,及时对疾病进行诊断治疗(见热像仪);利用人造卫星上的红外线传感器对地球云层进行监视,可实现大范围的天气预报;采用红外线传感器可检测飞机上正在运行的发动机的过热情况等。

2. 红外线传感器与光电传感器的区别

红外线传感器具有一对红外信号发射与接收二极管,发射管发射特定频率的红外信号,接收管接收这种频率的红外信号,当红外的检测方向遇到障碍物时,红外信号反射回来被接收管接收,经过处理之后,通过数字传感器接口返回到机器人主机,机器人即可利用红外的返回信号来识别周围环境的变化。

光电开关(光电传感器)是光电接近开关的简称,它是利用被检测物对光束的遮挡或反射,由同步回路选通电路,从而检测物体有无的。物体不限于金属,所有能反射光线的物体均可被检测。光电开关将输入电流在发射器上转换为光信号射出,接收器再根据接收到的光线的强弱或有无对目标物体进行探测。

3.3.5　虫情采集传感器方案选择

虫情计数器核心部件是选择采集传感器,由于传感器的分类目前尚无统一规定,传感器本身又种类繁多,原理各异,检测对象五花八门,给虫情采集带来一定困难,通过本项目实施我们从四种方案优化出最简单、最可靠一种实现棉铃虫采集计数任务:

（1）方案一。红外线光电传感器原理:光电传感器是通过把光强度的变化转换成电信号的变化来实现控制的。光电传感器在一般情况下由三部分构成,它们分为发送器、接收器和检测路。发送器对准目标发射光束,发射的光束一般来源于半导体光源,发光二极管(LED)、激光二极管及红外发射二极管。光束不间断地发射或者改变脉冲宽度。接收器由光电二极管、光电三极管、光电池组成。在接收器的前面装有光学元件如透镜和光圈等。在其后面是检测电路,它能过滤出有效信号和应用该信号。

（2）方案二。电感式接近传感器工作原理:接近传感器是一种具有感知物体接近能力的器件。它利用位移传感器对所接近物体具有的敏感特性达到识别物体接近并输出开关信号的目的,因此,通常又把接近传感器称为接近开关。

（3）方案三。受话器工作原理:动圈式受话器的工作原理与扬声器基本相同,它也完成了由电→力→声的转换,最后将电能转为声能。与扬声器不同的是:振膜发出的声音不是直接与空气耦合,而是依靠前后出声孔经过阻尼后辐射出来的,也就是说膜片发出的声音是经过了声学元件(声腔和出声孔)后才使我们人耳听到了声音。此时系统的振动主要受声阻控制,声阻越大,声阻控制的频率范围越宽,所以我们称受话器是一个阻尼控制元件。

（4）方案四。压电陶瓷传感器工作原理:压电陶瓷是人工制造的多晶体压电材料。材料内部的晶粒有许多自发极化的电畴,它有一定的极化方向,从而存在电场。在无外电场作用时,电畴在晶体中杂乱分布,它们的极化效应被相互抵消,压电陶瓷内极化强度为零。固此原始的压电陶瓷呈中性,不具有压电性质。压电陶瓷传感器技术指标电参数如表 3-5 所列。

表 3-5　压电陶瓷传感器技术指标电参数

谐振频率	1 200 Hz±200 Hz
声压级	80 dB min at 1.2 kHz/9Vp−p squaer Wave
静电容量	4 200 pF±30% at1000Hz
使用电压	30 Vp−p max. square Wave
额定电流	3aM max
基片材料	Brass/Bronze
塑胶壳材料	ABS757
额定使用温度	−20～+70 ℃
存储温度	−30～+75 ℃

经过两年项目试验:优化第四种方案选择压电陶瓷传感器虫情计数器各项技术

指标全部满足采集器所需。于是我们就从压电陶瓷开始遐想压电陶瓷传感器指标满足工作要求如下几点：

（1）分解度又称分辨率，是以输出的二进制代码的位数表示分辨率的大小。位数越多，说明量化误差越小，转换精度越高。如一个 ADC 的输入模拟电压变化范围为 0～5 V，输出 8 位数字量的系统可以分辨的最小模拟电压为 $5\ V\times(1/2^8)=20$ mV。而一个 10 位系统可分辨的最小电压为 $5\times(1/2^{10})\approx5$ mV。

（2）相对精度是指实际的各个转换点偏离理想特性的误差。

（3）转换速度通常用完成一次转换所用的时间来表示转换速度。转换时间是指从接到转换控制信号开始，到输出端得到稳定的数字输出信号为止的这段时间。

（4）输出模拟电压范围：模/数转换器的输入模拟电压有一个可变范围，否则不能正常工作。通常单极性输入时为 0～5 V 或 0～10 V，双极性输入时为 $-5\ V\sim+5\ V$压频变换型是通过间接转换方式实现模数转换的。其原理是首先将输入的模拟信号转换成频率，然后用计数器将频率转换成数字量。从理论上讲这种 A/D 的分辨率几乎可以无限增加，只要采样的时间能够满足输出频率分辨率要求的累积脉冲个数的宽度。其优点是分辨率高、功耗低、价格低，但是需要外部计数电路共同完成 A/D 转换。压电陶瓷片如果能够达到上述指标，也就符合技术条件。

3.4　虫情采集传感器设计

3.4.1　压电陶瓷虫情采集传感器设计思路

利用压电陶瓷用工作原理：当电压作用于压电陶瓷时，就会随电压和频率的变化产生机械变形。另一方面，当振动压电陶瓷时，则会产生一个电荷。利用这一原理，当给由两片压电陶瓷或一片压电陶瓷和一个金属片构成的振动器（即双压电晶片元件），施加一个电信号时，就会因弯曲振动发射出超声波。相反，当向双压电晶片元件施加超声振动时，就会产生一个电信号。基于以上作用，便可以将压电陶瓷用作超声波传感器，用示波仪观测压电陶瓷片的波形如图 3-1 所示。

3.4.2　虫情采集调理原理图设计

1．工作原理

给压电陶瓷传感器一个电压作为信号驱动源，当外界触碰压电陶瓷片后，就会产生一个模拟信号，此信号经过调理后输出脉冲信号再经过光隔离，消除杂波输入到微控制器芯片内，每触碰一次经过调理向 MCU 控制器芯片内输入一次脉冲信号，就是利于此原理采集虫情数量。虫情采集调理原理如图 3-2 所示。

数据采集系统整体设计与开发

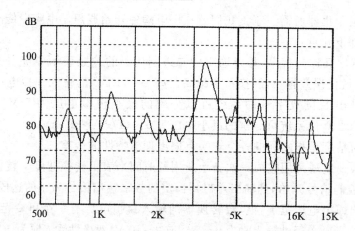

图 3－1　电陶瓷片响应波形图

2. 主要技术指标

谐振频率:1 200 Hz±200 Hz

声压级:80 dB min at 1.2 kHz/9Vp－p squaer Wave

静电容量:4 200 pF±30% at1000 Hz

使用电压:30 Vp－p max. square Wave

额定电流:3 mA max

基片材料:Brass/Bronze

塑胶壳材料:ABS757

额定使用温度:－20～＋70 ℃

存储温度:－30～＋75 ℃

3. 外型尺寸

外型尺寸如图 3－3 所示。

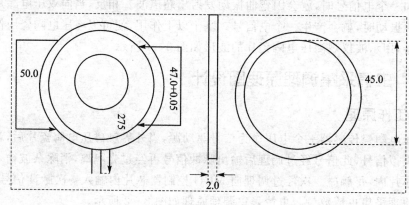

图 3－3　外型尺寸

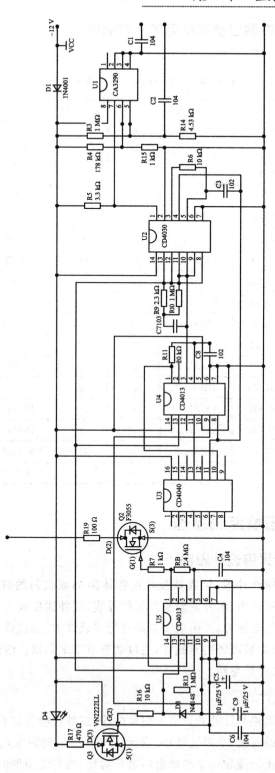

图3-2 虫情采集调理原理图

4. 压电陶瓷传感器虫情采集电子元件清单

虫情采集电子元件清单如表 3 - 6 所列。

表 3 - 6　虫情采集电子元件清单

序　号	元件编号	元件型号	元件封装	序　号	元件编号	元件型号	元件封装
1	R7	1 kΩ	AXIAL0.3	18	C7	103	RAD0.2
2	R15	1 kΩ	AXIAL0.4	19	C6	104	RAD0.2
3	R13	1 MΩ	AXIAL0.3	20	C4	104	RAD0.2
4	R3	1 MΩ	AXIAL0.4	21	C1	104	RAD0.2
5	R10	1 MΩ	AXIAL0.4	22	C2	104	RAD0.2
6	C9	1 μF/25 V	RB.1/.2	23	R4	178 kΩ	AXIAL0.4
7	R9	2.3 kΩ	AXIAL0.4	24	R17	470 Ω	AXIAL0.4
8	R8	2.4 MΩ	AXIAL0.4	25	U1	CA3290	DIP8
9	R5	3.3 kΩ	AXIAL0.4	26	U4	CD4013	DIP14
10	R14	4.53 kΩ	AXIAL0.4	27	U5	CD4013	DIP14
11	R6	10 kΩ	AXIAL0.4	28	U2	CD4030	DIP14
12	R16	10 kΩ	AXIAL0.4	29	U3	CD4040	DIP16
13	C5	10 μF/25 V	RB.1/.2	30	Q2	F3055	TO—220
14	R11	20 kΩ	AXIAL0.4	31	D1	IN4001	DIODE0.4A
15	R19	100 Ω	AXIAL0.4	32	D3	IN4148	DIODE0.4A
16	C8	102	RAD0.1	33	Q3	VN2222LL	TO—92B
17	C3	102	RAD0.2	34	D4	发光二极管	DIODE0.4A

3.4.3　红外线虫情监测原理

1. 红外线虫情采集设计思路

红外线发射器发射红外线,接收器接收由物体阻挡或直射的红外线进行计数。其应用红外线发射电路产生,向外发射头发射红外线,红外线接收头接收直射或阻挡的红外线信号并转换为电脉冲,并由放大电路进行多级放大,通过计数芯片分析计算出虫情穿过的次数,再由数码译码器翻译,通过动态数字采集器传输到上位机记录虫情穿过次数,实现害虫计数思路。

2. 电路原理设计

电路设计的指导思路是红外发射管发射红外线,红外接收管接收红外线,并且接收管当有红外线照射的时候,电阻比较小,当无线外线照射的时候电阻比较大,这样就可以通过一个电压比较器和一个基准电压进行对比,当有光照的时候,红外接收管电阻比较小,那么和其串联的电压分压就会增大,所以电压比较器将会输出一高电平;当无光照射的时候,红外接收管的电阻比较大,这样电压比较器就会输出一个低电平。这个便是外部计数电平信号,由 NE555N 时钟振荡器振荡出时钟频率,害虫穿过时接收时红外线接收管这送入一个低电平,便产生随机与时钟振荡器产生混合波,此波也就是虫子穿过采集器瞬间波形,经过后一级调理便出现我们需要的数字信号,图 3-4 为红外线虫情采集原理图。

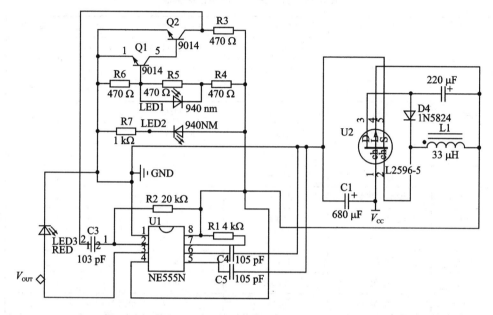

图 3-4　红外线虫情采集原理图

红外线检测部分采用一对红外发送接收管完成,当电路正常工作时,无障碍物遮挡,红外接收头有红外线照射,这时,红外接收头的电阻很小,大部分电压都加在 R3 上,这正是电压比较器 LM324 的正向输入电压,而负向输入电压由 R4 和 R5 分压得到 $U_- = 5\dfrac{R_5}{R_4+R_5} = 3.3$ V,而 R3 分得的电压要大于此基准电压值,故这时电压比较器 LM324 输出高电平;当在红外发射接收管间有一不透光的障碍物时,,红外接收头无红外线照射,这时红外接收头的电阻很大,大部分电压都加在红外接收头上,这也是电压比较器 LM324 的正向输入电压,而负向输入电压也是由 R4 和 R5 分压得到,和原来电压一样,这时,R3 分得的电压要小于此基准电压值,故这时电压比较器 LM324 输出低电平。

3. 计数器技术

计数器是数字系统中用得较多的基本逻辑器件。它不仅能记录输入时钟脉冲的个数,还可以实现分频、定时、产生节拍脉冲和脉冲序列等。例如,计算机中的时序发生器、分频器、指令计数器等都要使用计数器。计数器的种类很多。按时钟脉冲输入方式的不同,可分为同步计数器和异步计数器;按进位体制的不同,可分为二进制计数器和非二进制计数器;按计数过程中数字增减趋势的不同,可分为加计数器、减计数器和可逆计数器。

4. 红外线计数电路板材料表

红外线计数电路板材料表如表 3 - 7 所列。

表 3 - 7　红外线计数电路板材料表

序　号	元器件名称	型　号	封　装	数　量	备　注
1	电容	680 μF/25 V	RB5-4X5	1	
2	电容	220 μF/25 V	RB5-4X5	1	
3	电容	103 pF	C0805	1	
4	电容	105 pF	C0805	2	
5	二极管	IN5824	DO-214AC	1	
6	电感	33 μH	L-10X10MM	1	
7	接收二极管	940 nm	Dip　3mm	1	
8	发射二极管	940 nm	Dip	1	
9	红色二极管	RED	Dip	1	
10	三极管	9014	TO-92A	2	
11	电阻	4.7 kΩ	805	1	
12	电阻	20 kΩ	805	1	
13	电阻	470	805	4	
14	电阻	1 kΩ	805	1	
15	NE555+插槽	NE555N	DIP-8	1	
16	电源 IC	L2596-5	插件	1	

5. 电路组装、调试过程,以及遇到的问题及解决办法

(1) 电路焊接完毕后,对照原理图检查是否有漏焊、错焊之处,特别要检查电源引线是否短路。确认无误后,上电调试,先查看感觉各元器件是否正常工作,是否有异味发烫等,如有即及时断电检查;若无,测试电路是否完成相应功能,若不能实现某些功能,首先检查相应功能块电路的核心元件是否工作,如检查振荡电路时,先检查NE555N 是否起振,用示波器查看 2 引脚是否有电容充放电的波形,如有,则能正常起振;若无,检查该振荡器是否焊接正确,元件是否选取正确等。

(2) 在电路组装之前,先用实验板搭接电路,一边用示波器进行信号跟踪,以便及时发现问题,及时更正不当之处。

(3) 在电路板调试时一定不要接反电源,否则极易烧坏芯片;加上电先用手触摸芯片看有没有发热的异常现象,这样就确保芯片不会被烧;同时在电路板上调试的时

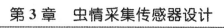

候不要少接根地线,以免浪费时间,误以为是芯片坏了。

3.5　虫情采集传感器发展趋势

3.5.1　虫情采集传感器存在问题

在实践中我们发现用压电陶瓷传感器和红外线技术在识别害虫数量精度上没有什么问题,就是在识别是否是哪类害虫存在疑惑,有时间益虫(天敌)也会闯入采集容器内,自然影响采集识别的精度,目前除了改变采集容器物理形状以外克服益虫闯入现象,那就是诱捕害虫诱剂方面提高等级级别。目前市面上采用害虫诱集有两种,一种是性诱芯、另一种是光诱,两者我们在同一个采集站兼用。光诱不受时间的制约,性诱受时间制约,主要原因是性诱芯易挥发所致,一般挥发间隔 15 天内需要更换一次。

3.5.2　红外光谱原理

我们知道电磁光谱的红外部分根据其同可见光谱的关系,可分为近红外光、中红外光和远红外光。远红外光($400\sim10$ cm^{-1})同微波毗邻,能量低,可以用于旋转光谱学。中红外光($4000\sim400$ cm^{-1})可以用来研究基础振动和相关的旋转-振动结构。更高能量的近红外光($14000\sim4000$ cm^{-1})可以激发泛音和谐波振动。

红外光谱法的工作原理是由于振动能级不同,化学键具有不同的频率。共振频率或者振动频率取决于分子等势面的形状、原子质量、和最终的相关振动耦合。为使分子的振动模式在红外活跃,必须存在永久双极子的改变。具体地,在波恩-奥本海默和谐振子近似中,例如,当对应于电子基态的分子哈密顿量能被分子几何结构的平衡态附近的谐振子近似时,分子电子能量基态的势面决定的固有振荡模,决定了共振频率。然而,共振频率经过一次近似后同键的强度和键两头的原子质量联系起来。这样振动频率可以和特定的键型联系起来。

红外光谱应用特点如下:

(1)红外光谱法的一般特点:特征性强、测定快速、不破坏试样、试样用量少、操作简便、能分析各种状态的试样、分析灵敏度较低、定量分析误差较大。

(2)对样品的要求如下:

① 试样纯度应大于98%,或者符合商业规格,这样才便于与纯化合物的标准光谱或商业光谱进行对照,多组份试样应预先用分馏、萃取、重结晶或色谱法进行分离提纯,否则各组份光谱互相重叠,难予解析。

② 试样不应含水(结晶水或游离水),水有红外吸收,与羟基峰干扰,而且会侵蚀吸收池的盐窗。所用试样应当经过干燥处理。

③ 试样浓度和厚度要适当,使最强吸收透光度在 5%～20% 之间。

（3）定性分析和结构分析：红外光谱具有鲜明的特征性，其谱带的数目、位置、形状和强度都随化合物不同而各不相同。因此，红外光谱法是定性鉴定和结构分析的有力工具。

（4）定量分析：红外光谱有许多谱带可供选择，更有利于排除干扰。红外光源发光能量较低，红外检测器的灵敏度也很低，$\varepsilon < 103$ 吸收池厚度小、单色器狭缝宽度大，测量误差也较大。对于农药组分、土壤表面水分、田间二氧化碳含量的测定和谷物油料作物及肉类食品中蛋白质、脂肪和水分含量的测定，红外光谱法是较好的分析方法。

3.5.3　条码技术基础知识

先了解条形码知识：条码是由一组规则排列的条、空以及对应的字符组成的标记，"条"指对光线反射率较低的部分，"空"指对光线反射率较高的部分，这些条和空组成的数据表达一定的信息，并能够用特定的设备识读，转换成与计算机兼容的二进制和十进制信息。通常对于每一种物品，它的编码是唯一的，对于普通的一维条码来说，还要通过数据库建立条码与商品信息的对应关系，当条码的数据传到计算机上时，由计算机上的应用程序对数据进行操作和处理。因此，普通的一维条码在使用过程中仅作为识别信息，它的意义是通过在计算机系统的数据库中提取相应的信息而实现的。

3.5.4　射频技术

RFID 技术的基本工作原理并不复杂：标签进入磁场后，接收解读器发出的射频信号，凭借感应电流所获得的能量发送出存储在芯片中的产品信息（Passive Tag，无源标签或被动标签），或者主动发送某一频率的信号（Active Tag，有源标签或主动标签）；解读器读取信息并解码后，送至中央信息系统进行有关数据处理。

3.5.5　生物识别技术

生物识别之所以能够作为个人身份鉴别的有效手段，是由它自身的特点所决定的：普遍性、唯一性、稳定性、不可复制性。

普遍性——生物识别所依赖的身体特征基本上是人人天生就有的，用不着向有关部门申请或制作。

唯一性和稳定性——经研究和经验表明，每个人的指纹、掌纹、面部、发音、虹膜、视网膜、骨架等都与别人不同，且终生不变。

不可复制性——随着计算机技术的发展，复制钥匙、密码卡以及盗取密码、口令等都变得越发容易，然而要复制人的活体指纹、掌纹、面部、虹膜、掌纹等生物特征就困难得多。

这些技术特性使得生物识别身份验证方法不依赖各种人造的和附加的物品来证

明人的自身,而用来证明自身的恰恰是人本身,所以,它不会丢失、不会遗忘,很难伪造和假冒,是一种"只认人、不认物",方便安全的保安手段。

3.5.6 未来虫情采集传感器发展探索

田间虫情采集关键是动态识别技术,困扰着识别技术突破,最终实现精确采集、精确识别,如何应用红外线光谱技术将各种害虫光谱模型编写出软件代码,就好像二维条码一样,存储在数据库内,在采集容器内装设害虫识别红外线探头,就好像射频技术一样,将害虫穿过采集容器口是就等于用红外线扫描一样,快速将此结果传输到数据库内,经过原害虫模型与实时害虫动态模型相接近时,计算机分析、处理,出现一个很精确采集识别数据,从而实现害虫精确采集、精确识别目的。

第 **4** 章

采集器芯片程序设计

4.1 芯片软件开发主要任务

4.1.1 硬件与芯片固件主要功能

采集器按功能划分：由硬件功能和软件功能两部分组成。硬件主要功能有数据采集模块、主控模块、存储模块、串口通信模块、电源模块、液晶显示和键盘模块等，软件主要功能有数据采集、时钟控制、存储指令、串口通信指令、中断处理、芯片温度预警、采集参数上下限预警指令，在采集器软件设计过程中，软件要依赖于硬件，根据硬件具备功能设计软件需求，同时还必须遵循一个原则软硬件同时具备的功能，一般选择软件实现比较合适。特别说明，软件编程过程同样也采取模块式编程，避免大家将硬件、软件模块混淆。

4.1.2 采集传感器通用算法

在数据采集之前首要任务是将物理信号变换成为电信号。传感器可以担当起这个任务，无论是声、光、电信号还是温度、气压、叶面湿度信号，各种物理信号通过相应的传感器都可以变成电信号，在设计芯片程序前，程序员必须弄清，为什么传感器数据要进行算法处理，是在下位机芯片程序处理，还是在上位机数据服务器软件上处理，哪种处理效果比较好，同时要知道算法处理的目的是什么？处理后的数据是一个什么样的数值？

4.1.3 数据通信远程传输模式

数据通信主要考虑下位机与上位机通信连接问题，选择不同网络连接模式，采用不同的 AT 指令，除无线通信模块以外，网络通信国内普片流行的 G 网和 C 网两者使用范围不同，G 网更适应数据传输，C 网更适应大容量传输，在选择过程应根据用户需求和未来产品的扩展性来确定，网络通信在芯片软件设计过程还必须考虑GPRS网络通信模块，比如选择 GTM900 - C 通信模块与公网 AT 指令连接。

4.1.4　数据与网络连接方式

下位机与网络连接就好像下位机拿着网络大门的钥匙一样,上位机在网路门上安装一把锁,数据要想传输到数据库,必须把下位机 IP 地址这把钥匙打开上位机的锁,也就是说一把钥匙开一把锁的道理,从这个生活常识可以给我们开发人员一点启发,采集板芯片底层软件必须要设置 IP 地址和端口号(图 4-1)。

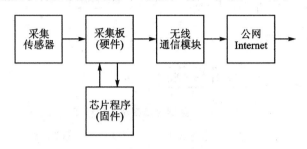

图 4-1　下位机与上位机通信框架图

4.2　软硬件协同设计

4.2.1　硬件结构概述

采集板有两部分组成:即硬件和固件软件。硬件是指组成采集板的各种物理设备,主要包括运算器、控制器、存储器、输入设备和输出设备,固件是嵌入在芯片内的软件程序,采集板芯片与软件协同工作。其简单工作原理为,首先由输入设备接受外界信息程序和数据,控制器发出指令将数据送入内存储器,然后向内存储器发出取指令命令。在取指令命令下,程序指令逐条送入控制器。控制器对指令进行译码,并根据指令的操作要求,向存储器和运算器发出存数、取数命令和运算命令,经过运算器计算并把计算结果存在存储器内。最后在控制器发出的取数和输出命令的作用下,通过输出设备输出计算结果。

下位机软件设计主要考虑硬件被测信号的变化速率和通道数,以及对测量精度、分辨率、速度的要求等。该数据采集系统电路包括 MSP430F5438 芯片、输入模拟电路、输入数字电路,外部数据存储器 FM25CL64、串行口通信 RS-232C 以及键盘和LCD 显示器、键盘等功能模块构成如图 4-2 所示。

1. MSP430F5438 接口电路

在主芯片采用 MSP430F5438、内存 16 KB、闪存 256 KB+512 B,相对来讲芯片存储较大,系统的可靠性各项功能指标满足设计要求。由于 MSP430F5438 具有 32位地址的外部数据寻址能力,为满足本设计系统大量数据的存储要求,在方案中,我

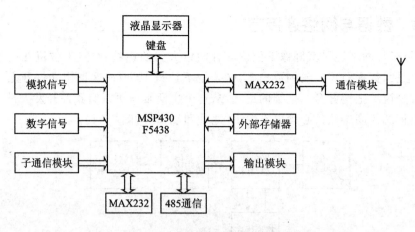

图4-2 数据采集系统功能框图

们采用一片铁存 FM25CL64。FM25CL64 是一超大容量闪速存储器,单片容量为 8 MB,不但更好地满足了本系统的设计要求,而且当采集参数增加,或采样时间变化时,同样能满足要求,因而提高了系统的兼容性。

在开发前架构师或者程序员一定要细读 MSP430F5438 系列超低功耗单片机模块原理,熟悉 DMA 控制模块工作机制,DMA 模块可以在全部地址范围内把数据从一个地址传输到另一个地址,无须 CPU 干预,其特性主要包括:最多高达 8 个独立的传输通道、可配置的 DMA 通道特性,每次传输仅需要两个 MCLK 时钟周期、字节、字和字与字节回合传输特性、字节大小高达 65 536 个字或字节、可配置的传输触发器选择、可选择的跳变触发或电平触发、四种寻址方式、单次、块或者突发块传输模式,为了保证块或突发块传输结束,触发信号必须保持为高电平。在块或突发块传输时,如果触发信号变低,DMA 控制器将会保持在当前状态直到触发源信号变高或者直到 DMA 寄存器被软件修改。如果 DMA 寄存器没有被软件修改,当触发信号再次变高时,传输将会恢复到触发信号变低的那个状态。

2. 外存储器的接口电路

存储器模块主要由两部分构成,一是程序存储器,一个是数据存储器。在设计中由于考虑到采集器要在野外工作,长时间无人照看,所以对存储数据的稳定性、安全性要求较高,程序存储器完成对系统软件源程序的存储、系统工作所需的代码都要存储在程序存储器中。

MSP430F5438 芯片通过模拟 SPI 总线来读写 FM25CL64,模拟 SPI 总线包括四根线,包括 SCK、SI、SO、CS,分别用来控制时钟、芯片数据输入端、芯片数据输出端、芯片片选端,由于 FM25CL64 芯片的读写速度特别快,基本上前一位数据写进去就可以发送下一位数据了,所以读写过程中完全由时钟控制,不需要延迟来等待数据的传送。

当访问 FM25CL64 时,用户对 8 192 个存储单元进行寻址,每个存储单元有 8 个

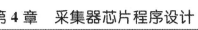

数据位。这些数据位串行移出和移入。这些地址可以使用 SPI 协议来访问,每个地址都包括一个片选位(允许多个器件挂在总线上)、一个操作码和一个双字节地址。地址的高 3 位是无关位。

FM25CL64 要进行写操作时,首先要发送一个 WREN 命令,因为任何写操作都是以 WREN 开始的。发送完 WREN 命令以后必须先让 CS 无效,因为任何一个有效 CS 区间只是发送一个操作码。再次让 CS 有效以后,发送 WRITE 操作码,WRITE 操作码是带操作数的操作码,发送完 WRITE 以后,再发送 16 位的地址,再发送需要发送的数据即可,发送完以后 CS 无效,结束一次数据传送。

3. 键盘、显示器接口电路

外接键盘和 LCD 显示器的目的是:当数据发送错误或人工查询数据时,可通过键盘选择要查询的参数,并在显示器上显示出来,使下位机的工作更加灵活方便。

为了连接键盘和显示器,需要扩展一片 8155 I/O 15 扩展芯片,采用 4×4 触摸式键盘和点阵式液晶显示器。键盘上的键值分别与各路传感器参数对应,若为"0"按下,则调出显示子程序,此后每按一个键,此按键值对应的传感器参数在显示器上显示出来;若不是"0"键按下,则把键值送累加器 A;当为"F"键按下时,则退出显示子程序。

4. 串行通信接口电路

由于要通过 GPRS G - TM900 - C 与上位 PC 机通信,所以须利用 MAX - 232 芯片作为 RS - 232 口电平匹配与驱动。MAX - 232 是包含两路接收器和驱动器的 IC 芯片,其内部有一个电源电压变换器,可以把输入的 +5 V 电源电压变换成为 RS - 232C 输出电平所需的 ±10 V 电压。

5. 输入模拟量接口电路

在 MSP430F5438 引脚中,P6.4～P6.7 和 P7.4～P7.7 初始化后为 8 通道的模拟输入口。P1.0～P1.5 初始化后为 6 通道的数字入口,编程时应首先把端口写"0",本电路将 P1 口设为 8 路由各传感器输出的模拟量输入。由于 A/D 转换器的基准电压是 3.3V,而各传感器输出的模拟量一般为 0～5 V 或 4～20 mA,因而需要模拟放大转换电路把输入信号转换成 0～3.3 V 的标准输入。

4.2.2　软件结构设计

1. 主控制模块

主控制模块是程序的入口点,主要功能是对各设备进行初始化,设置中断源,连接设备。设计时重点考虑:

程序模块的自主性:主程序和若干中断子程序是可以自主运行的程序模块,而普通子程序是不能自主运行的,可以将普通子程序看作主调程序模块的一部分。因此整个系统程序设计,就是完成主程序设计和若干个中断子程序设计的过程。

程序模块的功能性:系统软件通常包含以下模块:自检模块、初始化模块、监控模块、显示输出模块、信息采集模块、数据处理模块、控制决策模块、信号输出模块、通信模块、时钟模块等。

线性结构的处理:

① 表格:短表与长表的处理、动态表格的生成、数据的插入和删除。

② 数据缓冲区的管理:初始化数据填入、数据取出、应用场合,"整存整取"、"零存整取"、"整存零取"。

③ 队列的管理:初始化数据入队、数据出队、应用场合,"零存零取"先进先出。

④ 堆栈的管理:初始化数据入栈、数据出栈、应用场合,"零存零取"、先进后出。

⑤ 线性表格的排序:插入排序、选择排序、冒泡排序、归并排序、快速排序。

⑥ 线性表格的查找:顺序查找、折半查找、分块查找、串的匹配。

非线性结构的处理:

① 非线性结构的应用:不能简单地用线性表格来处理的场合,如多层次的数据、相互关系复杂的数据。

② 树的存储及使用:常规链接存储的低效及其"线性化"存储后的遍历算法。

③ 图的存储及使用:邻接矩阵和邻接表存储的用法、图的深度优先搜索和广度优先搜索算法、网络的最小生成树和最短路径问题。

常用数据处理算法:

① 线性方程组的求解:主元消去法、三元线性方程组的行列式法。

② 常用插值算法:线性插值算法、抛物线插值算法。

③ 常用统计算法:均值和标准方差的估算、用数理统计方法剔除坏数据样本。

常用特殊算法:

① 递归算法:从终点出发的算法,对堆栈空间的需求很大,要小心使用。

② 递推算法:从起点出发的算法,对堆栈空间的需求很小,只要有可能,应尽力采用。

③ 回溯算法:应用在探索性的问题解决方案求解过程中,需要保存一系列求解过程的局部方案。当问题规模较大时,时间和空间的需求均较大,需要配合其他智能搜索算法提高效率,才能使问题在可以接受的时间之内求解成功。

2. 通信模块的设计

① 波特率的设置:与信道质量有关通信双方共同约定。

② 通信协议(帧结构)的设计:由通信内容来决定一般包含地址码帧长变长帧命令码数据校验码。

③ 通信缓冲区:其长度应该能够存放下最长帧,工作时和一个指针进行配合,完成一帧数据的收发。

④ 通信过程:如果采用查询模式可一次接收或发送完一帧内容,为提高系统效率,最好采用中断模式,一次中断只接收或发送一个字节。通信命令的执行:最好在

监控模块中执行。

3. 信息采集模块的设计

① 采样周期的选择：由采样对象的频率特性决定。

② 数字信号的采集：光电隔离重复采集。

③ 模拟信号的采集：使用合适的数字滤波算法。

④ 多路信号的采集：当定时间隔远小于采样周期时，可采用一路 A/D 器件对各路信号轮回进行采样。当定时间隔与采样周期相当时，必须采用多路 A/D 器件，对各路信号同时进行采样。

⑤ 随机信号的采集：由随机信号产生外部中断，在该中断子程序中进行采集。

4. 监控模块的设计

① 监控模块的任务：获取键盘操作信息并解释之，调度执行相应模块，完成预定任务。遥控操作也可以合并到监控模块中进行解释执行。

② 监控模块的地位：整个软件系统的骨架。

③ 监控模块的实质：保证系统在运行过程中的因果关系符合设计要求。其中"因"包括内因（系统当前状态）和外因（操作）"果"包括执行的操作和状态的变化。

④ 监控模块的设计过程：系统状态分析，系统状态转移分析。状态编码、键盘编码、模块编码、生成监控框架。

5. 显示模块的设计

① 显示输出集中处理：将系统所有的显示输出全部集中到本模块中，可以避免分散编程时产生的冲突。

② 显示数据的获取：该模块通过查询系统的状态信息（状态编码和各种状态标志），可以判断出应该显示哪些数据，在预定的位置找到这些数据，并将其转换成显示所需要的格式。

③ 显示内容的刷新：当某显示内容发生变化时，可置位"申请刷新"标志由本模块来检测该标志，并刷新显示，然后清除该标志。为保证显示内容正确，即使没有"申请"，也应该定时刷新。

6. 时钟控制模块的设计

时钟芯片就像人的的心脏，如果心脏停止跳动，人的生命也将终结。时钟芯片也一样，通过时钟芯片给采集板上的芯片提供时钟，采集板就能正常地工作，如果缺少时钟信号，采集板将会无法正常工作。任何采集系统都有系统时钟振荡器，可以说时钟也是采集板上一切与时间有关的运行基础，在实时控制系统尤其如此。

时钟系统的建立重点考虑因素：

① 定时周期的决定：假设系统时钟用定时器 T0 来实现，必须首先决定定时周期。由系统各项功能对时钟系统的定时精度要求，可以决定定时周期的上限。

② 时钟单元的安排：根据系统对时钟的要求，在 RAM 中开辟若干单元作为时

钟数据存放区。一般要求有年、月、日、时、分、秒,不足秒的部分也要一个单元来存放。

③ 时钟的运行:时钟的运行由初始化、启动和正常运行三个阶段构成,时钟系统的初始化是系统初始化的一个内容、包括对时间值的初始化、设置定时器工作方式和中断安排。

软件是在硬件基础之上对硬件性能的扩充和完善。如果说硬件提供了使用工具,那么软件为人们提供了使用的方法和手段,从而使人们不必了解机器本身就可以使用电子计算机,这就有利于计算机的推广和普及。

4.2.3 采集板可靠性设计

1. 硬件抗干扰设计

(1) 抗串模干扰的措施:光电隔离、硬件滤波、过压保护、调制解调技术、高品质稳压电源、数字信号采用负逻辑传输。

(2) 抗共模干扰的措施:

① 平衡对称输入,在设计信号源时,通常是各类信号尽可能做到平衡对称。

② 选用高质量的差动放大器。

③ 要有良好的接地系统。

④ 系统接地点要正确连接;系统中的大功率的元件地线与小功率的信号地线,也要分开布线或加粗地线,数字地与模拟地必须分开,最后只在一点相连。如果系统中的数字地与模拟地不分,则数字信号电流在模拟系统的地线中形成干扰(地电位改变),使模拟信号失真,这一点请初学者特别注意。

⑤ 屏蔽:用金属外壳或金属匣将整机或部分元器件包围起来,再将金属外壳或金属匣接地,就能起到屏蔽作用。对于各种通过电磁感应引起的干扰,特别注意的是屏蔽外壳的接地点,一定与信号的参考点相接。

2. 软件抗干扰设计

在采集系统中,由于信号本身不稳定或干扰的影响,会导致"读信号"不准确,如果没有相应的处理措施,对整个系统的运行将带来不良的后果。

读信号抗干扰的几个要素如下:

① 读信号的初始状态要明确。正常工作状态下信号输入模块的初始状态要明确,一般是通过设定内部上拉电阻或外部接上(下)拉电阻,不允许引脚悬空无明确状态。

② 按信号的沿变化进行判断。以信号电平上升沿或下降沿的变化进行判断,而不采用电平状态的直接判断,提高抗干扰性。

③ 读信号模块在程序中的位置。可以固定在主循环的公共部分,也可以位于中断服务程序中,尽量保证按固定的时间间隔读信号。

④ 读信号次数。信号读取不是读一次就完成的,因为可能由于干扰信号读到错误的信号,需要进行多次读信号判断。因此,读信号的次数要以干扰持续的时间来确定。读信号次数的取值要兼顾可靠性与灵敏性。同时,考虑用户的操作习惯。

⑤ 信号判断后的处理。信号判断结束后,如果有输入信号的变化,则再进一步判断所读信号是上升沿变化还是下降沿变化,比如对于按键来讲,是手压按键还是抬手松键,可根据相应的情况设定相应的标记,在其他模块中再根据标记情况进行后续处理。

3. 硬件容错设计

① 硬件冗余:系统级冗余双机系统部件级冗余。

② 故障测试系统:在原系统的电路中增加若干检测电路,配合检测软件,可随时对系统的运行状态进行监测,使系统具有故障自诊断功。

4. 软件容错设计

(1) 人机界面的容错设计:

① 输入提示功能的设计:采集系统监控程序一般由"输入键盘信息、分析和执行"三个环节组成。如果一切操作正常,当然这三个环节都会顺利通过;如果操作不正常,其后果全看软件的"容错能力"了。预防误操作的有力手段就是界面增加"提示功能",使系统应在任何时刻都提供某种提示功能,告诉操作者现在界面系统正在做什么,操作者应该做什么或者可以做什么。

② 输出界面的容错设计:人机界面的输出部分包括显示部分、指示部分、报警部分和打印部分。计算机通过输出界面将有关信息传送给操作者,这些信息中有操作提示报警信号、各项运算结果或中间结果。

设计时注意以下三点:

① 数据的输出精度要反映真实情况。

② 数据输出格式中要加提示信息,说明其物理属性和计量单位,以免造成阅读混乱。

③ 数字显示的格式要有利于区别不同属性的显示对象。

(2) 软件的一般容错设计:

① 堆栈溢出的预防。堆栈区留得太大,将减少其他的数据存放空间,留得太小很容易溢出。因此堆栈区必须留有余地。

② 中断中的资源冲突及其预防。在中断子程序执行的过程中,要使用若干信息处理后,还要生成若干结果,在主程序中也要使用若干信息,产生若干结果。在很多情况下,主程序和中断子程序之间进行信息的交流,它们有信息的"生产者"和"消费者"的相互关系。主程序和普通的子程序之间也有这种关系,但由于它们是完全清醒的状态下,各种信息的存放读取是有条有理的,不会出现冲突。中断子程序可以在任何时刻运行,就有可能和主程序发生冲突,产生错误的结果。

③ 软件标志的使用。在程序设计过程中,往往要使用很多软件标志,软件标志一多,就容易出错。要正确使用软件标志,可以从两个方面做好工作。在宏观上,要规划好软件标志的分配和定义工作,有些对整个软件系统都有控制作用的软件标志必须仔细定义。在微观上,对每一个具体的充当软件标志的位资源必须分别进行详细记录,编制软件标志的使用说明书。

设计时需注意事项:

a. 名称和位地址:该软件标志在程序中的代号和存放的位单元。

b. 功能定义:应分别说明逻辑 0 和逻辑 1 代表何种状态或功能。对于全局定义的软件标志,它有唯一的定义;对于局部定义的软件标志,必须注明其有效范围(状态范围、时间范围和模块范围等)。有时为了节约为资源,将一个位地址同时充当几种软件标志的角色,这时必须绝对保证这几个角色互相排斥,以免产生角色冲突。这时应分别说明各种不同的角色功能和使用范围。

c. 生命周期:每个软件标志都可能为 0 态,也可能为 1 态。如果把软件标志从 0 态置位成 1 态比喻为"出生",把 1 态复位成 0 态比喻成"死亡",则每个标志都有它的生命周期。在这一栏中,应仔细分析该软件标志初始化时的状态,程序运行中出生的条件和时刻以及死亡的条件和时刻,并记录在案。

d. 用户:某些状态或模块对该软件标志进行读操作,根据其内容来控制程序流向,这些状态或模块就是该软件标志的用户。

软件标志的使用有两种:一种是非破坏性使用,只读不写;另一种是破坏性使用,即所谓"一次性有效",这种软件标志,多为某种"申请"标志,响应后立即清除,可避免重复响应。

④ 子程序的使用。要正确使用子程序,设计时注意事项:

a. 功能匹配:一个子程序如果只有一个明确的功能,那么这点很容易满足。当一个子程序设计有多种功能时,必须要掌握好所需功能和子程序所能完成功能之间的匹配。这时往往通过设置一定的控制信息来控制子程序的功能组合。

b. 入口条件要完备:参照程序说明书,将所有入口参数和控制信息按指定位置和格式准备好,方可调用该子程序。有时某些入口条件早已成立,似乎不必准备了,但从容错角度考虑,再重复准备一次是有好处的。

c. 保护其他信息:根据子程序说明书中"影响资源"一栏提供的内容,将其中用信息转移到安全位置。如果把累加器 A、寄存器 B、状态寄存器 PSW 和工作寄存器 R0～R7 作为运算单元,不准在其中存放各种全局或大范围的变量和参数,而子程序一般也只使用这些运算单元,则保护信息的工作就可以大大减少。

d. 出口信息的使用:根据上述同样理由,子程序应该将出口结果和标志尽量存放在 R0～R7,A,B 和 PSW 中,主程序再按实际需要,将结果转移到真正的目的地址中。

e. 由于单片机的堆栈资源有限,子程序的递归调用是非常危险的,应该用循环

结构、当结构和重复结构来完成同样的功能。

4.2.4　采集器固件程序报文格式定义

1. 报文格式总体说明

报文格式总体说明如表 4-1 所列。

表 4-1　报文格式总体说明

序　号	名　称	长　度		｛	备　注
1	帧头部(STX)	2	char STX[2];	｛"DW"｝	下行:"DW"
2	帧类型	2	char Type[2];	｛"02"｝,	"01"
3	终端编号	12	char ID[12];	｛""｝,	"350201-12345"
4	命令序列号	5	char Order[5];	｛"00001"｝	00001
5	日期	10	char Date[10]	｛｝,	2009-05-15
6	时间	8	char time[8]	｛｝,	13:29:00
7	帧长度(Len)	4	char Len[4];	｛｝,	DATA 部分的长度 n; "0000"-"9999"
8	数据(DATA)	N		｛｝,	详见本协议文档第二、三部分
9	帧结束(ETX)	3	char EXT[3];	｛"\n\r\0"｝	"\n\r\0"

采集器通信协议中,所有数值类型的多字节段(均有专门说明)均是高位在前,低位在后,其他数据均是 ASCII 顺序表示,范例如表 4-2 所列。

表 4-2　范例

名　称	类　型	长　度	备　注
命令序列号	整型	5	"00000"———"99999"
SIM 卡号	字符	11	"13912345678"即:13912345678

2. 上行数据登录

当终端连接上网络,首先需要发送登录信息报文向数据中心注册。登录信息报文是终端最先发送给数据中心的数据报文。

帧类型:"01"

序　号	名　称	长　度	struct｛	｛	说　明
1	帧头部(STX)	2	char STX[2];	｛"UP"｝,	上行:"UP"
2	帧类型	2	char Type[2];	｛"01"｝,	"01"

续表

序 号	名 称	长 度	struct {	{	说 明
3	终端编号	12	char ID[12];	{""},	"350201−12345"
4	命令序列号	5	char Order[5];	{},	
5	日期	10	char Date[10]	{},	2009−05−15
6	时间	8	char time[8]	{},	13：29：00
7	帧长度(Len)	4	char Len[4];	{"0028"},	DATA 部分的长度 n;
8	SIM 卡的电话号码	11	char PhoneCode[11];	{},	"13912345678"
9	终端的动态 IP	15	char TermialIP[15];	{},	"192.168.123.111"
10	当前信号质量	2	char SignalQuality[2];	{},	范围"00"—"31"
11	帧结束(ETX)	3	char EXT[3];	{"\r\n\0"}	"\r\n\0"
			}UP_01=	}	

3. 采集信息

"采集信息"帧是实时传输用于采集的数据包。

帧类型："02"(C)

序 号	名 称	长 度	struct {	{	[2];
1	帧头部(STX)	2	char STX[2];	{"UP"},	上行："UP"
2	帧类型	2	char Type[2];	{"02"},	"02"
3	终端编号	12	char ID[12];	{""},	"350201−12345"
4	命令序列号	5	char Order[5];	{},	
5	日期	10	char Date[10]	{},	2009−05−15
6	时间	8	char time[8]	{},	13:29:00
7	帧长度(Len)	4	char Len[4];	{"0080"},	DATA 部分的长度 n
8	数字量 1	4	char Digital1[4];	{},	"0000"—"9999"
9	数字量 2	4	char Digital2[4];	{},	
10	数字量 3	4	char Digital3[4];	{},	
11	数字量 4	4	char Digital4[4];	{},	
12	数字量 5	4	char Digital5[4];	{},	
11	数字量 6	4	char Digital6[4];	{},	
12	数字量 7	4	char Digital7[4];	{},	
13	数字量 8	4	char Digital8[4];	{},	
14	模拟量 1	4	char Analog01[4];	{},	"0000"—"4096"
15	模拟量 2	4	char Analog02[4];	{},	2 的 12 次方

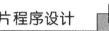

续表

序 号	名 称	长 度	struct {	{	[2];
16	模拟量 3	4	char Analog03[4];	{},	
17	模拟量 4	4	char Analog04[4];	{},	
18	模拟量 5	4	char Analog05[4];	{},	
19	模拟量 6	4	char Analog06[4];	{},	
20	模拟量 7	4	char Analog07[4];	{},	
21	模拟量 8	4	char Analog08[4];	{},	
22	模拟量 9	4	char Analog09[4];	{},	
23	模拟量 10	4	char Analog10[4];	{},	
24	模拟量 11	4	char Analog11[4];	{},	
25	模拟量 12	4	char Analog12[4];	{},	
26	帧结束(ETX)	3	char EXT[3];	{"\r\n\0"}	"\r\n\0"
			}UP_02=	}	

数字量模拟量格式说明：

数字量：记录通道内的脉冲触发数量,最小值 0 最大值:9 999。

模拟量：是 12 位模/数转换。设计为 0～2.5 V 参考电压,即将 2.5 V 电压 4 096 等分,最小分辨为 0.000 610 3 V,依照采集对象具体换算,例如,2.5 V 电压对应热电阻变送器的 100 ℃(MAX),那么最小分辨率 100/4 096＝0.024 4 ℃。

4. 异常数据

当终端检测到异常情况时,如温度过高、电压过低等,将会上送异常信息报文。

帧类型:"03"

序号	名 称	长 度	struct {		备 注
1	帧头部(STX)	2	char STX[2];	{"UP"},	
2	帧类型	2	char Type[2];	{"03"},	
3	终端编号	12	char ID[12];	{""},	"350201－12345"
4	命令序列号	5	char Order[5];	{"00001"},	
5	日期	10	char Date[10];	{},	2009－05－15
6	时间	8	char time[8];	{},	13:29:00
7	帧长度(Len)	4	char Len[10];	{"0010"}	
8	温度	6	char data1[6];		
9	其他	6	char data2[6];		
10	帧结束(ETX)	3	char EXT[3];	{"\r\n\0"}	"\r\n\0"
			}UP_03=		

数据采集系统整体设计与开发

104

5. 脱网信息

当终端要主动断开 GPRS 网络时发送脱网信息报文,通知数据中心。比如,中心下发一个监听命令后,终端需要断开 GPRS 网络处于通话状态,这时就需要发送一个脱网信息给中心。

帧类型:"04"

序号	名　称	长　度	struct {		备　注
1	帧头部(STX)	2	char STX[2];	{"UP"},	
2	帧类型	2	char Type[2];	{"04"},	
3	终端编号	12	char ID[12];	{""},	"350201-12345"
4	命令序列号	5	char Order[5];	{"00001"},	
5	日期	10	char Date[10]	{},	2009-05-15
6	时间	8	char time[8]	{},	13:29:00
7	帧长度(Len)	4	char Len[0];	{"0000"}	
8	帧结束(ETX)	3	char EXT[3];	{"\r\n\0"}	"\r\n\0"
			}UP_03=		

6. 命令应答

当终端接收到数据中心的命令时,对命令帧的回复代表终端已经收到此命令帧。帧序列号是收到的中心命令帧的序列号。

帧类型:"05"

序号	名　称	长　度			备　注
1	帧头部(STX)	2	char STX[2];	{"UP"},	
2	帧类型	2	charType[2];	{"05"},	
3	终端编号	12	char ID[12];	{""},	"350201-12345"
4	命令序列号	5	charOrder[5]	{"00001"},	
5	日期	10	charDate[10]	{},	2009-05-15
6	时间	8	char time[8]	{},	13:29:00
7	帧长度(Len)	4	char Len[4];	{"0005"}	
8	返回命令序列号	5	charOrder[5]		
9	帧结束(ETX)	3	char EXT[3];	{"\r\n\0"}	"\r\n\0"

7. 用户信息

此报文作为将来扩展使用。

帧类型:"06"

序号	名　　称	长　度			备　注
1	帧头部(STX)	2	char STX[2];	{"UP"},	
2	帧类型	2	char Type[2];	{"06"},	
3	终端编号	12	char ID[12];	{""},	"350201－12345"
4	命令序列号	5	char Order[5];	{"00001"},	
5	日期	10	char Date[10]	{},	2009－05－15
6	时间	8	char time[8]	{},	13:29:00
7	帧长度(Len)	4	char Len[4];	{"0010"}	
8	命令内容	5	char Order[10];		
9	帧结束(ETX)	3	char EXT[3];	{"\r\n\0"}	"\r\n\0"

8. 终端设置应答

这是终端对中心下发的"查询/设置设备参数"报文的回应。

帧类型:"07"

序　号	名　　称	长　度			备　注
1	帧头部(STX)	2	char STX[2];	{"UP"},	
2	帧类型	2	char Type[2];	{"07"},	.
3	终端编号	12	char ID[12];	{""},	"350201－12345"
4	命令序列号	5	char Order[5];	{"00001"},	
5	日期	10	char Date[10]	{},	2009－05－15
6	时间	8	char time[8]	{},	13:29:00
7	帧长度(Len)	4	char Len[4];	{"0015"}	
8	返回命令序列号	5	char Order[5];		
9	应答内容		charOrder[10]		
10	帧结束(ETX)	3	char EXT[3];	{"\r\n\0"}	"\r\n\0"

9. 版本信息

这是终端对中心下发的"查询车载设备版本"报文的回应。

帧类型:"08"

序　号	名　　称	长　度			备　注
1	帧头部(STX)	2	char STX[2];	{"UP"},	
2	帧类型	2	char Type[2];	{"08"},	
3	终端编号	12	char ID[12];	{""},	"350201－12345"
4	命令序列号	5	char Order[5];	{"00001"},	

续表

序　号	名　　称	长　度			备　注
5	日期	10	char Date[10]	{},	2009-05-15
6	时间	8	char time[8]	{},	13:29:00
7	帧长度(Len)	4	char Len[4];	{"0006"}	
8	版本号	5	char Order[6];		v1.1.3
9	帧结束(ETX)	3	char EXT[3];	{"\r\n\0"}	"\r\n\0"

10. 普通数据

这是用户通过串口或 I/O 口上送的数据。"普通数据"是对采集到的数据原包上送,未做任何转义和封装。

帧类型:"09"

序　号	名　　称	长　度			备　注
1	帧头部(STX)	2	char STX[2];	{"UP"},	
2	帧类型	2	char Type[2];	{"09"},	
3	终端编号	12	char ID[12];	{""},	"350201-12345"
4	命令序列号	5	char Order[5];	{"00001"},	
5	日期	10	char Date[10]	{},	2009-05-15
6	时间	8	char time[8]	{},	13:29:00
7	帧长度(Len)	4	char Len[4];		N
8	数据包	5	char Order[N];		
9	帧结束(ETX)	3	char EXT[3];	{"\r\n\0"}	"\r\n\0"

4.2.5　采集器固件编程方案选择

单片机的编程选择 C 语言编写,因为它简洁紧凑、灵活方便、运算符丰富、数据结构丰富、C 是结构式语言、语法限制不太严格,程序设计自由度大、允许直接访问物理地址,可以直接对硬件进行操作、程序生成代码质量高,程序执行效率高,一般只比汇编程序生成的目标代码效率低 10%～20%、适用范围大,可移植性好。C 语言有一个突出的优点就是适合于多种操作系统,如 DOS、UNIX,也适用于多种机型。C语言具有绘图能力强,可移植性,并具备很强的数据处理能力,因此适于编写系统软件、三维、二维图形和动画,是数值计算的高级语言。所以我们选用 C 语言来编写此程序。

4.2.6　总体设计重点内容

下位机的软件设计主要由三部分组成:数据采集及存储子程序、键盘扫描与液晶显示程序、下位机与上位机的通信子程序。主程序中,首先进行键盘、显示器、A/D 模块和通信端口的初始化。数据采集及存储子程序编写为定时中断子程序,采用定时器 2 定时,每 15 分钟或 30 分钟调一次数据采集及存储子程序,采集一次数据。而虫情数据的采集是通过外部中断 INT1,每半小时内虫情数量达 1 头以上向 MSP430F5438 发一个中断请求,MSP430F5438 采集一次虫情数据。

　　主程序循环扫描键盘,当有键按下时,转键盘扫描子程序。主程序中把与上位机的通信程序设置为外部中断子程序,中断信号由 INT0 输入。当上位机向下位机发出请求传送数据时,通过拨号,选中某一下位机,则此下位机程序跳转到通信子程序,完成与上位机的通信。

　　在数据采集及存储子程序中,A/D 转换器首先要初始化。对 MSP430F5438 的 A/D 转换模块的操作是通过对 AD-CON1、ADCON2 和 ADCON3 这三个特殊功能寄存器(SFR)来控制的。AD-CON1 控制转换与采集时间、硬件转换、模式以及掉电模式。在对 ADCON1 的设置中,A/D 转换器正常工作,时钟分频比为 2。由于输入信号模拟放大转换电路的输出阻抗都小于 8 kΩ,所以选择 A/D 转换器采集时钟为 1。设置定时器 2 转换位 T2C,由此,得 ADCON1 = 52H;AD-CON2 控制 ADC 通道选择和转换模式。由于本数据采集系统为 8 通道顺序采集,A/D 转换器每次需要将 8 个通道的模拟输入量依次进行转换,因此,要把通道号 CHAG 的值送入 ADCON2 中;ADCON3 未用。一旦特殊功能寄存器 ADCON1～3 完成设置,A/D 转换器将转换模拟输入并在特殊功能寄存器 A/D 转换器 DA-DAH/L 中提供 ADC 12 位结果字。流程如图 4-3 所示。

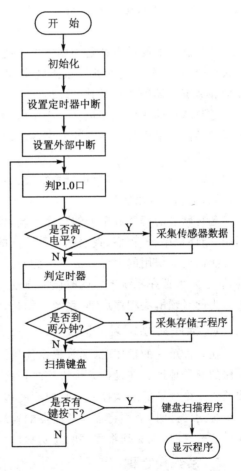

图 4-3　下位机软件流程图

　　CPU 用中断方式管理 A/D 转换器。当 A/D 转换完成时,向 CPU 发请求信号,CPU 响应中断,中断处理子程序负责对转换的数据进行读出,并将其存储至外部数据存储器 FM25CL64 中,然后通道号加 1,相应的闪速存储器地址也加 1。

　　当用户访问转换器 MSP430F5438 的 16 MB 的外部数据空间时,必须添加一个数据页指针DPP。与普通MCS-51一样，一条向DPTR送数的MOV指令仍只送16位的数据到DPH和DPL，但一个使DPH溢出的INC DPTR指令，将使地址增加一页而不是加1。页的大小与DPP有关。因此利用数据页指针DPP可实现16 MB外部数据空间的访问。

对FM25CL64的读写是以页编程操作为基础的。FM25CL64是超大容量闪速存储器，为了保证对各种操作的可靠进行，芯片内部增加了控制逻辑。如用来接收各种操作命令的用户命令单元接口（CUI）和擦写状态机（WSM）等。当进行数据交换时，首先是将芯片的片选端使能，使存储器进入工作状态，然后再将相应命令字送入CUI。CUI根据命令要求按地址锁存器的寻址去控制WSM对相应的存储单元或存储块区域自动执行编程算法和必要的延时，从而完成数据块的擦除、写入、锁存等操作。

芯片软件的硬件设计是根据专用系统的功能要求选择硬件设备，设计硬件设备的接口电路，并分配其地址。除此之外，还需根据系统对存储器的需要，选择程序存储器和数据存储器的容量并分配地址。

芯片软件即固件程序包含了程序区、数据区和堆栈区等部分，程序区主要根据系统对硬件的要求设计一系列的程序，以调用这些硬件设备；数据区为程序中所用的数据工作单元；堆栈区则为使用子程序、中断程序时，存放程序指针或被保护的参数。因此在设计固件程序时，应根据系统硬件所扩展的程序存储器和数据存储器来分配程序区、数据区和堆栈区。

芯片软件的程序和单一的程序不同，根据程序功能的要求，固件程序可采用分支程序、循环程序、子程序、查表程序等不同的程序结构，但这些程序仅仅是为完成某一个功能需要而采用的设计方法。作为专用系统的固件程序，必须具备一个完整的结构，它必须保证在系统上电的时候能自动启动，并根据系统硬件的要求执行一定的功能。为此必须解决程序启动、系统初始化、堆栈使用和如何调用中断程序等问题。

1. 程序启动地址

在设计单一的程序时，通常根据使用的开发平台，程序存储器的地址安排来选用程序的起始地址。在设计系统程序时，为保证在系统上电时自动进入系统程序，必须按照所用微处理器或微控制器复位后的程序指针来决定程序的起始地址。为此在设计系统的硬件时，必须将程序存储器的地址与系统复位后的程序指针保持一致，同时在设计软件时，也必须将程序的起始地址与系统复位后的程序指针保持一致。

2. 系统初始化

系统初始化对系统所用的硬件和数据区进行初始化设定。根据系统对硬件的要求，尤其是可编程接口电路的使用都要求系统在使用这些硬件之前对硬件的工作方式进行设定。数据区初始化是将数据区的内容按程序的要求进行设定。

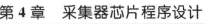

3. 堆栈设置

在设计子程序、中断程序时,通常要用堆栈来存放程序指针或被保护的参数。在设计单一的程序时,通常不考虑堆栈的设置,这是因为所用的工作平台已对堆栈进行了设置,而在设计系统程序时应根据微控制器对堆栈的要求设置堆栈。堆栈是采用先进后出方式存放的随机存储器,可位于随机存储器的任何地址,在数据压入堆栈的时候堆栈指针减小,而数据弹出堆栈的时候堆栈指针加大。

堆栈设置是在存储器中划出一定的存储区域作为堆栈使用,具体做法是设定堆栈指针,在使用堆栈时堆栈指针将改变,应保证在程序运行的过程中,堆栈指针始终在设定的范围内。因此,在设计程序时应事先预计堆栈的大小,避免堆栈指针指向数据区程序区或超出存储器的范围。

在数据压入堆栈其指针减小的操作方式中,在使用堆栈时,堆栈指针先减 1,然后将需压入堆栈的内容传送到指针指向的存储器。在数据压入堆栈其指针加大的操作方式中,在使用堆栈时,堆栈指针先加 1,然后将需压入堆栈的内容传送到指针指向的存储器。因此在设定初始堆栈指针时,总将其指向堆栈区之外的第一个单元,即比实际所用的堆栈地址大(或小)1,以便在使用堆栈时从堆栈的第一个单元开始使用。

4.2.7　上位机数据转换流程图及源程序

1. 流程图

数据转换源程序流程图如图 4 - 4 所示。

```
if(Type[0] == '0' && Type[1] == '2')
{//采集数据
for(int m = 0;m<5000;m + +)
{//验证服务器的 ID 和采集板设定的 ID 是否一致,如果一致,则建立连接,如果服务器的 ID
为空,则为服务器设定 ID
ls_str = ID;
    ls_str = ls_str.Trim( );
    if(cjz_login[m].CJZ_ID == ls_str)
    {
cjz_login[m].CJZ_IP = cjz_sersoc_date[read_point].sersoc_rmadd;//远程 IP 地址
cjz_login[m].CJZ_PORT = cjz_sersoc_date[read_point].sersoc_rmport;//远程端口号
break;
    }
    if(cjz_login[m].CJZ_ID == "")
    {
cjz_login[m].CJZ_ID = ls_str;
cjz_login[m].CJZ_IP = cjz_sersoc_date[read_point].sersoc_rmadd;//远程 IP 地址
```

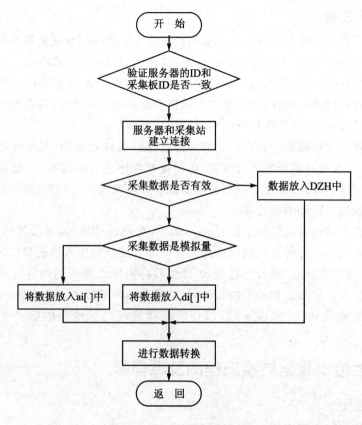

图 4 - 4　数据转换源程序

```
cjz_login[m].CJZ_PORT = cjz_sersoc_date[read_point].sersoc_rmport;//端口号
    break;
    }
    }
for(int j = 0;j<29;j + + )
{//将前 16 个数据放到 di[]中,16 到 28 个数据放到 ai[]中
    for(int k = 0;k<4;k + + )
    {
        ls_char[k] = Data[j * 4 + k];
    }
    if(j<16)
    {
    di[j] = (ls_char[0] - 48) * 1000 + (ls_char[1] - 48) * 100 + (ls_char[2] - 48) * 10 + (ls
_char[3] - 48);
    }
    if(j> = 16 && j<28)
    {
```

```
        ai[j - 16] = (ls_char[0] - 48) * 1000 + (ls_char[1] - 48) * 100 + (ls_char[2] - 48) * 10
+ (ls_char[3] - 48);
        }
        if(j > = 28)
        {
        dzh = (ls_char[0] - 48) * 1000 + (ls_char[1] - 48) * 100 + (ls_char[2] - 48) * 10 + (ls_
char[3] - 48);
        }
        }
        bord_temp = 0;
        int m_ls = 0;
        int zs_ls = 0;
        if(Data[116] == ' - ') zf = - 1;
        else   zf = 1;
        bord_temp = (Data[117] - 48) * 10 + (Data[118] - 48) + (Data[120] - 48) * 0.1 + (Data
[121] - 48) * 0.01;
        bord_temp = bord_temp * zf;
        TLocateOptions Opts;
        Opts.Clear( );
        Variant locvalues = Variant(ID);   //查找用的字段内容
        sf_cc = DM - >T_sbazmx - >Locate("sbid",locvalues,Opts);
        ls_kq = "N";
        if(sf_cc == true)
        {
        String ls_id = DM - >T_sbazmx - >FieldByName("sbid") - >AsString;
        s_sbid = DM - >T_sbazmx - >FieldByName("sbid") - >AsString;
        ls_kq = DM - >T_sbazmx - >FieldByName("kaiguan") - >AsString;
        ls_usrno = DM - >T_sbazmx - >FieldByName("userno") - >AsString;
        }
```

4.3　传感器算法

　　传感器信号链路必须能够处理带有噪声的弱信号。为了正确丈量电阻式传感器输出电压的变化,电路必须具备以下功能:激励、放大、滤波和采集。有些解决方案可能还要求采用数字信号处理(DSP)技术对信号进行处理、误差补偿、数字放大以及用户可编程操纵。

4.3.1　传感器的静态特性

　　传感器的静态特性是指被测量的值处于稳定状态时的输出/输入关系。

数据采集系统整体设计与开发

1. 线性度

静态输入/输出关系一般可表示为

$$y = a_0 + a_1 x + a_2 x^2 + \cdots + a_n x^n$$

式中：a_0 为零点输出；a_1 为线性项系数（或灵敏度）；a_2、$\cdots$、a_n 为非线性系数。

非线性度是针对不同的拟合直线说的，图 4-5 是各种不同的拟合方法。

如果为一组离散数据，可以用最小二乘拟合（线性回归分析），精度最高。

$$\gamma_L = \pm \frac{\Delta L_{max}}{Y_{ES}} \times 100\%$$

式中：ΔL_{max} 为最大非线性绝对误差；Y_{FS} 为满量程非线性误差。

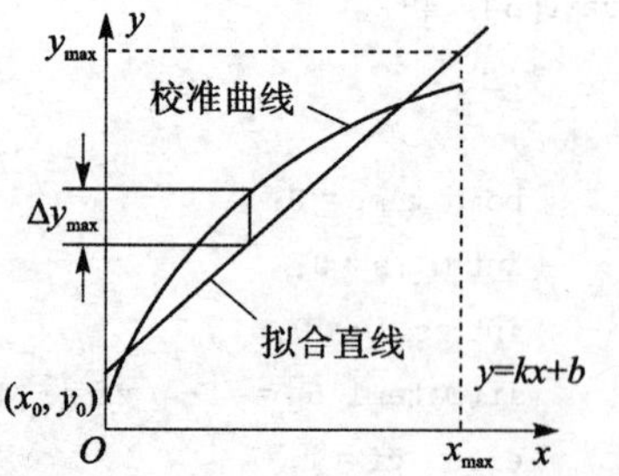

2. 非线性度

静态特性曲线可实际测试获得。在获得特性曲线之后，可以说问题已经得到解决。但是为了标

图 4-5　拟合直线

定和数据处理的方便，希望得到线性关系。这时可采用各种方法，其中也包括硬件或软件补偿，进行线性化处理。

一般来说，这些办法都比较复杂。所以在非线性误差不太大的情况下，总是采用直线拟合的办法来线性化。

在采用直线拟合线性化时，输出/输入的校正曲线与其拟合曲线之间的最大偏差，就称为非线性误差或线性度。线性偏差的大小是以一定的拟合直线为基准直线而得出来的。拟合直线不同，非线性误差也不同。所以，选择拟合直线的主要出发点应是获得最小的非线性误差。另外，还应考虑使用是否方便，计算是否简便等因素。

4.3.2　A/D 转换器的性能指标

1. 分辨率

分辨率是用来表示 ADC 对于输入模拟信号的分辨能力，也即 ADC 输出的数字编码能够反映多么微小的模拟信号变化。ADC 转换器的分辨率定义为满量程电压与 2^n 之比值，其中 n 为 ADC 输出的数字编码位数。例如，具有 10 位分辨率的 ADC 能够分辨出满量程的 $\frac{1}{2^{10}} = \frac{1}{1\,024}$，对于 10 V 的满量程能够分辨输入模拟电压变化的最小值约为 10 mV。显然，ADC 数字编码的位数越多，其分辨率越高。

2. 精度

精度是指转换器结果相对于实际值的偏差，精度有两种表示方法：

绝对精度：用二进制最低位（LSB）的倍数来表示，如 $\pm \frac{1}{2}$LSB、± 1LSB 等。

相对精度:用绝对精度除以满量程值的百分数来表示,如±0.05%等。

应当指出,分辨率与精度是两个不同的概念,同样分辨率的 A/D 转换器其精度可能不同,例如 A/D 转换器 0804 与 AD570 分辨率均为 8 位,但 0804 的精度为±1LSB,而 AD570 的精度为±2LSB,因此,分辨率高但精度不一定高,而精度高则分辨率必然也高。

3. 量程

量程是指输入模拟电压的变化范围,例如,某转换器具有 10V 的单极性范围为 −5～+5V 的双极性范围,则它们的量程都为 10V。应当指出,满刻度只是个名义值,实际的 A/D、D/A 转换器的最大输出值总是比满刻度值小 $1/2^n$,n 为转换器的位数,这是因为模拟量的 0 值是 2^n 个转换状态中的一个,在 0 值以上只有 2^{n-1} 个梯级。但按通常习惯,转换器的模拟量范围总是用满刻度表示,例如,12 位的 A/D 转换器,其满刻度值为 10V,而实际的最大输出值为

$$10 \text{ V} - 10 \text{ V} \times \frac{1}{2^{12}} = 10 \text{ V} \times \frac{4\,095}{4\,096} = 9.997\,6 \text{ V}$$

4. 线性度误差

理想的转换器特性应该是线性的,即模拟量输入与数字量输出成线性关系。线性度误差是指转换器实际的模拟数字转换关系与理想的直线关系不同而出现的误差,通常用多少 LSB 表示。

4.3.3　传感器常规技术指标

不同传感器依据各自的功能可以给出不同的技术指标,以下简单介绍传感器普遍涉及的一些技术指标,这些指标是我们选用传感器的重要依据,如表 4-3 所列。

表 4-3　传感器综合指标

基本参数指标	环境参数指标	可靠性指标	其他指标
量程指标: 量程范围、过载能力等 灵敏度指标: 灵敏度、分辨力、满量程输出等 精度有关指标: 精度、误差、线性、滞后、重复性、灵敏度误差、稳定性 动态性能指标: 固定频率、阻尼比、时间常数、频率响应范围、频率特性、临界频率、临界速度、稳定时间等	温度指标: 工作温度范围、温度误差、温度漂移、温度系数、热滞后等 抗冲振指标: 允许各向抗冲振的频率、振幅及加速度、冲振所引入的误差 其他环境参数: 抗潮湿、抗介质腐蚀等能力、抗电磁场干扰能力等	工作寿命、平均无故障时间、保险期、疲劳性能、绝缘电阻、耐压及抗飞弧等	使用有关指标: 供电方式(直流、交流、频率及波形等)、功率、各项分布参数值、电压范围与稳定度等 外形尺寸、重量、壳体材质、结构特点等 安装方式、馈线电缆等

4.3.4 传感器基本算法

1. 信号采样

采样是对模拟信号进行周期性抽取样值的过程,即把随时间连续变化的信号转换成在时间上断续、在幅度上等于采样时间内模拟信号大小的一串脉冲(数码信号),采样间隔时间 T 称为采样周期,单位是秒。采样频率 $f=1/T$,定义了每秒从连续信号中提取并组成离散信号的采样个数,单位是赫兹(Hz)。为了保证在采样之后数字信号能完整地保留原始信号中的信息,能不失真地恢复成原模拟信号,采样频率应不小于输入模拟信号频谱中最高频率的两倍。一般实际应用中采样频率为信号最高频率的 5~10 倍。显然,采样频率越高,采样输出的信号就越接近连续的模拟信号,如图 4-6 所示。

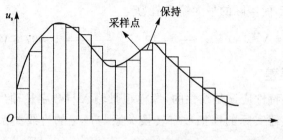

图 4-6 采样波形图

正弦波表示输入的模拟信号,矩形方格代表采样后得到的脉冲信号,二者越吻合说明采样结果越好。

2. 采样保持

由于 A/D 转换需要一定的时间,所以在每次采样结束后,应保持采样电压值在一段时间内不变,直到下一次采样开始,以便对模拟信号进行离散处理。这就要在采样后加上保持电路,一般来说,采样和保持通常做成一个电路。

3. 量化

采样把模拟信号变成了时间上离散的脉冲信号,但脉冲的幅度仍然是模拟的,还必须进行离散化处理,才能最终用数码来表示。对幅值进行舍零取整的处理,这个过程称为量化。量化有两种方式,一种是在取整时只舍不入,即 0~1 V 的所有输入电压都输出 0 V,1~2 V 所有输入电压都输出 1 V 等。采用这种量化方式,输入电压总是大于输出电压;另外一种量化方式是在取整时有舍有入,即 0~0.5 V 的输入电压都输出 0 V,0.5~1.5 V 的输入电压都输出 1 V,采用有舍有入法进行量化,误差较小。

4. 编码

采样、量化后的信号还不是数字信号,需要把它转换成数字编码脉冲,这一过程称为编码,最简单的编码方式是二进制编码。具体说来,就是用比特二进制码来表示已经量化了的样值,每个二进制数对应一个量化值,然后把它们排列,得到由二进制脉冲组成的数字信号流,即用 0 和 1 的二进制码构成数字音视频文件。编码过程在接收端可以按所收到的信息重新组成原来的样值,再经过低通滤波器恢复原信号。抽样频率越高,量化比特数越大,数码率就越高,所需要的传输带宽就越宽。

　　将模拟信号转换成数字信号的电路,称为模/数转换器(简称 A/D 转换器或 ADC);将数字信号转换为模拟信号的电路称为数/模转换器(简称 D/A 转换器或 DAC),A/D 转换过程实际上是对连续模拟信号进行采样、保持、量化和编码的过程,通过采样把连续的信号变成离散的信号,再把离散的信号按二进制进行量化和编码。当前,A/D 转换器和 D/A 转换器已成为音视频系统中不可缺少的接口电路。传感器参考算法如表 4-4 所列。

　　传感器的输出与输入具有确定的对应关系,最好呈线性关系。但一般情况下,输出、输入不符合所要求的线性关系,同时由于存在迟滞、蠕变、摩擦、间隙和松动等各种因素以及外界条件的影响,使输出、输入对应关系的唯一确定性也不能实现。因此还要考虑使用条件、使用环境、使用要求等有关的特性。

115

表 4-4　传感器算法参考公式

序　号	采集要素	信号性质	传感器计算公式	说　明
1	空气温度	模拟信号	$\dfrac{80+20}{16}\times(i-4)-20$	X 为下位机传入传感器数值,Y 为输出信号
2	空气湿度	模拟信号	$\dfrac{100}{20-4}\times(i-4)$	线性关系
3	风　向	模拟信号	$[360/(20-4)]\times(i-4)$	$(i-4)/1.06666$
4	风　速	模拟信号	$\dfrac{30}{20-4}\times(i-4)$	线性关系
5	降雨量	数字信号	$Y=X/10$	求 24 小时的累计量每次为 0.1 mm
6	土壤水分	模拟信号	$Y=0.0337X^3-0.0426X^2+0.2008X-0.004$ $X=0.1563i-0.625$	非线性关系
7	叶面湿度	模拟信号	$[100/4096]\times(i-4)$	参考 $Y=X\times100$
8	光照度	模拟信号	$Y=20000-(20000/16)\times(i-4)$	$[(20-X)/16]\times20000$ 反向线性关系

数据采集系统整体设计与开发

序 号	采集要素	信号性质	传感器计算公式	说 明
9	压电陶瓷传感器	数字信号	$Y = x$	求累计量
10	CO2 传感器	模拟信号	$Y = 2000 - (2000/16) \times (i-4)$	线性关系

ADC 模块的常用性能指标如下:

(1) 分辨率:表示输出数字量变化一个相邻数码所需输入模拟电压的变化量,它定义为转换器的满刻度电压与 2n 的比值,其中 n 为 ADC 的位数。如:一个 12 位的 ADC 模块的分辨率为满电压刻度的 1/4 096。

(2) 量化误差:是由于有限数字对模拟数值进行离散取值(量化)而引起的误差。其理论值为一个单位分辨率,即 $\pm 1/2$LSB。

(3) 转换精度:其反映的是 ADC 模块在量化上与理想的 ADC 模块进行 A/D 转换的差值。

(4) 转换时间:指 ADC 模块完成一次 A/D 转换所需的时间,转换时间越短越能适应输入信号的变化。

(5) 此外还应考虑所使用的电压范围、工作温度、接口特性以及输出形式等性能。

输入模拟电压的最终结果满足公式,在电压计算中,采用线性插值算法,模拟电压的最终转换结果满足公式:

$$N_{ADC} = 4095(V_{in} - V_{R-})/(V_{R+} - V_{R-})$$

式中:N_{ADC} 为最终转换结果;V_{in} 为模拟电压值;V_{R+}、V_{R-} 分别为 ADC12 模块的两个可编程参考电压。

4.4 中断服务程序设计

4.4.1 中断程序概念

在采集板固件程序中,为了调用各种硬件设备,或调用特定的程序,可采用程序中断的方法。不同的微处理器或微控制器具有不同的进入中断程序的方法。微处理器或微控制器的中断处理功能越强,则该微处理器或微控制器构成系统的对外围设备调用的功能也越强。

中断程序的设计包含了中断入口地址的设置和中断服务程序设计两部分,前者规定了中断服务程序的入口地址,当系统要求进入中断程序时,从该入口地址进入中断服务程序。根据微处理器或微控制器的结构,中断服务程序的入口地址的设置各不相同。中断服务程序则是以入口地址为起始地址的一段服务程序。与子程序不同的是,中断服务程序以中断返回指令结束,而子程序以一般的返回指令结束。类似于子程序,在中断服务程序中为了保护参数,通常采用将数据或标志压入堆栈的方法,此时应注意压入和弹出指令的配对中断是单片机按部就班工作中出现的"中断性的工作",是"突发性事件"。处理这个事件要打乱 MCU 按部就班工作的秩序,使 MCU暂停当前的工作,转而处理中断事务。当中断事务处理完毕,MCU 又要回到原工作环境,继续执行原来的程序。

1．中断优先级安排原则

紧迫性:触发中断的事件允许耽误的时间越短,设定的中断优先级就越高。

关键性:触发中断的事件越关键(重要),设定的中断优先级就越高。

频繁性:触发中断的事件发生越频繁,设定的中断优先级就越高。

快捷性:ISR 处理越快捷(耗时短),设定的中断优先级就越高。

特别提示:中断服务程的功能应尽量简单,只要将获取的异步事件通信给关联任务,后续处理由关联任务完成。

2．中断系统的功能

中断技术是十分重要而复杂的技术,由采集器芯片软硬件共同完成,称为中断系统。MSP430 系统中的中断技术,由 MCU 的中断管理机制和中断处理程序共同实现。一个完整的中断系统应具备以下功能。

(1) 设置中断源:中断源是系统中允许请求中断的事件。设置中断源就是确定中断源的中断请求方式。

(2) 中断源识别:当中断源有请求时,MCU 能够正确地判别中断源,并能够转去执行相应的中断服务子程序。

(3) 中断源判优:当有多个中断源同时请求中断时,系统能够自动地进行中断优先权判断,优先权最高的中断请求将优先得到 MCU 的响应和处理。

(4) 中断处理与返回:能自动地在中断服务子程序与主程序之间进行跳转,并对断点进行保护。

3．中断系统的作用

(1) 故障检测和自动处理:PC 系统出现故障和程序执行错误都是随机事件,事先无法预料。如电源掉电、存储器出错、运算溢出等,采用中断技术可以有效地进行系统的故障检测和自动处理。

(2) 实时信息处理。在实时信息处理系统中,需要对采集的信息立即做出响应,以避免丢失信息,采用中断技术可以进行信息的实时处理。

(3) 并行操作:当外围设备与 MCU 以中断方式传送数据时,可以实现 MCU 与外围设备之间的并行操作,使系统更加有效地发挥效能,提高效率。

(4) 分时处理:现代操作系统具有多任务处理功能,使同一个微处理器可以同时运行多道程序,通过定时和中断方式,将 MCU 按时间分配给每个程序,从而实现多任务之间的定时切换与处理。

4. 中断处理过程

当满足上述条件后,MCU 就响应中断请求,并自动关中断,然后进入为之服务的中断处理程序。在中断处理程序中,应先后完成的工作一般如图 4-7 所示。

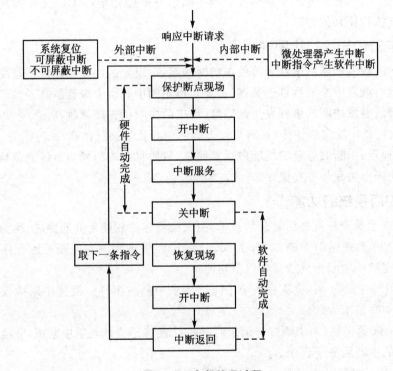

图 4-7　中断处理过程

(1) 保护断点现场。为使中断处理程序不影响被中断程序运行,必须首先将断点处的有关各寄存器的内容和标志位的状态压入堆栈保护起来,以备中断处理完毕后能返回原程序,从断点开始正确执行。要保护的断点现场内容通常包括以下几方面:

① MCU 的标志寄存器(FR)内容。对于 MSP430 系列 MCU,在将 FR 内容压入堆栈的同时,还要求清除其中的中断允许标志位 IF 和自陷标志位 TF。

② 代表断点地址的程序计数器 PC 内容(对于无分段分页存储管理的 MCU)或者代码段寄存器 CS 和指令指针(E)IP 内容(对于有分段分页存储管理的 MCU)。

③ 中断处理程序中将用到的各 MCU 内部寄存器内容。

绝大多数 MCU 都是通过用 PUSH 指令将上述断点信息压入堆栈来实现现场保护的。

(2) 开中断。以便执行中断服务程序时,能响应更高级别的中断源请求。

（3）完成 I/O 操作或异常事件处理，这是整个中断处理程序的核心。

（4）关中断。目的是保证在恢复现场时不被新的中断所打扰。

（5）恢复现场。中断服务程序结束后，必须进行现场恢复的操作。多数 MCU 是用 POP 指令把保存的断点信息从堆栈中弹出，达到恢复现场的目的。

（6）开中断。以便中断返回后可响应新的中断请求。

（7）中断返回。最后必须通过一条中断返回指令（自动或程序安排），使断点地址送回程序计数器或 CS：(E)IP，继续执行被中断的程序。

上述一般中断处理流程中是否每步工作都要做，取决于具体的 MCU 种类。比如 80X86 系列处理器，IRET 指令执行时，一方面会从堆栈自动弹出断点地址 CS：(E)IP 和 (E)FLAGS 内容，另一方面还会自动开中断，所以对它来说，上述第(6)步的开中断就没必要了，而且在第(5)步恢复现场的工作中也只需恢复保存的内部寄存器内容。

4.4.2　中断程序设计

中断是 MSP430 微处理器的一大特色，有效地利用中断可以简化程序和提高执行效率。MSP430 中几乎每一个外围模块都能够产生中断，为 MSP430 针对事件（即外围模块产生的中断）进行的编程打下基础。MSP430 在没有事件发生时进入低功耗模式，事件发生时，通过中断唤醒 MCU，事件处理完毕后，MCU 再次进入低功耗状态。由于 MCU 的运算速度和退出低功耗的速度很快，所以在应用中 MCU 大部分时间都处于低功耗状态。

MSP430 的中断分为三种：系统复位、不可屏蔽中断、可屏蔽中断。

（1）系统复位的中断向量为 0xFFFE。

（2）不可屏蔽中断的中断向量为 0xFFFC。响应不可屏蔽中断时，硬件自动将 OFIE、NMIE、ACCVIE 复位。软件首先判断中断源并复位中断标志，接着执行用户代码。退出中断之前需要置位 OFIE、NMIE、ACCVIE，以便能够再次响应中断。需要特别注意：置位 OFIE、NMIE、ACCVIE 后，必须立即退出中断相应程序，否则会再次触发中断，导致中断嵌套，从而导致堆栈溢出，致使程序执行结果无法预料。

（3）可屏蔽中断的中断来源于具有中断能力的外围模块，包括看门狗定时器工作在定时器模式时溢出产生的中断。每一个中断都可以被自己的中断控制位屏蔽，也可以由全局中断控制位屏蔽。

多个中断请求发生时，响应最高优先级中断。响应中断时，MSP430 会将不可屏蔽中断控制位 SR. GIE 复位。因此，一旦响应了中断，即使有优先级更高的可屏蔽中断出现，也不会中断当前正在响应的中断，去响应另外的中断。但 SR. GIE 复位不影响不可屏蔽中断，所以仍可以接受不可屏蔽中断的中断请求。

中断响应的过程：

（1）如果 MCU 处于活动状态，则完成当前指令。

(2) 若 MCU 处于低功耗状态,则退出低功耗状态。

(3) 将下一条指令的 PC 值压入堆栈。

(4) 将状态寄存器 SR 压入堆栈。

(5) 若有多个中断请求,响应最高优先级中断。

(6) 单中断源的中断请求标志位自动复位,多中断源的标志位不变,等待软件复位。

(7) 总中断允许位 SR. GIE 复位。SR 状态寄存器中的 MCUOFF、OSCOFF、SCG1、V、N、Z、C 位复位。

(8) 相应的中断向量值装入 PC 寄存器,程序从此地址开始执行。

中断返回的过程:

(1) 从堆栈中恢复 PC 值,若响应中断前 MCU 处于低功耗模式,则可屏蔽中断仍然恢复低功耗模式。

(2) 从堆栈中恢复 PC 值,若响应中断前 MCU 不处于低功耗模式,则从此地址继续执行程序。

4.5 采集系统程序设计

4.5.1 采集程序设计思路

1. 分析问题

(1) 分析问题。明确所要解决问题的要求,看它给出什么条件、什么特点、找出规律性,将软件分成若干个相对独立的部分,根据功能关系和时序关系设计出合理的软件总体结构。

(2) 建立正确的数学模型,即根据功能要求描述出各个输入和输出变量之间的数学关系,并确定采用的计算公式和计算方法。

(3) 制定程序框图。根据所选择的计算方法,把这种算法定义为结构化的顺序操作,以便在有限步内解决问题。就数字问题而言,这种算法包括获取输出的计算,但对非数字问题来说,这种算法包括许多文本和图像处理操作。制定出运算的步骤和顺序并画出程序框图。这不仅是程序设计的一个重要组成部分,而且是决定成败的关键部分。

(4) 合理分配系统资源,包括程序 Flash EEPROM SRAM 定时器计数器、中断堆栈等确定数据格式分配好工作单元,进一步将程序框图画成详细的操作流程。

如果把主模块的每项问题扩展成一个模块,并根据子任务进行定义的话,那么,程序设计就更为详细了。这些模块称为主模块的子模块。程序中许多子模块之间的关系如图 4-8 所示。

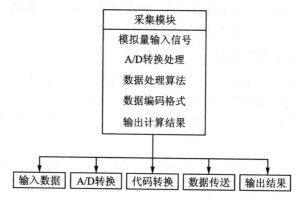

图 4 - 8 采集模块结构框图

2. 画出程序的基本轮廓

程序流程图的设计也是整个程序设计的关键、程序设计的灵魂。程序流程图决定了程序的写法、程序的运行功能。因为对于相同的硬件资源,根据程序的不同,可以完成截然不同的功能,因此,设计一个好的程序流程架图是完成软件设计的关键步骤。

(1) 从大到小,逐步完善。从大到小,是指从程序功能的整体构架,再到部分功能的具体构架。画整体功能程序流程图时,只需要考虑功能的完整性。

一般先不考虑怎么实现这个功能。以农田环境监测系统为例,主要是初始化数据采集结构,因此整体功能的设计只是一个顺序循环的结构,程序流程图大致如图 4 - 1 所示,系统启动后进行初始化,完成对整机运行的硬件的相关配置后,读取传感器采集回来的田间数据,判断田间环境参数值,然后对所设定植保技术人员发出预警信号,完成一个周期的控制。至于这些相关的单元怎么去实现,就在部分功能程序流程图中来实现。

(2) 思维严密,宁可多写十段,不可漏写一句。程序的设计,是一个思维非常严密的过程,如果出现程序空白的区域整个系统就会死机。因此,在设计程序时,特别是分支结构上的处理一定要为每一个分支设定好处理程序,程序要能够全面完整地运行。在分支程序中,要把所有可能的情况都要做出相应的处理,哪怕这种可能出现的概率极小,只要它不是不可能事件,就一定要对其做出相应的处理。

(3) 巧妙使用分支、循环结构。循环和分支程序虽然在运行时会相对减慢程序运行的速度,但是,巧妙地使用它们,可以很好地解决一些程序设计上的难题,相比之前,极大地简化了程序量,有时会达到事半功倍的效果。

要画出模块的轮廓,可不考虑细节。必须使用子模块,将各个模块求精,达到第三级设计,直至说明程序的全部细节。这一级一级的设计过程称为逐步求精法。在编写程序之前,对程序进行逐步求精,这是很好的程序设计实践,会使设计人员养成良好的设计习惯。

这里描述了程序设计中自上而下的设计方法。实际上,我们设计程序是从程序的"顶部"开始一直考虑到程序的"底部"。

3. 实现该程序

根据程序的流程图和指令系统编写出程序注意在程序的有关位置处写上功能注释可以提高程序的可读性。

程序设计的最后一步是编写源码程序。在这一步,把模块的伪代码翻译成 C 语句。

程序调试通过编辑软件编辑出的源程序必须用编译程序汇编后生成目标代码,如果源程序有语法错误,需修改原文件后继续编译直到无语法错误为止。然后利用目标码通过仿真器进行程序调试排除设计和编程中的错误直到成功。

对于源程序,应包含注释方式的文件编制,以描述程序各个部分做何种工作。此外,源程序还应包含调试程序段,以测试程序的运行情况,并允许查找编程错误。一旦程序运行情况良好,可去掉调试程序段,然而,文件编制应作为源程序的固定部分保留下来,便于维护和修改。

程序优化使各功能程序实行模块化子程序化缩短程序的长度,加快运算速度和节省数据存储空间减少程序执行的时间。图 4-9 所示为主程序流程图。

3. 源程序注释

```c
void main(void)
{
WDTCTL = WDTPW + WDTHOLD;                              //停止看门狗
Init_Fm25cl64( );                                      //初始化铁存
    RdMenString(sizeof(fm), 0x00,0x00, fm.NowID);       //读整个结构体
    init_timer0( );                                     //初始时间
    init_REL( );                                        //初始时间
    NowTimeCounter = get_fmInte( );                     //重置电源
    init_led( );                                        //风屏器及 LED 灯
    init_USART_A1( );                          // 串口 1(1 口扩展 5 口主串口 A1)初始化
    init_USART_A0( );                          // 串口 0(GPRS 口 A0)初始化
    InitDin( );                                         //给数字电路初始化
    DS1302_Reset( );                                    //DS1302 复位掉电计时
    InitAin( );                                         //模拟量输入
    DS1302_GetData(SettingData);
    setDate( );                                         //处理 NowDate 内容
    DS18B20_Init( );                                    //初始化 DS18B20
    usci_a1_put_str(0x01,"Complete the initialization! \r\n");
    init_Rtc( );
    init_rs485( );                                      //引角输出
    init_gprs( );                                       //启动 GPRS
```

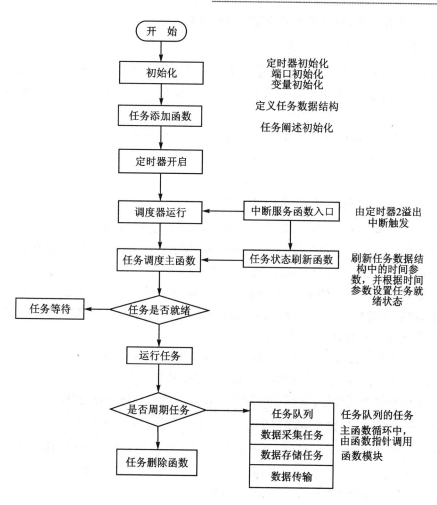

图 4 - 9　农田监测系统主程序流程图

```
WDTCTL = WDT_ARST_1000;                    //启动看门狗
 _EINT( );                                 //打开中断
__bis_SR_register(LPM4_bits + GIE);        // Enter LPM4 w/interrupt
 }
```

4.5.2　采集板初始化子程序

1. 子程序的设计方法

适合编成子程序的程序有以下两大类：

（1）程序需要反复使用，这类程序编写成子程序，可避免重复编写程序，并节省大量存储空间。

（2）程序具有通用性，这类程序大家都要用到，如键盘管理程序、磁盘读/写程序、标准函数程序等,编成子程序后便于用户共享。

2. 子程序使用中的问题

(1) 子程序的调用和返回。主程序调用子程序是通过 CALL 指令来实现的。子程序执行后,通过 RET 指令返回到 CALL 指令的下一条指令继续执行主程序。一个子程序可以由主程序在不同时刻多次调用。

(2) 调用子程序时寄存器及所用存储单元内容的保护。如果子程序中要用到某些寄存器或存储单元时,为了不破坏原有信息,要将寄存器或存储单元的原有内容压栈保护,或存入子程序不用的寄存器或存储单元中。

3. 子程序调用时参数的传递方法

主程序在调用子程序时需要传递一些参数给子程序,这些参数是子程序运算中所需要的原始数据。子程序运行后要将处理结果返回主程序。原始数据和处理结果的传递可以是数据,也可以是地址,统称为参数传递。

参数传递必须事先约定,子程序根据约定从寄存器或存储单元获取原始数据入口参数,进行处理后将处理结果出口参数送到约定的寄存器或存储单元,返回到主程序。参数传递一般有以下三种方法:

(1) 用寄存器传递:适用于参数传递较少的情况,传递速度快。

(2) 用堆栈传递:适用于参数传递较多,存在嵌套或递归的情况。

(3) 用存储单元传递:适用于参数传递较多的情况,但传递速度较慢。

4. 子程序的嵌套和递归调用

(1) 子程序的嵌套。子程序作为调用程序又去调用其他子程序,称为子程序嵌套。一般来说,只要堆栈空间允许,嵌套的层数不限。但嵌套层数较多时应特别注意寄存器内容的保护和恢复,以免数据发生冲突。

(2) 子程序递归调用。在子程序嵌套的情况下,如果一个子程序调用的子程序就是它本身时,称为子程序递归调用。递归子程序对应于数学上对函数的递归定义,它往往能设计出效率较高的程序,可完成相当复杂的计算。递归调用时必须保证不破坏前面调用所用到的参数及产生的结果,否则,就不能求出最后结果。此外,被递归调用的子程序还必须具有递归结束的条件,以便在递归调用一定次数后能够退出,否则,递归调用将无限嵌套下去。

子程序运行过程也是程序设计中常用的方法。子程序结构是模块化程序设计的重要工具。设计子程序主要考虑参数传递的方法,因为参数传递是主程序和子程序之间的接口。通常进行主程序和子程序之间参数传递的方法有三种,即利用寄存器传递参数、利用堆栈传递参数和利用存储单元传递参数。

2. 流程图设计见

流程图设计如图 4-10 所示。

3. 源程序注释

```
void InitDin( )
{
    P1DIR = 0x00;         //设置 port1 为输入口
    P1OUT = 0xFF;         // 高
    P1REN | = 0xFF;       // 设置 P1.0 - - P1.7 为高电平
    P1IE | = 0xFF;        // 激活 P1.0 - - P1.7 中断子程序
    P1IES | = 0xFF;       // P1.0 - - P1.7 Hi/Lo edge
    P1IFG & = ～0xFF;     //P1.0 - - P1.7 清除 IFG 标志位
    P2DIR = 0x00;         //设置 port2 为输入口
    P2OUT = 0xFF;         //高
    P2REN | = 0xFF;       //设置 P2.0—P2.7 为高电平
    P2IE | = 0xFF;        //激活 P2.0—P2.7 中断子程序
    P2IES | = 0xFF;       // P2.0 - - P2.7  Hi/Lo edge
    P2IFG & = ～0xFF;     // P2.0—P2.7  清除 IFG 标志位
    //初始化数字量组合输入  P4.5 - DIN17    P4.6 -
DIN18  P5.4 - DIN19 P5.5 - DIN20
    P4DIR = 0X00;
    P5DIR = 0X00;
}
```

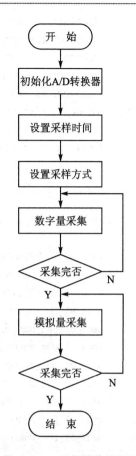

图 4 - 10　采集模块流程图

4.5.3　采集板采集模块子程序

```
void InitAin( )
{
ADC12CTL2    | = ADC12REFOUT;   // 设置 ADC12REFOUT 位为 设置为 VeREF + 和 VeREF -
P5SEL | = BIT0 + BIT1;     / P5.0 VeREF +    P5.1 VeREF - (AGND)
    P6SEL | = 0xff;               // Enable A/D channel
    P7SEL | = 0xf0;               // Enable A/D channel
ADC12CTL0 = ADC12ON +   ADC12MSC + ADC12SHT0_2;// Turn on ADC12, set sampling time
ADC12CTL1 = ADC12SHP + ADC12CONSEQ_1;        // ADC12SHP:1:采样信号源自采样定时器
0:采样信号源自采样输入信号  CONSEQ：0:单通道单次转换 1:序列通道单词转换 2:单通道多次
转换 3:序列通道多次转换
        ADC12MCTL0 = ADC12INCH_0 + ADC12SREF_2 ;      // ref + = AVcc, channel = A0
        ADC12MCTL1 = ADC12INCH_1 + ADC12SREF_2 ;      // ref + = AVcc, channel = A1
        ADC12MCTL2 = ADC12INCH_2 + ADC12SREF_2 ;      // ref + = AVcc, channel = A2
        ADC12MCTL3 = ADC12INCH_3 + ADC12SREF_2 ;      // ref + = AVcc, channel = A3
        ADC12MCTL4 = ADC12INCH_4 + ADC12SREF_2 ;      // ref + = AVcc, channel = A4
        ADC12MCTL5 = ADC12INCH_5 + ADC12SREF_2 ;      // ref + = AVcc, channel = A5
        ADC12MCTL6 = ADC12INCH_6 + ADC12SREF_2 ;      // ref + = AVcc, channel = A6
```

```
        ADC12MCTL7 = ADC12INCH_7 + ADC12SREF_2 ;       // ref+ = AVcc, channel = A7
        ADC12MCTL12 = ADC12INCH_12 + ADC12SREF_2 ;    // ref+ = AVcc, channel = A4
        ADC12MCTL13 = ADC12INCH_13 + ADC12SREF_2 ;    // ref+ = AVcc, channel = A5
        ADC12MCTL14 = ADC12INCH_14 + ADC12SREF_2 ;     // ref+ = AVcc, channel = A6
        ADC12MCTL15 = ADC12INCH_15 + ADC12SREF_2 + ADC12EOS ;   // ref+ = AVcc, channel
= A15, end seq.   + ADC12SREF_1
        ADC12IE = 0x8000;                 // Enable ADC12IFG. 3
        ADC12CTL0 |= ADC12ENC;            // Enable conversions
    }
```

命令函数数字量采集

```
    void ActSWIN(unsigned int curPort)
    {
      char temp[ ] = "Switch Digital has clean! \r\n";
      if(UP_ActBuff[curActAddr]. Data[5] == 'g'){//获得数据
       if(UP_ActBuff[curActAddr]. Data[6] == '0'){
       usci_a1_put_Num(curPort,fmData. getP2Data[0],1);
       usci_a1_put_Num(curPort,fmData. getP2Data[1],2);
       usci_a1_put_Num(curPort,fmData. getP2Data[2],3);
       usci_a1_put_Num(curPort,fmData. getP2Data[3],4);
       usci_a1_put_Num(curPort,fmData. getP2Data[4],5);
       usci_a1_put_Num(curPort,fmData. getP2Data[5],6);
       usci_a1_put_Num(curPort,fmData. getP2Data[6],7);
       usci_a1_put_Num(curPort,fmData. getP2Data[7],8);
       }
      Elseif(UP_ActBuff[curActAddr]. Data[6]>'0'& UP_ActBuff[curActAddr]. Data[6]< = '8')
      usci_a1_put_Num(curPort,fmData. getP2Data[UP_ActBuff[curActAddr]. Data[6] − '1'],UP_
ActBuff[curActAddr]. Data[6] − '0');
       }
      //清数据
      else if(UP_ActBuff[curActAddr]. Data[5] == 's'){
       if(UP_ActBuff[curActAddr]. Data[6] == '0'){
       fmData. getP2Data[0] = 0;         fmData. getP2Data[1] = 0;
       fmData. getP2Data[2] = 0;         fmData. getP2Data[3] = 0;
       fmData. getP2Data[4] = 0;         fmData. getP2Data[5] = 0;
       fmData. getP2Data[6] = 0;         fmData. getP2Data[7] = 0;
       usci_a1_put_str(curPort,temp);
       }
        Else if(UP_ActBuff[curActAddr]. Data[6]>'0'& UP_ActBuff[curActAddr]. Data[6]< = '8'){
       fmData. getP2Data[UP_ActBuff[curActAddr]. Data[6] − '1'] = 0;
       usci_a1_put_str(curPort,temp);
       }
```

```
        }
    }
    extern void startConveADC( );
    命令函数模拟量采集
    void ActADIN(unsigned int curPort)
    {
        startConveADC( );
        usci_a1_put_Num(curPort,fmData.getAinData[0] * MaxRefV/MaxGetV,1);
        usci_a1_put_Num(curPort,fmData.getAinData[1] * MaxRefV/MaxGetV,2);
        usci_a1_put_Num(curPort,fmData.getAinData[2] * MaxRefV/MaxGetV,3);
        usci_a1_put_Num(curPort,fmData.getAinData[3] * MaxRefV/MaxGetV,4);
        usci_a1_put_Num(curPort,fmData.getAinData[4] * MaxRefV/MaxGetV,5);
        usci_a1_put_Num(curPort,fmData.getAinData[5] * MaxRefV/MaxGetV,6);
        usci_a1_put_Num(curPort,fmData.getAinData[6] * MaxRefV/MaxGetV,7);
        usci_a1_put_Num(curPort,fmData.getAinData[7] * MaxRefV/MaxGetV,8);
        usci_a1_put_Num(curPort,fmData.getAinData[8] * MaxRefV/MaxGetV,9);
        usci_a1_put_Num(curPort,fmData.getAinData[9] * MaxRefV/MaxGetV,10);
        usci_a1_put_Num(curPort,fmData.getAinData[10] * MaxRefV/MaxGetV,11);
        usci_a1_put_Num(curPort,fmData.getAinData[11] * MaxRefV/MaxGetV,12);
    }
```

4.5.4 数据存储

1. 铁电随机存储器

FM25L04 是采用先进的铁电工艺制造的 4K 位非易失性存储器。铁电随机存储器(FRAM)具有非易失性,并且可以像 RAM 一样快速读写。FM25L04 中的数据在掉电后可以保存 45 年。相对 EEPROM 或其他非易失性存储器,FM25L04 具有结构更简单、系统可靠性更高等诸多优点。

与 EEPROM 系列不同的是,FM25L04 以总线速度进行写操作,无须延时。数据发到 FM25L04 后直接写到具体的单元地址,下一个总线操作可以立即开始,无需数据轮询。此外,FM25L04 的读/写次数几乎为无限次,比 EEPROM 高得多。同时,FM25L04 的功耗也远比 EEPROM 低。FM25L04 数据存储模块流程如图 4-11 所示。

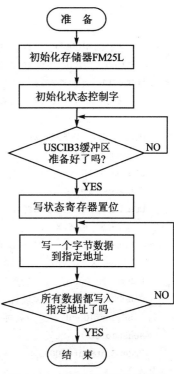

图 4-11 数据存储模块流程图

```
#define WREN_CMD 0x06 //写使能
#define WRDI_CMD 0x04 //写禁止
#define RDSR_CMD 0x05 //读寄存器状态
#define WRSR_CMD 0x01 //写寄存器状态
#define READMM_CMD 0x03 //读 FM25L256 存储数据命令
#define WRITEMM_CMD 0x02 //向 FM25L256 写存储数据命令
#define DUMY_CMD 0 //产生读时序
#include <msp430x54x.h>
#include "FM25CL64.h"
void SPICS_HIGH( ){
      P10DIR| = BIT0;
//    P10SEL& = ~(BIT0);
      P10OUT| = BIT0;
}
void SPICS_LOW( ){
P10DIR| = BIT0;
//P10SEL& = ~(BIT0);
P10OUT& = ~(BIT0);
}
//unsigned char SPI1Rxflg = 0;
void Init_Fm25cl64( )
{
     SPICS_HIGH(); //设置 FRAM 片选(CS)为高
  //SPIHOLD_HIGH; //设置 HOLD 为高
  UCB3CTL1 | = UCSWRST;                      // * * Put state machine in reset * *
     UCB3CTL0 | = UCMST + UCSYNC + UCCKPL + UCMSB;  // 3 - pin, 8 - bit SPI master
                                          // Clock polarity high, MSB
  UCB3CTL1 | = UCSSEL_2;             // SMCLK
  UCB3BR0 = 0x02;                    // /2
  UCB3BR1 = 0;                       //
  //UCB3MCTL = 0;                     // No modulation
  UCB3CTL1 & = ~UCSWRST;            //Initialize USCI state mach
//  UCB3IE | = UCRXIE;           // Enable USCI_A0 RX interrupt
  P10SEL | = 0x0E;  //P10.3(UCLK1),P10.2(SOMI1/SO),P10.1(SIMO1/SI)  //00001110
//  P10SEL & = 0xFE;  //P10.0(STE1)使用端口模式  //~11111110
  P10DIR | = 0x0B;   //设置 P10.0(STE1)为输出模式 //00001011
  P10OUT | = BIT0;   //设置 P10.0(STE1)输出高
//  SPI1Rxflg = 0;       //初始化 SPI 接收标志
  MemEnable( );
  WrMemStatReg(0X00);
}
unsigned char RxTxSPI1(unsigned char c)
```

```
{volatile unsigned int i;
while (! (UCB3IFG&UCTXIFG));    // USCI B3 TX buffer ready?
 //SPI1Rxflg = 0;
 UCB3TXBUF = c;
 for(i = 20; i>0; i--);    // Add time between transmissions to
 // make sure slave can process information
 return UCB3RXBUF;
}
void MemEnable( )        //发送器件写操作命令
{
    SPICS_LOW();
   RxTxSPI1(WREN_CMD); //写操作允许
    SPICS_HIGH();
}
void MemDisable( ) //发送器件写器件禁止
{
    SPICS_LOW( );
   RxTxSPI1(WRDI_CMD); //写不允许
    SPICS_HIGH( );
}
void WrMemStatReg(unsigned char c) //写状态寄存器
{
MemEnable( );
SPICS_LOW( );
RxTxSPI1(WRSR_CMD);
RxTxSPI1(c);
SPICS_HIGH( );
}
unsigned char RdMemStatReg( ) //读状态寄存器
{
unsigned char temp;
SPICS_LOW( );
RxTxSPI1(RDSR_CMD);
temp = RxTxSPI1(DUMY_CMD);
SPICS_HIGH( );
return temp;
}
void WrMemData(unsigned int addrH,unsigned int addrL,unsigned char c) //写一个字节数
据到指定地址
{
 MemEnable( );
    SPICS_LOW( );
```

数据采集系统整体设计与开发

```
RxTxSPI1(WRITEMM_CMD);
RxTxSPI1(addrH);
RxTxSPI1(addrL);
RxTxSPI1(c);
SPICS_HIGH( );
}
void WrMenString(unsigned int byteNum, unsigned int addrH,unsigned int addrL, char * s)
{
unsigned int i;
MemEnable( );
SPICS_LOW( );
RxTxSPI1(WRITEMM_CMD);
RxTxSPI1(addrH);
RxTxSPI1(addrL);
if(byteNum>0)
 {
  for(i = 0; i < byteNum; i + +)
  {
RxTxSPI1( * s+ +);
 }
 }
SPICS_HIGH( );
}
unsigned char RdMemData( unsigned int addrH,unsigned int addrL) //从指定地址读一个字节
{
unsigned char temp;
MemEnable( );
    SPICS_LOW( );
RxTxSPI1(READMM_CMD);
RxTxSPI1(addrH);
RxTxSPI1(addrL);
temp = RxTxSPI1(DUMY_CMD);
SPICS_HIGH( );
return temp;
}
void RdMenString(unsigned int byteNum, unsigned int addrH,unsigned int addrL, unsigned
char * s)
 {
unsigned int i;
MemEnable( );
SPICS_LOW( );
RxTxSPI1(READMM_CMD);
```

```
 RxTxSPI1(addrH);
 RxTxSPI1(addrL);
 if(byteNum > 0)
{
  for ( i = 0; i < byteNum; i++ )
  {
   *s++ = RxTxSPI1(DUMY_CMD);
   while (! (UCB3IFG&UCTXIFG));   // USCI B3 TX buffer ready?
  }
  }
     SPICS_HIGH( );
}
extern char readtest;
#pragma vector = USCI_B3_VECTOR
__interrupt void USCI_B3_ISR(void)
{
//    SPI1Rxflg = 1;
}
```

2. 日历芯片

DS1302 是 DALLAS 公司推出的涓流充电时钟芯片,内含有一个实时时钟/日历和 31 字节静态 RAM,通过简单的串行接口与单片机进行通信实时时钟/日历电路,提供秒分时日、月年的信息,每月的天数和闰年的天数可采集调整时钟操作可通过 AM/PM 指示决定采用 24 或 12 小时格式。DS1302 与单片机之间能简单地采用同步串行的方式进行通信,仅需用到三个口线:① RES 复位,② I/O 数据线,③ SCLK 串行时钟。时钟/RAM 的读/写数据以一个字节或多达 31 字节的字符组方式通信。DS1302 工作时功耗很低,保持数据和时钟信息时功率小于 1mW。DS1302 是由 DS1202 改进而来,如图 4-13 所示。增加了以下的特性:双电源引脚用于主电源和备份电源供应 V_{CC1},为可编程涓流充电电源附加 7 字节存储器。它广泛应用于电话传真便携式仪器以及电池供电的仪器仪表等产品领域。

```
//向 DS1302 中写入地址后写入数据
void DS1302_WriteData(unsigned char addr,unsigned char w_dat) {
DS1302_RST_LO;
DS1302_SCLK_LO;
DS1302_RST_HI;
DS1302_WriteOneByte(addr);          //写入地址
DS1302_WriteOneByte(w_dat);         //写入数据
DS1302_SCLK_HI;
DS1302_RST_LO;
    }
```

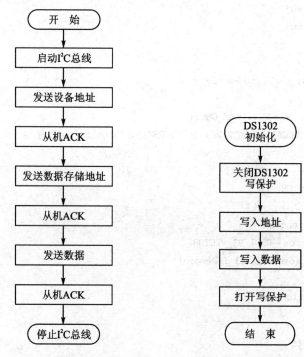

图 4 - 12　铁电存储器写数据流程图　　　图 4 - 13　日历芯片 DS1302

```
//向 DS1302 写入地址后,从 DS1302 中读取数据
unsigned char DS1302_ReadData(unsigned char addr) {
unsigned char r_dat;
DS1302_RST_LO;
DS1302_SCLK_LO;
DS1302_RST_HI;
DS1302_WriteOneByte(addr);              //写入地址
r_dat = DS1302_ReadOneByte();           //读出数据
DS1302_SCLK_LO;
DS1302_RST_LO;
return(r_dat);
    }
//按照 SettingData 的设置设置 DS1302 的时间
void DS1302_SettingData(void) {
unsigned char temp;
unsigned char addr = 0x8C;
DS1302_WriteData(0x8E,0x00);            //写入控制命令,禁用写保护
for(temp = 0;temp<7;temp + + ) {
DS1302_WriteData(addr,SettingData[temp]);
addr - = 2;
    }
```

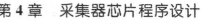

```
DS1302_WriteData(0x8E,0x80);            //写入控制命令,启用写保护
}
//读取 DS1302 时间到 ReadingData 中
void DS1302_GetData(unsigned char * str){
unsigned char temp;
unsigned char addr = 0x8D;
for(temp = 0;temp<7;temp + +){
str[temp] = DS1302_ReadData(addr);      //年
addr − = 2;
    }
    }
```

4.6 数据采集程序设计

　　要使 MSP430F5438(以下简称芯片)能完成人们预定的工作,首先必须为如何完成预定的工作设计一个算法,然后再根据算法编写程序。芯片程序要对问题的每个对象和处理规则给出正确详尽的描述,其中程序的数据结构和变量用来描述问题的对象,程序结构、函数和语句用来描述问题的算法。算法数据结构是程序的两个重要方面。

　　算法是问题求解过程的精确描述,一个算法由有限条可完全机械地执行的、有确定结果的指令组成。指令正确地描述了要完成的任务和它们被执行的顺序。芯片按算法指令所描述的顺序执行算法的指令能在有限的步骤内终止,或终止于给出问题的解,或终止于指出问题对此输入数据无解。

　　通常求解一个问题可能会有多种算法可供选择,选择的主要标准是算法的正确性和可靠性,简单性和易理解性。其次是算法所需要的存储空间少和执行更快等。

　　算法设计是一件非常困难的工作,经常采用的算法设计技术主要有迭代法、穷举搜索法、递推法、贪婪法、回溯法、分治法、动态规划法等等。另外,为了更简洁的形式设计和藐视算法,在算法设计时又常常采用递归技术,用递归描述算法。

　　算法具有以下特征:

　　(1)有穷性:一个算法必须保证执行有限步之后结束。

　　(2)确切性:算法的每一个步骤必须有确切的定义。

　　(3)输入:一个算法有 0 个或多个输入,以描述运算对象的初始情况,所谓 0 个输入是指算法本身确定了初始条件。

　　(4)输出:一个算法至少有一个输出,用以反映对输入数据加工后的结果,没有输出的算法是毫无意义的。

　　(5)可行性:原则上算法能够精确地运行,而且人们用笔和纸做有限次运算后即可完成。

已知最早的算法是考古学家发掘出来的,大约在 3500～5000 年以前写在黏土板上的。当时为了做数学用表,巴比伦人需要解代数方程,他们的做法是写出求解的"算法"。这些算法基本上都是对实际数目的计算。在算法的最后还附有一个短语,这个短语可以粗略地翻译为"这是一个过程"。这也是最早出现的程序设计语言的标记。

4.6.1　模拟量数据采集程序设计

1. 土壤水分传感器

(1) 工作原理。水分是决定土壤介电常数的主要因素。测量土壤的介电常数,能直接稳定地反应各种土壤的真实水分含量。TDR-3 土壤水分传感器可测量土壤水分的体积百分比,与土壤本身的机理无关,是目前国际上最流行的土壤水分测量方法。TDR-3 型土壤水分传感器是一款高精度、高灵敏度的测量土壤水分的传感器。

(2) 主要技术指标。

测量参数:土壤容积含水量 θV

单　　位:%(m^3/m^3)

量　　程:0～100%(m^3/m^3)

精　　度:0～50%(m^3/m^3)范围内为±2%(m^3/m^3)

测量区域:90%的影响在围绕中央探针的直径为 3 cm、长为 6 cm 的圆柱体内

稳定时间:通电后约 10 s

响应时间:响应在 1 s 内进入稳态过程

工作电压:10～30 V_{DC},典型值 12 V_{DC} 或 24 V_{DC}

工作电流:15～30 mA,典型值 20 mA

输出信号:0～2.5 V

密封材料:ABS 工程塑料

探针材料:不锈钢

电缆长度:标准长度 5 m;最大长度 400 m

(3) 三次方程转换法计算公式。在 0～50%(m^3/m^3)范围内可通过以下三次多项式得到土壤含水量的转换结果。

$$\theta_V = 0.0337 \times (0.1563 \times I_{OUT} - 0.625)3 - 0.0426 \times (0.1563 \times I_{OUT} - 0.625)2 + 0.2008 \times (0.1563 \times A_{OUT} - 0.625) - 0.0041$$

(4) 表格转换法。通过查表 4-4,可方便快速地得到土壤容积含水量的转换结果。

(5) 土壤水分传感器流程图

土壤水分传感器流程图如图 4-14 所示。

(6) 源程序

A_{OUT}/mA	θ_V/(m³/m³)	A_{OUT}/mA	θ_V(m³/m³)	A_{OUT}/mA	θ_V/(m³/m³)
4.00	0.00%	9.44	15.60%	14.88	38.00%
4.32	0.60%	9.76	16.70%	15.20	39.70%
4.64	1.60%	10.08	17.70%	15.52	41.60%
4.96	2.50%	10.40	18.80%	15.84	43.50%
5.28	3.50%	10.72	19.90%	16.16	45.50%
5.60	4.40%	11.04	21.00%	16.48	47.50%
5.92	5.30%	11.36	22.20%	16.80	49.70%
6.24	6.20%	11.68	23.40%	17.12	
6.56	7.20%	12.00	24.60%	17.44	
6.88	8.10%	12.32	25.90%	17.76	
7.20	9.00%	12.64	27.20%	18.08	
7.52	9.90%	12.96	28.60%	18.40	
7.84	10.80%	13.28	30.00%	18.72	
8.16	11.80%	13.60	31.50%	19.04	
8.48	12.70%	13.92	33.00%	19.36	
8.80	13.70%	14.24	34.60%	19.68	
9.12	14.70%	14.56	36.30%	20.00	

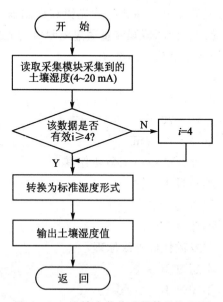

图 4-14　土壤水分传感器算法流程图

//计算土壤水分传感器

// 公式 θv = 0.0337 × (0.1563 × AOUT − 0.625)3 − 0.0426 × (0.1563 × AOUT − 0.625)2 +

0.2008×(0.1563×AOUT−0.625)−0.0041 其中 AOUT 为传感器输出电流值

```
ret_value = ai[2];
i = 16 * (ret_value.ToDouble( ) − 819)/3277 + 4;
if(i<4) i = 4;
n = 0.0337 * (0.1563 * i − 0.625) * (0.1563 * i − 0.625) * (0.1563 * i − 0.625) − 0.0426
* (0.1563 * i − 0.625) * (0.1563 * i − 0.625) + 0.2008 * (0.1563 * i − 0.625) − 0.0041;
m = n * 100;
if(m<0) m = 0.00;
Edit1 − >Text = m;
len = Edit1 − >Text.Length();
wz = Edit1 − >Text.Pos(".");
if(wz>0) wz = wz + 3;
else     wz = len;
Edit1 − >Text = Edit1 − >Text.SubString(1,wz);
DM − >Q_sjcjmx − >FieldByName("trsf1") − >AsFloat = Edit1 − >Text.ToDouble();//4
− 20ma
```

2. 二氧化碳传感器

(1) 工作原理:该传感器是基于气体的吸收光谱随气体含量的不同而存在差异的原理制成的。各种气体都会吸收光,不同的气体吸收不同波长的光。比如 CO_2 就对红外线(波长为 4.26 m)最敏感。光学气体检测通常是把被测气体吸入一个测量室,测量室的一端安装有光源而另一端装有滤光镜和探测器。滤光镜的作用是只容许某一特定波长的光线通过。探测器则测量通过测量室的光通量。探测器所接收到的光通量取决于环境中被测二氧化碳的浓度。

(2) 传感器主要技术指标:

工作温度:	0~50 ℃
存储温度:	−40~70 ℃
测量范围:	0~2 000 ppm
工作环境:	0~50 ℃ 0~95%(不结露)
预热时间:	不超过 1 分钟
供　电:	24 V_{DC}/AC
功　耗:	不超过 1W
测试原理:	非发散性红外线原理
响应时间:	不超过 10 s
精确率:	不超过 10 s
年度漂移:	不超过±10 ppm
压力误差:	每 kPa 读数的+1.6%
信号输出:	模拟信号 0~10 V 4~20 mA(可选)

（3）二氧化碳传感器计算公式

$$2000-(2000/16)\times(i-4)$$

（4）流程图

二氧化碳传感器算法流程图如图 4-15 所示。

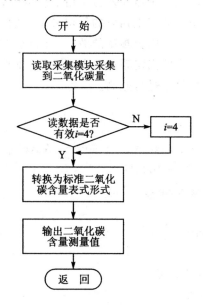

图 4-15　二氧化碳传感器算法流程图

（5）源程序

```
//计算二氧化碳传感器
ret_value = ai[6];
i = 16 * (ret_value. ToDouble() - 819)/3277 + 4;
if(i<4) i = 4;
b = 2000 - (((((double)2000)/(16)) * (i - 4));
o = 0;
m = b + o;
Edit1 - >Text = m;
len = Edit1 - >Text. Length();
wz = Edit1 - >Text. Pos(".");
if(wz>0) wz = wz + 3;
else      wz = len;
Edit1 - >Text = Edit1 - >Text. SubString(1,wz);
DM - >Q_sjcjmx - >FieldByName("ryht") - >AsFloat = Edit1 - >Text. ToDouble();//4 -
20ma0 - 2000ppmCO2
```

4.6.2　数字量采集程序设计

1. 虫情传感器工作原理

虫情传感器是利用压电式传感器在外力作用下产生压电效应而制成的。由于压电传感器在不同的外力作用下会产生相应的压电效应,我们需要监测的棉铃虫接触到压电陶瓷传感器后会产生一种固定频率的波形,通过滤波整形可以很快捷地监测到棉铃虫接触到传感器所产生的固定频率的波形,通过整形将这一信号以方波段形式送入计算机便可以对虫情数量进行监测。

（2）主要技术指标

谐振频率:1200Hz±200Hz

声压级:80dB min at 1.2kHz/9Vp—p squaer Wave

静电容量:4200pF±30% at1000Hz

使用电压:30Vp—p max. square Wave

额定电流:3mA max

基片材料:Brass/Bronze

塑胶壳材料:ABS757

额定使用温度:—20～+70℃

存储温度:—30～+75℃

（3）流程图。虫情采集传感器工作流程图如图4-16所示。

（4）源程序

```
//求当日虫情累计 Word yy,mm,dd,HH,MM,SS,MMSS;
 TDateTime ls_time1;
 ls_time1 = Now( );
 String b_time,e_time;
 b_time = ls_time1.DateString( ) + " 00:00:01";
 e_time = ls_time1.DateString( ) + " 23:59:59";
 String sql_str = "SELECT  sum(CONVERT(int,hcsl1)) AS hcsl1_sum, sum(CONVERT(int,
hcsl2)) as hcsl2_sum , sum(CONVERT(int,jysl)) as jysl_sum  FROM  [ntcjmis].[dbo].
[sjcjmx] where cjsj>'" + b_time + "'" + "and cjsj<'" + e_time + "' and cjzid = '" + s_sbid + "
'";//; where cjsj = ' 2010 - 11 - 11 17:46:07.000   2010 - 12 - 16 0:00:01
    if(DM->Q_SUM->Active == true) DM->Q_SUM->Close( );
      DM->Q_SUM->SQL->Clear( );
      DM->Q_SUM->SQL->Add(sql_str);
      DM->Q_SUM->Open( );
      DM->Q_SUM->FieldByName("hcsl1_sum")->AsString;
   DM->Q_SUM->FieldByName("hcsl2_sum")->AsString;
   DM->Q_SUM->FieldByName("jysl_sum")->AsString;
   ch_lj1 = DM->Q_SUM->FieldByName("hcsl1_sum")->AsString;
```

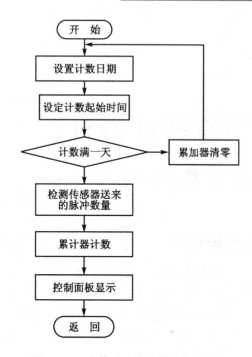

图 4 - 16　虫情采集传感器工作流程图

```
ch_lj2 = DM - >Q_SUM - >FieldByName("hcsl2_sum") - >AsString;
jyl_lj = DM - >Q_SUM - >FieldByName("jysl_sum") - >AsString;
if(ch_lj1 == "" || ch_lj1 == NULL)    ch_lj1 = "0";
if(ch_lj2 == "" || ch_lj2 == NULL)    ch_lj2 = "0";
if(jyl_lj == "" || jyl_lj == NULL)    jyl_lj = "0";
float ljch1 = ch_lj1.ToInt( ) + di[0];
float ljch2 = ch_lj2.ToInt( ) + di[1];
float jyllj = jyl_lj.ToInt( ) + di[2];
//新增数据明细
DM - >Q_sjcjmx - >Append( );
DM - >Q_sjcjmx - >FieldByName("userno") - >AsString = ls_usrno;
DM - >Q_sjcjmx - >FieldByName("jssj") - >AsDateTime = Now( );
DM - >Q_sjcjmx - >FieldByName("cjsj") - >AsDateTime = ls_time;
DM - >Q_sjcjmx - >FieldByName("cjzid") - >AsString = ID;
DM - >Q_sjcjmx - >FieldByName("hcsl1") - >AsFloat = di[0];
DM - >Q_sjcjmx - >FieldByName("hcsl2") - >AsFloat = di[1];
DM - >Q_sjcjmx - >FieldByName("jysl") - >AsFloat = di[2];
DM - >Q_sjcjmx - >FieldByName("ljhcsl1") - >AsFloat = ljch1;
DM - >Q_sjcjmx - >FieldByName("ljhcsl2") - >AsFloat = ljch2;
DM - >Q_sjcjmx - >FieldByName("ljjysl") - >AsFloat = jyllj;
```

第 **5** 章

采集系统通信整体设计

5.1 数据传输开发重点任务

5.1.1 数据传输硬件技术

采集系统通信整体设计由两部分组成：即下位机硬件 MSP430 芯片引脚输出 RS232 标准串口和 GPRS 通信模块和 SIM 卡、通信电源模块组成，软件由下位机芯片 C 语言固件程序包括 GPRS 无线通信模块、公网 AT 指令 TCP/IP 通信协议栈、连接 Internet 网构成以太网连接上位机数据服务器 C++程序构成通信软件系统。

5.1.2 数据传输原理

当上位机发出请求指令到达芯片程序后，立刻唤醒正在休眠状态传感器，按照我们设定的先后次序，进入初始化状态，开始检索采集信息，由 MSP430 芯片并将所采集信息转换成符合传输要求的数据包文件，经过三次预处理发射方和接收方判断是否具备导通状态，当发射方和接收方双方认为具备通信条件，GPRS 通信模块向公网（G 网）发出 AT 指令，经 G 网识别属于自己家族的朋友邀请来家作客时表示欢迎，立刻响应带着数据包前往上位机朋友家去作客，先乘飞机到达机场后，开始乘 Internet 网络往信宿地运动，按照信源地指定 IP 地址和端口号，找到自己的家门，如果我们把上位机么端口号比作门牌号，那么 IP 地址也比作数据服务器上的门锁，那么只有下位机程序 IP 地址与上位机数据服务器 IP 地址一致，下位机端口号与上位机端口号全部一致，就能顺利打开网络大门，建立上下位机连接，整个过程完成数据由信源传送到达信宿地目标。

5.1.3 无线通信技术 AT 指令

问题一：在设计通信过程中，首先要知道用户通信载体信息，根据用户需求目前国内比较流行的应用最普遍的有两种通信模块，一种是 G 网通信模块 GIS 和 GPRS，另一种是 C 网通信模块 CDMA，由于通信模块选择不同，相应 AT 指令不同，只要选定通信模块，就可以通过所选定通信模块说明书，找到我们所需要的 AT 指令，并将其 AT 指令编写到芯片程序内。

问题二：我们知道通信是数据的桥梁，由信源地向信宿地传送信息的过程，我们把这种在单工信道上信息只能在一个方向传送。发送方不能同时接收，接受方不能同时发送叫做单工通信方式，相反把信宿地当成信源将数据传送到信源地作为信宿，也就是通信双方可以交替发送和接收信息，但不能同时发送和接收。在一段时间内，信道的全部带宽用于一个方向上的信息传递，我们把这种方式叫做半双工通信方式，这两种方式我们在上位机服务器 C++ 程序 AT 指令设计上和下位机芯片 C 语言程序 AT 指令设计上就有区别。

5.1.4　数据通信整个过程

采集系统通信重点分两块：即下位机通信模块和上位机通信模块，就采集系统本身无法构成独立系统，没有独立的软件支持。下位机通信模块含两部分：即硬件 MSP430 芯片引脚连接 GPRS 通信模块和 SIM 卡和通信电源组成，通信软件模块属于固件软件的子程序，在设计过程主要考虑硬件接口的驱动和软件接口的初始化。按照通信传输步骤来讲：第一步先考虑软硬件接口工作任务；第二步所选定 GPRS 通信模块与网络 AT 指令，此 AT 指令也就 GPRS 通信模块与公网的结合点，此阶段完成了无线通信过程；第三步必须考虑 IP 地址和端口号、卡号的设定问题，它是进入 Internet 网、寻找上位机服务器的关键，此阶段数据传输进入有线通信过程。网络接口核心部分是整个网络接口的关键部位，它为网络协议提供统一的发送接口，屏蔽各种各样的物理介质，同时具有负责把来自下层的数据包向合适的协议配送。它是网络接口的中枢部分。上位机通信模块同样含两部分：即硬件网络设备接口和 PC，上位机网络接口软件和网络 PCT/IP 协议簇，当下位机 IP 地址和端口号与上位机一致情况下，整个通信连接上位机与下位机实现通信。

上位机与下位机通信是通过上位机向下位机发出请求指令，其内容包括指令的时间、指令内容、指令命令的范围、指令发出的人、采集站地址等内容，下位机接到上位机指令后进行识别确认，向上位机回送所采集数据。

（1）下位机发送数据过程。芯片程序调用子程序，将数据发送给 socket 并检查数据类型，调用相应的 send 函数，并检查 socket 状态、协议类型，将数据传给传输层，TCP/UDP（传输层协议）为这些数据创建数据结构，加入协议头部，比如端口号、检验号，传给下层（网络层）IP（网络层协议）添加 IP 头，比如 IP 地址、检验，如果数据包大小超过了 MTU（最大数据包大小），则分片；IP 将这些数据包传给链路层写到网卡队列，网卡调用响应中断驱动程序，发送到网络。

（2）上位机数据接收过程。数据包从网络到达网卡，网卡接收帧，放入网卡 buffer，再向系统发送中断请求，MCU 调用相应中断函数，这些中断处理程序在网卡驱动中，中断处理函数从网卡读入内存，交给链路层将包放入自己的队列，置软中断标志位，进程调度器看到了标志位，调度相应进程，该进程将包从队列取出，与相应协议匹配，一般为 IP 协议，再将包传递给该协议接收函数，IP 层对包进行错误检测，无错,路由结果,packet 被转发或者继续向上层传递,如果发往本机,进入链路层再进行错误侦测,查找相应端口关联 socket,包被放入相应 socket 接收队列,socket 唤醒拥有该 socket 的进程,进程从系统调用 read 中返回,将数据复制到自己的 buffer,返回到下一个工作状态。

根据上位机与下位机连接启动的方式以及本地套接字要连接的目标,套接字之间的连接过程可以分为三个步骤:服务器监听,客户端请求,连接确认。

服务器监听是服务器端套接字并不定位具体的客户端套接字,而是处于等待连接的状态,实时监控网络状态。

客户端请求是指由客户端的套接字提出连接请求,要连接的目标是服务器端的套接字。为此,客户端的套接字必须首先描述它要连接的服务器的套接字,指出服务器端套接字的地址和端口号,然后就向服务器端套接字提出连接请求。

连接确认是指当服务器端套接字监听到或者说接收到客户端套接字的连接请求,它就响应客户端套接字的请求,建立一个新的线程,把服务器端套接字的描述发给客户端,一旦客户端确认了此描述,连接就建立好了。而服务器端套接字继续处于监听状态,继续接收其他客户端套接字的连接请求。

(3) 上位机系统的指令下达及数据上传是通过轮讯方式和半双工通信来完成的。数据通信工作流程如图 5-1 所示。

每组指令和信息均包含采集站的区号和 ID 号,所有指令和数据的解析都需要涉及区号和 ID 号。

图 5-1　数据通信工作流程

5.2　数据通信整体设计思路

5.2.1　下位机与上位机通信原理

在采集器芯片 MSP430F5438 内嵌入我们事先编好的控制指令,当下位机 GPRS 接到上位机发来请求指令时,芯片内固件程序就会以包文件的形式发射到公网基站,经公网数据交换,完成无线通信过程,按照我们事先设定的 IP 地址和端口号传输到 TCP 协议端口,经 JDBC 协议将下位机采集数据送到指定的数据库位置,完成整个通信过程,如图 5-2 所示。

1. 上位机通信功能

(1) 向下位机进行呼叫,接受下位机发送字符串,最后发送结束标志。

(2) 按照一定的时间间隔对串口进行读操作,如果有数据需要接收则进行数据接收。

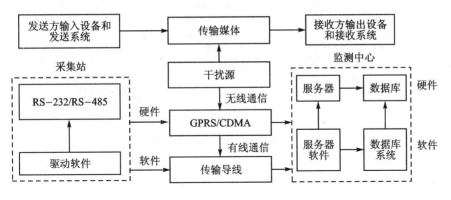

图 5 - 2　通信系统原理框图

2. 下位机通信功能

（1）接收上位机指令，同时识别发送的地址，如果地址匹配则接收指令，直到结束标志到来则停止接收。

（2）按照上位机指令向上位机发送数据，首先向上位机发送本机地址，然后发送数据，最后发送结束标志。

5.2.2　通信设计要素

（1）设计目的：设计采集站进行田间数据采集，对于下位机采集到的数据结果还需通过一种方式将数据送到上位机监测中心进行处理。目前数据通信方式多样化，为数据传输奠定基础。

（2）方式选择：针对多种传输方式中基于分组数据交换方式的数据，在中国范围内形成了规模覆盖地域广，通信质量、运行维护具有保障性，因此作为首选。

（3）网络选择：对于分组数据交换网络的运行、服务是依照数据量进行收费的，所以在进行网络方式处理时，采用了短连接方式和长连接方式进行数据通信。

（4）通信模块选择：分组数据交换通信是采用国内网络通信厂家的分组通信模块完成，因国内生产该模块的厂家多，内部机制各有不同，经过对比采用华为的 GTM900 - C 模块，该模块具有 TCP/IP 协议栈，稳定可靠，性价比高。

（5）采集系统整体通信模块

整个采集系统由三大模块组成：即下位机模块、通信模块、上位机模块（如图 5 - 3 采集系统整体通信模块模型）。

（6）无线通信模块 GTM900 - C 概述

GTM900 - C 使用 AT 命令集，通过 UART 接口与外部 CPU 通信，主要实现无线发送和接收、基带处理、音频处理等功能。GTM900 - C 信号连接器接口分别与 MSP430F5438 芯片引脚连接、与供电电源 3.8 V 连接，与 SIM 卡数据传输接口连

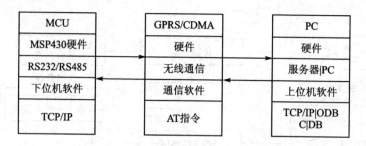

图 5 - 3　采集系统整体通信模块框模型

接,有 40 连接端口,配有专用连接器,在设计时除认真阅读 GTM900 - C 使用说明书以外,还必须考虑接口使用条件,全面熟悉产品特性。

(7) GPRS AT 命令

通过串口发送 AT 命令,即可使用 GSM 模块。串行线对端的应用设备包括终端设备 TE(Terminal Equipment)、数据终端设备 DTE(Data Terminal Equipment)或其他应用设备。这些终端或应用程序运行在采集器固件程序内。一般来讲,AT命令包括四种类型:即设置命令——该命令用于设置用户自定义的参数值。测试命令——该命令用于查询设置命令或内部程序设置的参数及其取值范围。查询命令——该命令用于返回参数的当前值,执行命令——该命令用于读出受 GSM 模块内部程序控制的不可变参数,如表 5 - 1 所列。

表 5 - 1　GPRS AT 指令说明

字节名称	指令含义	作　用
At+CIMI	国际移动台标识	用执行命令,TA 返回<IMSI>,TE 识别 ME 上附带的单个 SIM
At+CSQ	信号指令	执行命令返回来自 ME 的接收信号强度指示<rssi>和信道误码率<ber>
AT+CREG	启用网络注册	AT+CREG 设置命令控制显示非请求结果码+CREG 查询命令返回<stat>的当前值
AT+CGDCONT	定义 PDP 上下文	使用设置命令,可为 PDP 上下文定义参数,该 PDP 上下文是由本地上下文标识参数<cid>标识的。该设置命令的特殊形式+CG-DCONT= <cid>将使上下文号码<cid>的取值成为未定义取值
AT%ETCPIP	初始化指令	该命令实现 PDP 激活和 TCP/IP 的初始化,是使用 TCP/IP 功能前必须完成的一步操作 AT%ETCPIP 操作命令语法
AT%IOMODE	设置数据模式	该命令主要用来选择发送的数据是否进行编码,也就是(HEX — ASCII)的转换 AT%IOMODE 操作命令语法
AT%IPOPEN	TCP 或者 UDP 链接命令	打开链接分为打开一条 TCP/UDP 链接命令和打开一条或多条 TCP/UDP 链接两种处理 AT%IPOPEN 操作命令语法

字节名称	指令含义	作　用
AT%IPSEND	单链接模式下发送数据命令	单链接模式下发送数据到已经打开的 TCP/UDP 链接
AT%IPCLOSE	关闭链接指令	该命令用于实现关闭一条链接的功能
AT%DNSR	域名解析命令	该命令用来解析域名对应的 IP 地址

注：详细阅读华为 GTM900－c 模块使用说明书。

5.3　下位机通信程序设计

5.3.1　数据通信模块工作原理

串行端口的本质功能是作为 MCU 和串行设备间的编码转换器。当数据从 MCU 经过串行端口发送出去时，字节数据转换为串行的位。在接收数据时，串行的位被转换为字节数据。

串口通信的接收过程如下：

（1）开始通信时，信号线为空闲逻辑 1，当检测到由 1 到 0 的跳变时，开始对"接收时钟"计数。

（2）当计到 8 个时钟时，对输入信号进行检测，若仍为低电平，则确认这是"起始位"，而不是干扰信号。

（3）接收端检测到起始位后，隔 16 个接收时钟对输入信号检测一次，把对应的值作为 D0 位数据。若为逻辑 1，作为数据位 1；若为逻辑 0，作为数据位 0。

（4）再隔 16 个接收时钟对输入信号检测一次，把对应的值作为 D1 位数据……，直到全部数据位都输入。

（5）检测校验位 P（如果有的话）。

（6）接收到规定的数据位个数和校验位后，通信接口电路希望收到停止位 S（逻辑 1），若此时未收到逻辑 1，说明出现了错误，在状态寄存器中置"帧错误"标志。若没有错误，对全部数据位进行奇偶校验，无校验错时，把数据位从移位寄存器中送数据输入寄存器。若校验错，在状态寄存器中置奇偶错标志。

（7）本帧信息全部接收完，把线路上出现的高电平作为空闲位。

（8）当信号再次变为低时，开始进入下一帧的检测。

5.3.2　RS－232－C 标准串口工作原理

1. 串行通信的接口标准

EIA RS－232－C 是由美国电子工业协会 EIA 制定的串行通信物理接口标准。

最初是远程数据通信时，为连接数据终端设备 DTE，数据通信的信源，如计算机和数据通信装置 DCE(Data 数据通信中面向用户的设备，如调制解调器)而制定的。它规定以 25 芯或 9 芯的 D 型插针连接器与外部相连。这个连接器上的基本信号定义如表 5－2 所列。

表 5－2　RS－232－C 标准接口信号

信号符号	25 芯引脚	9 芯引脚	方　向	信号描述
TXD	2	3	O	发送数据
RXD	3	2	I	接收数据
RTS	4	7	O	请求传送
CTS	5	8	I	允许传送
DSR	6	6	I	数据通信装置(DCE)就绪
GND	7	5		信号地
DCD	8	1	I	数据载波检测
DTR	20	4	O	数据终端设备(DTE)就绪
RI	22	9	I	振铃指示

通信将在数据终端设备(DTE)和数据通信装置(DCE)之间进行，信号线中的 RTS、CTS、DSR 和 DTR 为控制信号，其含义如下：

RTS(请求传送)：当数据终端设备(DTE)需向数据通信装置(DCE)发送数据时，该信号有效，请求数据通信装置接收数据。

CTS(允许传送)：如数据通信装置(DCE)处于可接收数据的状态，此信号有效，允许数据终端设备(DTE)发送数据。反之，如数据通信装置(DCE)处于不可接收数据的状态，此信号无效，不允许数据终端设备(DTE)发送数据。

DSR(数据设备就绪)、DCD(数据载波检测)：当数据通信装置(DCE)需向数据终端设备(DTE)发送数据时，该信号有效，请求数据终端设备(DTE)接收数据。

DTR(数据终端就绪)：如数据终端设备(DTE)处于可接收数据的状态，此信号有效，允许数据通信装置(DCE)发送数据。反之，如数据终端设备(DTE)处于不可接收数据的状态，此信号无效，不允许数据通信装置(DCE)发送数据。

为实现数据的传输，A 端与 B 端的发送和接收的数据线相互连接，A 端的请求传送(RTS)与 B 端的数据通信装置就绪、数据载波检测(DSR、DCD)相连，B 端的数据终端设备就绪(DTR)信号与 A 端的允许传送(CTS)相连。在 A 端需发送数据时，该端的请求传送(RTS)输出有效，此信号连接到 B 端的数据设备就绪、数据载波检测(DSR、DCD)端，如 B 端允许接收信号，将使数据终端设备就绪(DTR)信号有效，此信号输入到 A 端的允许传送(CTS)，A 端接收到此信号后即发送数据。当 B 端需发送数据时，将 B 端的 RTS 信号置为有效，因而控制 A 端的 DSR，如 A 端可接收数据,将置 DTR 有效,控制 B 端正确地发送数据。

在这样的连接方法中,请求传送(RTS)信号的输出连接到本机的允许传送(CTS)端,数据终端设备就绪(DTR)的输出连接到本机的数据通信装置就绪(DSR)、数据载波检测端(DCD)。当需发送数据时,控制 RTS 信号有效,此信号直接连接到 CTS,此时由于 RTS 信号有效,因而可将数据送出。同样应控制 DTR 信号有效,此信号直接连接到 DSR、DCD,在需接收数据时,由于所需的 DSR 信号有效,可接收数据。采用这样的方法可减少通信两端的连线,但必须协调收发双方的通信软件,避免在数据发送时,接收方未能及时地接收数据。

采用 RS-232 标准除了规定信号与连接器外,还规定了信号的电气特性。其发送端与接收端的电气特性规定如下:

发送端:输出最大电压小于 25 V(绝对值),最大短路输出电流为 500 mA,输出阻抗大于 300 Ω,逻辑"1"为 -25～-3 V,逻辑"0"为 +3～+25 V。

接收端:输入阻抗为 3～7 kΩ,最大负载电容 2500pF,当信号小于 -3 V 时为逻辑"1",信号大于 +3 V 时为逻辑"0"。

为此在进行信号传输时,必须将信号的 TTL 电平与 RS-232 电平进行转换,在发送时,将 TTL 电平转换为 RS-232 电平,而在接收时将 RS-232 电平转换为 TTL 电平。

能满足上述要求将信号由 TTL 电平与 RS-232 电平互换的常用器件有 MC1488 和 MC1489。MC1488 为发送器,它将 TTL 电平转换为 RS-232 电平,采用 ±12 V 电源,当输入为 TTL"1"电平时,输出为 -12 V 的信号;当输入为 TTL"0"电平时,输出为 +12 V 的信号。MC1489 为接收器,将 RS-232 电平转换为 TTL 电平,采用 5 V 电源。当输入为 -12 V 时,输出 TTL"1"电平;当输入为 +12 V 时,输出 TTL"0"电平。

采用单电源供电的 RS-232 电平转换器件利用内部的电源电压变换器将输入的 +5V 电源变换成 RS-232 输出电平所需的 ±10 V 电压。由于器件内部的电源电压变换器由电荷泵和倍压电路构成,因而需外接倍压和滤波电容,电容的容量和质量将影响此电路能否正常工作。此类电路的 TIN 端为发送的 TTL/CMOS 电平的输入,TOUT 端为发送的 RS-232 电平输出,与此对应,RIN 为接收的 RS-232 电平的输入,ROUT 端为接收的 TTL/CMOS 电平输出。在一个芯片中可包含不同数量的电平转换电路,在设计过程选择了 MAXIM 公司的 MAX-232 提供了两个发送电平转换电路和两个接收电平转换电路。

2. 通信模块与 RS-232 串口连接原理

通信模块和 MCU 之间的数据传输主要是通过 RS-232 逻辑电平转换电路进行数据的传输。其电路连接如图 5-4 所示。

数据采集系统整体设计与开发

148

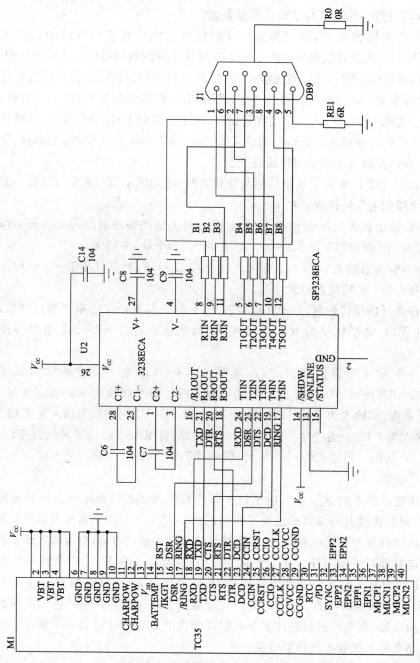

图5-4　GT900-C模块和RS-232链接图

5.3.3 下位机通信协议

分布式控制系统中的下位机的每台采集站均有唯一的地址。通信开始时,先由 PC 机呼叫被叫采集站的地址,采集站在接收到 PC 的呼叫后,首先判断是不是自己的地址,如果不是就不予理睬。如果是,则发送呼叫应答信号,并根据上位机的命令进行相应的接收或发送。

5.3.4 RS-232 串口通信程序初始化

RS-232 串口通信程序如图 5-5 所示。

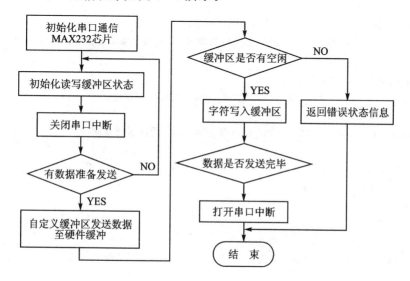

图 5-5 RS-232 串口通信程序流程图

```
//定义共有变量,自定义接物发送缓冲区
 Inl_read_G = 0;//已经读取的数据输入缓冲区标志
 In1_waiting_G = 0;//还没有读取的数据输入缓冲区标志
 Outl_written_G = 0;//已经写入的数据输入缓冲区标志
 Outl_waiting_G = 0;//还没有写入的数据输入缓冲区标志
 #define RS232_RECV_BUFFER_LENGTH 8//接收缓冲区长度
 #define RS232_TRAN BUFFER LENGTH 100 //发送缓冲区长度
 #define RS232 NO CHAR 127 //清空缓冲区
 Static tByte Recv_buffer[RS232_RECV_BUFFER_LENGTH];//接收缓冲区
 Static tByte Tran_buffer[RS232_TRAN_BUFFER_LENGTH];//发送缓冲区
 //- - - - - - - - - - - - - - - - - - - - - - - - - - - - - - - - - -
 //串口初始化函数
 //- - - - - - - - - - - - - - - - - - - - - - - - - - - - - - - - - -
 void RS232_Serial_Init(void)
 {
```

```
PCON& == 0x7F;//设置 SMOD 为 0
SCON1 = 0x72;//方式 1,允许接收
//当收到一个有效停止位时接受标志置 11 TI 置 1(清空发送缓冲区)
TMOD| = 0x20;//定时器 1 为模式 2,8 为采集重装波特率发生器
TH1 = 0xF7 ; //波特率 9600bit/s,晶振 11.0592MHz,机器周期 4
TL1 = TH1;
TR1 = 1;//启动定时器
TI = 1;//发送一个空字符
In1_readse G = 0;
In1_waiting_G = 0;
Out1_written_G = 0;
Out1_waiting_G = 0;//初始化读写缓冲区状态
ES1 = 0; //关串口中断,因为调度器由时钟驱动,中断将打断调度器有序周期状态
}
//自定义缓冲区存字符函数
void RS232_Write_Char_To_Buffer(const char CHARACTER)
{
if(Out1_waiting_G<RS232_TRAN_BUFFER_LENGTH)//缓冲区有空间
  {
    Tran_buffer[Out1_waiting_G] = CHARACTER; //将字符写入缓冲区
  Out1_waiting_G++;
  }
else
  {
    Error_code_G = ERROR_WRITE_CHAR;//缓冲区满,返回错误状态信息
  }
}
//- - - - - - - - - - - - - - - - - - - - - - - - - - - -
//自定义缓冲区存字符串函数
//- - - - - - - - - - - - - - - - - - - - - - - - - - - -
void RS232_Write_String_To_Buffer(const charxconst STR)
(
tByte i = 0;
while(STR[i] ! = "/0")
  {
  RS232_Write_Char_To_Buffer(STR[i]);
  i++;
  }
)
//- - - - - - - - - - - - - - - - - - - - - - - - - - - -
//自定义缓冲区取字符函数
//- - - - - - - - - - - - - - - - - - - - - - - - - - - -
```

```
char RS232_Get_Char_From_Buffer(void)
{
char CH = RS232_NO_CHAR; //清空缓冲区
if Inl read G < Inl waiting_G) //缓冲区有数据待读
  {
  CH = Recv_buffer[Inl_read_G];
  if(Inl_read_G<RS232es RECV_BUFFER_LENGTH)
  {
  Inl_read_G + + ;
  }
  }
  Return CH;
}
//- - - - - - - - - - - - - - - - - - - - - - - - - - -
//硬件缓冲区字符收发函数
//- - - - - - - - - - - - - - - - - - - - - - - - - - -
void RS23_IO(void)
{
if(Out1_waiting_G<Outl_written_G)// 有数据准备发送
  {
  SBUF1 = = Tran_buffer[Outles_written_G];
//从自定义缓冲区发送数据至硬件缓冲
Out1_written_G + + ;
}
Else   //没有数据准备发送
  {
  Out1_written_G = 0;
  Out1_waiting_G = 0; //复位缓冲区标志
  }
If(RI = = 1)   //接收标志位
{
  if(Inl_waiting_G = Outl_written_G) //是已经读取的数据
    {
    In1_waiting_G = 0;
    Inl_raed_G = 0;
    }
    Recv_buffer[lnl_waiting_G] = SBUF1; //从硬件缓冲区读取数据
  if(In1_waiting_G<RS232_RECV BUFFER //缓冲区没有溢出
    {
    In1_waiting_G + + ;
    }
    RI = 0; //清除 RI 标志
```

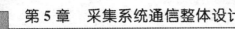

```
    }
  }
```

由集成芯片 MAX232 和 GPRS 无线通信模块发射进入公网连接 Internet,因特网通过电话线再连接到实现设定服务器或 PC 上。

5.3.5　采集系统无线通信设计

下位机采集站将采集到的信息以数据包的形式发送到 GPRS 无线通信模块,数据包在主机和 GPRS 服务器群中传送,使用的是基于 IP 的分组,即所有的数据报文都要基于 IP 包。但明文传送 IP 包不可取,故一般使用 PPP 协议进行传送。模块向网关发送 PPP 报文都会传送到 Internet 网中相应的地址,而从 Internet 传送过来的应答帧也同样会根据 IP 地址传送到 GPSR 模块,从而实现采集数据和 Internet 网络通过 GPRS 模块的透明传送。

要注意的是,GSM 网络无静态 IP 地址,故其他通信设备不能向它提出建立连接请求,监控中心必须拥有一个固定的 IP,以便监测终端可以在登录 GSM 网络后通过该 IP 找到监控中心。关于这一点很容易解决,只需在电信申请相应的服务就可以了。

GPRS 模块登录上 GSM 网络后,自动连接到数据中心,向数据中心报告其 IP 地址,并保持和维护数据链路的连接。GPRS 监测链路的连接情况一旦发生异常,GPRS 模块自动重新建立链路,数据中心和 GPRS 模块通过 IP 地址、UDP/IP 协议进行双向通信,实现透明的可靠数据传送。

监控中心的功能是实现 GPRS 信息的接收和保存。由于通过 GPRS,中心监控部分可以直接访问互联网,所以监控部分并不需要再设置 GPRS 模块。中心只需通过中心软件帧听网络,接收 GPRS 无线模块传来的 UDP 协议的 IP 包和发送上位机控制信息,以实现与 GPRS 终端的 IP 协议通信。接收到的信息要保存到中心的数据库中,以备查历史记录。数据库采用 Access,VC 编制的界面窗口通过 ADO 访问 Access 中的数据。需要说明的是,该系统是通过 Socket 接收网络终端信息的。

Socket 接口是 TCP/IP 网络的 API,Socket 接口定义了许多函数和例程,程序员可以利用它来开发 TCP/IP 网络上的应用程序。本设计中采用数据报文式的 Socket,它是一种无连接的 Socket,对应于无连接的 UDP 服务应用。

1. 串口(GPRS)初始化程序

```
void init_USART_A0( )
{
memset(GprsRXBuff.Data, 0x00, GPRS_RXBuff_Size);
    P3SEL = 0x30;                         // P3.4,5 为串口 TXD/RXD
    UCA0CTL1 |= UCSWRST;                  // 置位 MSP430 串口,传送控制寄存器 1
    UCA0CTL1 |= UCSSEL_2;                 // CLK = ACLK
```

```
    UCA0BR0 = 0x6d;          // 1MHz 115200（参见用户指南）
    UCA0BR1 = 0x00;          // 1MHz 115200（参见用户指南）
    UCA0MCTL = 0x44;         // 波特率发生器的时钟分频因子设置
  //UCA0MCTL | = UCBRS_1 + UCBRF_0;   // 调整 UCBRSx = 1，UCBRFx = 0
    UCA0CTL1 & = ～UCSWRST;   // 初始化 USCI - A0 控制寄存器 1
    UCA0IE | = UCRXIE;       // 开 USCI_A0 RX 中断程序
}
```

为了便于直观起见,画出框图如图 5 - 6、图 5 - 7 所示。

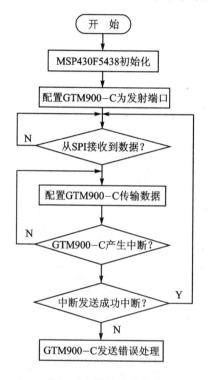

图 5 - 6　无线发送程序

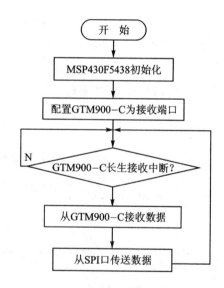

图 5 - 7　无线接收程序

2. 写一字符到串口 A0

```
void usci_a0_put_char(char tx_char)
{
    delay_ms(20);
    while (! (UCA0IFG&UCTXIFG));   // USCI_A0 TX 缓冲准备好了吗?
    UCA0TXBUF = tx_char;           //写一个字符到串口 A0
}
```

3. 写一字符串到串口 A0

```
void usci_a0_put_str(char * tx_buf)
```

```
{
 char data;
   int i;
     i = 0;
   while (tx_buf[i] ! = 0)
    {
   data = tx_buf[i];
   put_char_A0(data);
   i + + ;
    }
}
```

清除串口 A0 接受缓冲区

```
void clearGprsRXBuff( )
{
 memset(GprsRXBuff.Data, 0x00, GPRS_RXBuff_Size);
    GprsRXBuff.Mu = 0;
}
```

4. GPRS 命令返回检查

```
int GprsCheckReturn( )
{
    if( * strstr(GprsRXBuff.Data,"460") = = '4')
    {
    GprsResult = gprs_CIMI;
    return GprsResult;
    }
    if( * strstr(GprsRXBuff.Data," + CSQ:") = = '+')
    {
    GprsResult = gprs_CSQ;
    return GprsResult;
    }
    if( * strstr(GprsRXBuff.Data," + CREG:") = = '+')
    {
    GprsResult = gprs_CREG;
    return GprsResult;
    }
    if( * strstr(GprsRXBuff.Data," + CGREG:") = = '+')
    {
    GprsResult = gprs_CGREG;
    return GprsResult;
    }
```

```
if( * strstr(GprsRXBuff.Data," + CGDCONT:") = = ' + ')
{
GprsResult = gprs_CGDCONT_CHK;
return GprsResult;
}
if( * strstr(GprsRXBuff.Data," % ETCPIP:") = = ' % ')
{
GprsResult = gprs_ETCPIP_CHK;
return GprsResult;
}
if( * strstr(GprsRXBuff.Data,"MODE:") = = 'M')
{
  GprsResult = gprs_IOMODE_CHK;
return GprsResult;
}
if( * strstr(GprsRXBuff.Data," % IPOPEN:") = = ' % ')
{
GprsResult = gprs_IPOPEN_CHK;
return GprsResult;
}
if( * strstr(GprsRXBuff.Data," % IPSEND:") = = ' % ')
{
GprsResult = gprs_IPSEND;
return GprsResult;
}
if( * strstr(GprsRXBuff.Data,"CONNECT") = = 'C')
{
GprsResult = gprs_CONNECT;
return GprsResult;
}
if( * strstr(GprsRXBuff.Data," % DNSR:") = = ' % ')
{
GprsResult = gprs_DNSR;
return GprsResult;
}
if( * strstr(GprsRXBuff.Data,"DATA") = = 'D')
{
  GprsResult = gprs_IPDATA;
   return GprsResult;
}
if( * strstr(GprsRXBuff.Data,"ERROR") = = 'E')
{
```

```
GprsResult = gprs_ERROR;
 return GprsResult;
 }
 if( * strstr(GprsRXBuff.Data,"BUSY") = = 'B')
 {
GprsResult = gprs_BUSY;
return GprsResult;
 }
 if( * strstr(GprsRXBuff.Data,"NO CARRIER") = = 'N')
 {
GprsResult = gprs_NO_CARRIER;
 return GprsResult;
 }
 if( * strstr(GprsRXBuff.Data,"OK") = = 'O')
 {
GprsResult = gprs_OK;
return GprsResult;
 }
GprsResult = gprs_NULL;
 return GprsResult;
 }
```

UCA0IV,中断向量发生器

志置位,则在相应完第一个中断后马上就会产生下一个中断。

5. UART－A0 数据接收中断服务

＃pragma vector＝USCI_A0_VEUSCI 中断标志由不同优先级,这些中断标志都来源于一个中断向量。中断向量寄存器被用于决定哪一个中断标志请求了中断。使能的最高优先级中断在中断向量寄存器中产生一个数字,这个数字可以被计算或被加到程序计数器上以自动进入相应的软件例程。禁止的中断不影响 UCA0IV 值。

任何对 UCA0IV 寄存器的存取,读或写都能自动复位最高优先级的挂起中断标志。如果另外的中断标 CTOR。

```
__interrupt void USCI_A0_ISR(void)
{
  _DINT( );//关闭中断
 int str_x;
 unsigned char data;
 switch(__even_in_range(UCA0IV,4)) //USCI－A0 中断向量寄存器
  {
  case 0:break; // 0000H:没有中断挂起
  case 2:       // 0002H:数据接收
```

```
GprsRXBuff.Data[GprsRXBuff.Mu++] = UCA0RXBUF;
//usci_a1_put_char(0x01,UCA0RXBUF);
if(GprsRXBuff.Mu == GPRS_RXBuff_Size)
 {
memset(GprsRXBuff.Data, 0x00, 128);
GprsRXBuff.Mu = 0; //溢出重新开始
  }
 else
  {
if(GprsRXBuff.Data[GprsRXBuff.Mu-1] == 0x0a && GprsRXBuff.Mu>2)
 {
 hasGprsReturn = 1;
 }
 }
 break;
 case 4:break; // 0004H:发送缓冲空
 default: break;
 }
 _EINT();//打开中断
}
//chr(10) 0x0a  回车 <cr> '\r'
//chr(13) 0x0d  换行     '\n'
```

终端需要经由 GPRS 网络接入 Internet 网络与上位机进行通信。GPRS 网络在数据链路层采用 PPP 协议,利用 GPRS 业务传送数据,需要建立 PPP 链路。首先需要连接 GPRS 网络,然后通过 GPRS 网络与处在 Internet 网络的上位机建立 PPP 链路,从而实现双向数据通信。

5.3.6　无线通信模块工作原理

GPRS 网络是基于现有的 GSM 网络来实现的。在现有的 GSM 网络中需增加一些节点,如 GGSN(Gateway GPRS Supporting Node,GPRS 网关支持节点)和 SGSN(Serving GSN,GPRS 服务支持节点),GSN 是 GPRS 网络中最重要的网络节点。GSN 具有移动路由管理功能,它可以连接各种类型的数据网络,并可以连到 GPRS 寄存器。GSN 可以完成移动终端(即手机)和各种数据网络之间的数据传送和格式转换。GSN 可以是一种类似于路由器的独立设备,也可以与 GSM 中的 MSC(Mobile Switching Center,移动交换中心,将本网和其他网络连接起来)集成在一起。GSN 有两种类型:一种为 SGSN(Serving GSN,服务 GSN),另一种为 GGSN(Gateway GSN,网关 GSN),SGSN 的主要作用是记录移动终端的当前位置信息,并且在移动终端和 GGSN 之间完成移动分组数据的发送和接收。GGSN 主要是起网关作用,它可以和多种不同的数据网络连接,如 ISDN(综合业务数字网)、PSPDN(分组交换公用数据网)和 LAN(局域网)等。国外有些资料甚至将 GGSN 称为 GPRS 路由器。GGSN 可以把 GSM 网中的 GPRS 分组数据包进行协议转换,从而可以把这些分组数据包传送到远端的 TCP/IP 或 X.25 网络。

5.3.7　采集站与上位机数据通信机制

终端连接到 GPRS 网络时,首先进行附着(Attach),使得网络知道终端的出现,这样就可以通过 GPRS 网络接收信息。接着终端可以进行 PDP(Packet Data Protocol)报文激活,这是终端在接收和发送 GPRS 数据报文之前必需完成的。至此,终端就可以与 GPRS 网络交互数据了。与传统 GSM 业务相比,GPRS 终端能始终保持在线状态,当收到来自上层应用程序的数据时,能够立即启动分组传送。

1. GPRS 附着过程

GPRS 终端有空闲(Idle)、就绪(Ready)、待命(Standby)三种状态。GPRS 终端在没有附着到 GPRS 网络时处于空闲状态;终端正在进行数据传送时处于就绪状态;终端已完成 GPRS 连接,但没有传送数据时处于待命状态,这时 GPRS 终端可以通过激活 PDP 上下文转入就绪状态。

2. PDP 激活过程

用户使用 GPRS 数据业务以 PDP 报文为单位,定义了数据传送过程中的用户端地址、服务接入点、服务质量等重要参数。可以由 GPRS 终端发起 PDP 报文激活过程,通过 SGSN,GGSN 接入外部数据网,实现 IP 分组的传送。

当终端已经附着到 GPRS 网络并且有一个 PDP 报文激活时,终端便就可以在上下行链路接收或发送终端用户分组数据。分组数据由 SGSN 和 GGSN 给出正确的路由。在 GPRS 骨干网中,网络层使用 IP 协议,每个 SGSN 和 GGSN 都有一个内部 IP 地址用于骨干网内的通信。每一个 GPRS 终端在与外部数据网连接时,需要相应的 IP 地址。

因此终端必须具有 PPP 通信链路的建立与 IP 数据包的收发功能。由于终端操作系统选用 μC/OS-II,且 μC/OS-II 不具备通信功能,因此需要编写相应的程序实现 PPP 与 TCP/IP 的功能。终端与上位机间的用户数据传送处于应用层,由终端在数据发送前或接收后根据应用层协议对其进行处理。综上所述软件程序的通信功能,可划分为以下四个部分:通信链路建立;数据的发送;数据的接收;主站命令的处理。

通信链路的建立负责实现终端接入到 GPRS 网络并建立 PPP 双向数据链路;数据的发送和接收负责 PPP 数据包和 TCP/IP 数据包的管理;主站命令处理模块则对用户数据进行处理。以下分别对各个环节的具体实现进行步骤。

1. 通信链路建立

系统启动后首先进行系统参数的设置,然后驱动 GPRS 模块进行拨号连接。这两个步骤由初始化任务模块完成,如图5-8所示。系统的参数保存在固定的 Flash 储存单元上,在系统运行时定时更新,系统启动后需要将存储在 Flash 上的参数加载到程序中,然后进行拨号,成功后系统进入连接状态。在线为保证连接正常,初始化模块实时检测 GPRS 的通信状态。

为保证正常连接,初始化模块实时检验 GPRS 的通信状态。由于 GPRS 网络本身的原因,GPRS 终端不可避免地会发生意外断开与 GPRS 网络的连接。GT-900 模块的载波检测引脚 DCD 可以反映出 GPRS 的在线状况。当 GPRS 掉线时 DCD 引脚变为高电平。所以检测 DCD 的电平状况可以判断终端是否在线。当发生 GPRS 掉线时便进行模块重新拨号连接。这样便能保证终端能可靠地连接到 GPRS 网络上。

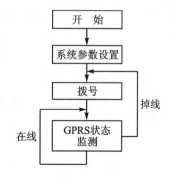

图5-8　初始化任务模块流程

2. 单片机控制通信模块初始化化源程序

通信模块初始化源程序

```
void load_rest( )
{
    memcpy(fm.NowID,"650300-12345\0",13);//[13]; //本机的 ID
    memcpy(fm.NowIp,"192.168.0.10\0",13); //设置的 IP 地址
    memcpy(fm.NowInte,"6\0",2);//时间间隔
    memcpy(fm.NowDomain,"gyxmdzkj.gicp.com\0",18);  //域名
    fm.NowIsUseDomain = '1'; //是否启用域名
    fm.NowNetType = '2'; //网络链接类型 1 局域 + 无线 2 局域 3 无线
    fm.NowEtherNettype = '0'; // 本地以太网类型 0-服务器  1-客户端
    fm.NowWlanNettype = '1'; //本地无线网 TCP 类型  0-间断连接  1-连续在线
    memcpy(fm.NowPort,"9000\0",4); //服务器端口
    memcpy(fm.NowPhone,"13988888888\0",12); //本机电话号码
    memcpy(fm.NowPowNum,"0000000000000000\0",17);
    memcpy(fm.NowDinNum,"0000000000000000\0",17);
    memcpy(fm.NowEtherNetIp,"192.168.0.30\0",13);  //设置的以太网 IP 地址
Source IP
    memcpy(fm.NowEtherNetMask,"255.255.255.0\0",14);  //设置的以太网子网掩码
        Subnet mask
    memcpy(fm.NowEtherNetGateway,"192.169.0.1\0",12); //设置的以太网网关 IP 地址
Gateway address
//  memcpy(fm.NowEtherNetHardware[gprsMaxLenIp];  //设置的以 MAC 地址
    Source hardware address
    memcpy(fm.NowEtherNetPort,"9595\0",5); //本地以太网 TCP/IP 端口
```

```
    WrMenString(sizeof(fm), 0x00,0x00, fm.NowID);
}
```

数据采集终端系统操作 GPRS 模块进行拨号以连接到 GPRS 网络上。程序需要操作 GTM－900 引擎模块,对 GTM－900 模块的操作可通过 AT 指令。在终端连接上 GPRS 网络后,程序开始建立 PPP 链路的协商。

PPP 协议的基本工作过程:

(1) 通信控制器向 GPRS Modem 发出一系列 LCP 配置信息包(封装成多个 PPP 帧),协商 PPP 参数。协商结束后进入鉴别状态－PAP。

(2) 若通信的双方鉴别身份成功,则进入网络状态——NCP。

(3) 开始配置网络层,NCP 给新接入网络的终端分配一个临时的 IP 地址,随后进入可进行数据通信的打开状态。

(4) 数据通信结束后,NCP 释放网络层连接,收回原来分配出去 IP 地址。接着 LCP 释放数据链路层连接,就转到终止状态。最后释放物理层连接,载波停止后则回到静止状态。

实现数据采集终端拨号连接的程序通过 GPl0 口给 GT－900C 模块的/EMER-GOFF 引脚一个大于 3s 的负脉冲,使模块关闭。然后通过/IGT 引脚对模块点火操作,点火成功后模块的 V_{DD} 引脚会出现高电平,通过判断 V_{DD} 引脚的电平判断 GPRS 模块是否启动成功。GPRS 模块启动后程序等待模块附着到 GSM 网络上,然后通过 AT 指令进行 GPRS 连接,程序通过检测模块返回的"Connect"字符串来判断是否连接上 GPRS 网络。连接成功后调用 PPP 连接子程序建立 PPP 链路。PPP 连接成功后 GPRS 拨号结束。

3. 数据发送与接收的具体实现

数据发送和数据接收由数据通信任务模块完成。在终端运行过程中需要发送的数据可由多种功能模块产生,所以建立一个由操作系统管理的数据发送队列。让其他功能模块将需要发送的数据加入到数据发送队列等待数据发送程序发送。数据发送程序则接收数据发送队列的数据,根据 PPP 协议将数据打包后通过 GTM900－C 模块发送。数据接收通过中断的方式实现。GTM900－C 模块在与 GPRS 网络建立起 PPP 链路后,GTM900－C 模块由 AT 指令状态变成数据通信状态,监控中心发送过来的数据将被模块通过串行口转发给 MSP430,MSP430 通过 UARTl 接口与 GTM900－C 模块通信,UARTl 将数据存放到其 FIF0 上,FIF0 队列满后模块会产生一个中断。中断程序读取 FIF0 上的数据到系统缓存后返回中断。接收程序判断缓存中是否有数据进一步将数据拆包处理。数据通信模块的程序流程如图 5－9 所示。数据接收中断程序流程如图 5－10 所示。

(1) 数据发送具体实现。数据发送队列上的数据是由主任务模块或主站命令处理模块的相应进程发送过来的。队列上的数据已经被上述进程经过了应用层的封装处理。数据需要进一步进行 UDP 数据包的封装,进而进行 IP 包的封装,最后进行 PPP 包的封装。

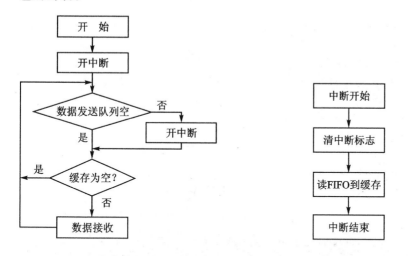

图 5-9　数据通信模块流程　　　　图 5-10　数据接收中断程序流程

GTM-900C 模块只能接受由 ASCII 字符代码组成的标准格式的 AT 指令。一行 AT 指令可以包含一条或者多条命令,这些命令必须由分隔符相隔,每个 AT 指令行不得超过 140 个字符。

每个 AT 命令行均以字符串"AT"为前缀,以回车符"<CR>"为后缀。命令行中各指令之间的分隔符可以为分号";"或者空格。命令行中的英文字母可以是大写格式,也可以是小写格式。

每当 GTM-900C 模块接收到指令时都会输出相关的响应信息,以显示指令的执行结果。响应信息由三部分组成:前缀、响应代码和后缀。其中,前缀和后缀一样,均为回车和换行符,即"<CR><LF>";不同指令在不同情况下的响应代码也不一样。

命令函数设调用 GPRS 模块的 AT 指令

```
void ActATOr(unsigned int curPort)
{
if(! IS_DEBUG)return; //不在调试状态,退出。
unsigned int max_tries = 5;
hasGprsReturn = 0;
//发送 AT 命令
send_at(UP_ActBuff[curActAddr].Data);
//等待返回值
do{
        mdelay (100); // wait 100 ms
        } while ( hasGprsReturn == 0 && (max_tries - - ) > 0);//处理返回结果
```

```
switch(GprsResult)
 {
case gprs_OK:
usci_a1_put_str(curPort,strstr(GprsRETBuff,"\r") + 1);
break;
case gprs_ERROR:
usci_a1_put_str(curPort,"Error\r\n");
break;
case gprs_BUSY:
usci_a1_put_str(curPort,"Busy\r\n");
break;
case gprs_NO_CARRIER:
usci_a1_put_str(curPort,"NO CARRIER\r\n");
break;
case gprs_CONNECT:
usci_a1_put_str(curPort,"Connect\r\n");
break;
default:
usci_a1_put_str(curPort,"at error\r\n");
break;
 }
}
void gprs_readdata( )
{
  int i,j,tmp_len,len;
unsigned char tmpData;
unsigned char O_buf[96];
unsigned char N_buf[46];
char * bp;
bp = strstr(GprsRETBuff,"DATA:46,");//读取数据缓存区内的数据
bp = bp + 9;
if(bp>0) //将缓冲区的十六进制数据转换成 UDP 数据            {
for(i = 0;i<92;i + +){
O_buf[i] = * bp;
bp + + ;
 }
O_buf[i + 1] = 0;
len = strlen(O_buf);
for(i = 0; i < len; i + +)
{
if ((O_buf[i] > = '0') && (O_buf[i] < = '9'))
{
```

```
            tmpData = O_buf[i] - '0';
         }
else
if((O_buf[i] >= 'A') && (O_buf[i] <= 'F'))  //将缓冲区的十六进制数据转换成 UDP 数据
         {
     tmpData = O_buf[i] - 0x37;
         }
         else
         if((O_buf[i] >= 'a') && (O_buf[i] <= 'f'))  //将缓冲区的十六进制数据转换成
                                                              UDP 数据
         {
     tmpData = O_buf[i] - 0x57;
         }
         else
         {
          break ;
         }
         O_buf[i] = tmpData;
         }
         for(tmp_len = 0,j = 0; j < i; j+ = 2)
         {
N_buf[tmp_len + + ] = (O_buf[j]<<4) | O_buf[j+1];  //加入数据结束标志位
         }
         //DW01000000 - 0000008888888800060010200 9 - 06 - 03
void net_load_comm( )
{
          char * bp;
          int i;
          bp = strstr(Rx_Buffer,"DW");
          if(bp! = NULL)
          {
          if(curAct == UP_MaxAct){nBeep + + ;return;}  //命令溢出
          if(bp == NULL)return;  //如果不是报文,退出
          for(i = 0;i<46;i+ + ){
          UP_ActBuff[curRXAddr].Data[i] = * bp;
          bp + + ;
          }
          UP_ActBuff[curRXAddr].Data[i+ + ] = 0x0a;
          UP_ActBuff[curRXAddr].Data[i+ + ] = 0x00;        //补结束符
          UP_ActBuff[curRXAddr + + ].Mu = 0x01;  //假定当前是口
          if(curRXAddr == UP_MaxAct)curRXAddr = 0;
          curAct + + ;
```

数据采集系统整体设计与开发

164

```
        }
      }
```

4. 主站命令处理

监控中心发送过来的命令数据包经由数据通信任务处理后还原成命令,放在在命令处理队列里面。主站命令处理模块的功能是将命令处理队列中的命令读过来。根据应用层协议进行筛选,判断是何种命令,然后转入相应的操作。主站命令处理模块的程序流程如图 5 – 11 所示。

通信模块部分程序

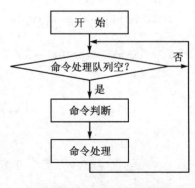

图 5 – 11　命令处理流程

```
void at_exe( )
{
 switch(exe_at.at_step)      //exe_at.now_at
 {
case 1://执行 at 设置命令发送
switch(exe_at.now_at)        //exe_at.now_at
{
case At_CIMI:      //获取国际移动用户识别码
strcpy(DEBUG_STR,"send_at->At_CIMI\r\n");
send_at("AT+CIMI\r\n");
exe_at.at_step = 2;
break;// 在 switch(开关语句)中在执行一条 case 后跳出语句的作用
case At_CSQ: //查询信号强度
strcpy(DEBUG_STR,"send_at->At_CSQ\r\n");
send_at("AT+CSQ\r\n");
exe_at.at_step = 2;// 将指令设为 2
break;
case At_CREG://网络注册状态
strcpy(DEBUG_STR,"send_at->AT+At_CREG\r\n");
send_at("AT+CREG? \r\n");
exe_at.at_step = 2;
break;
case At_CGDCONT:  设置 IP
strcpy(DEBUG_STR,"send_at->At_CGDCONT\r\n");
send_at("AT+CGDCONT=1,\"IP\",\"CMNET\"\r\n");
exe_at.at_step = 2;
break;
```

case At_CGDCONT_CHK:// 定义 PDP 上下文,使用设置命令,可为 PDP 上下文定义参数,该 PDP 上下文是由本地上下文标识参数<cid>标识的。该设置命令的特殊形式 + CGD-

CONT = <cid>将使上下文号码<cid>的取值成为未定义取值。

```
                strcpy(DEBUG_STR,"send_at->At_CGDCONT_CHK\r\n");
                send_at("AT + CGDCONT? \r\n");
                exe_at.at_step = 2;
                break;
                case At_ETCPIP://初始化指令,
                strcpy(DEBUG_STR,"send_at->At_ETCPIP\r\n");
                send_at("AT%ETCPIP\r\n");
                exe_at.at_step = 2;
```

说明:

在使用该命令前,一定要首先使用 + CGDCONT 命令,比如:AT + CGDCONT = 1,"IP","CMNET"。开机后确认模块搜网成功,即可使用该命令。

```
    break;
                case At_ETCPIP_CHK:
                strcpy(DEBUG_STR,"send_at->At_ETCPIP_CHK\r\n");
                send_at("AT%ETCPIP? \r\n");
                exe_at.at_step = 2;
                break;
                    case At_IOMODE://设置数据模式,该命令主要用来选择发送的数据是否
进行编码,也就是(HEX - ASCII)的转换 AT%IOMODE 操作命令语法
                strcpy(DEBUG_STR,"send_at->At_IOMODE\r\n");
                send_at("AT%IOMODE = 1,1,1\r\n");
                exe_at.at_step = 2;
```

说明:

当<n>为 0 的时候,模块不对发送、接收数据进行压缩转换,这个时候用户一定要确保输入的数据为可显字符且不能为分号(;)、引号(")。推荐使用模式 1,在《TCPIP AT 命令使用指导书》里面有相应的编解码 API 函数。当<n>为 1 的时候,模块对数据进行压缩转换。例如,当发送两个字符"1A"/"1a"——AT%IPSEND ="1A"/"1a"时,模块会自动将两个有效字符的 ASCII 码 0x31、0x41/0x31、0x61 压缩为一个字节 0x1A/0x1A 发送。<link_flag>为 1 的时候,使用 AT%IPOPEN,AT%IPSEND 命令;为 2 的时候,使用 AT%IPOPENX,AT%IPSENDX 命令。<buffer_flag>设置为 0 的时候打开接收缓存,默认不使用接收缓存。缓存最多支持 50 包,已存数据包所占总缓存最大为 10KB。打开接收缓存后,请配合使用%IPDR、%IPDQ、%IPDD、%IPDDMODE 命令。

```
    break;
```

```
case At_IOMODE_CHK:
strcpy(DEBUG_STR,"send_at->At_IOMODE_CHK\r\n");
send_at("AT % IOMODE? \r\n");
exe_at.at_step = 2;
break;
case At_IPOPEN:// 打开一条 TCP 或者 UDP 链接命令, 打开链接分为打开一条 TCP/UDP 链接
命令和打开一条或多条 TCP/UDP 链接两种处理,AT % IPOPEN 操作命令语法。
strcpy(DEBUG_STR,"send_at->At_IPOPEN\r\n");
send_at("AT % IPOPEN = \"TCP\",\"");
send_at(fm.NowIp);//send_at("218.84.76.215");
send_at("\",");
send_at(fm.NowPort);//send_at("9000");
send_at("\r\n");
exe_at.at_step = 2;
```

166

注意:

此命令不能在服务器监听状态时使用。若因网络或输人设置不正确造成建立连接不成功,则会自动重复尝试建立,直至 75 秒后返回错误信息。在此期间禁止后续 AT 操作。

```
break;
case At_IPOPEN_CHK:
strcpy(DEBUG_STR,"send_at->At_IPOPEN_CHK\r\n");
send_at("AT % IPOPEN? \r\n");
exe_at.at_step = 2;
break;
case At_IPSEND: //单链接模式下发送数据命令,单链接模式下发送数据到已经打开的 TCP/
UDP 链接
strcpy(DEBUG_STR,"send_at->At_IPSEND\r\n");
send_at("AT % IPSEND = \"");
send_str(pUsartSend);
send_at("\"\r\n");
exe_at.at_step = 2;
```

说明:

<tx_window>最大值为 16,表示可以连续发送 16 包数据到模块内部,进行压缩转换时一次发送的有效字符最多为 2048 个,不进行压缩转换时一次发送的有效字符最多为 1024 个;如果为延时发送,进行压缩转换时组包后发送的有效数据一次累积最多为 5600 个,不进行压缩转换时组包后发送的有效数据一次累积最多为 2800

个。发送一包数据后<tx_window>自动减 1。只有当数据被 TCP 连接方确认后，<tx_window>才能恢复。当<tx_window>为 0 的时候，有 ERROR 20 返回，这个时候必须暂停发送。

```
break;
case At_IPCLOSE1：//关闭链接指令,该命令用于实现关闭一条链接的功能
strcpy(DEBUG_STR,"send_at->At_IPCLOSE1\r\n");
send_at("AT%IPCLOSE=1\r\n");
exe_at.at_step=2;
break;
case At_IPCLOSE5：
strcpy(DEBUG_STR,"send_at->At_IPCLOSE5\r\n");
send_at("AT%IPCLOSE=5\r\n");
exe_at.at_step=2;
break;
case At_IPCLOSE_CHK：
strcpy(DEBUG_STR,"send_at->At_IPCLOSE_CHK\r\n");
send_at("AT%IPCLOSE? \r\n");
exe_at.at_step=2;
```

说明：

如果参数全部缺省，默认关闭链接 1，等同于 AT％IPCLOSE＝1。关闭一条 TCP 链接，最长需要等待 30 秒钟左右才会有 OK 返回。当使用 AT％IPCLOSE＝5 从 GPRS 网络注销前，建议先使用 AT％IPCLOSE＝1/2/3 关闭已建立的连接。

```
break;
case At_DNSR://域名解析命令,该命令用来解析域名对应的 IP 地址
strcpy(DEBUG_STR,"send_at->At_DNSR\r\n");
send_at("AT%DNSR=\"");
send_at(fm.NowDomain);//send_at("gyxmdzkj.gicp.net");
send_at("\"\r\n");
exe_at.at_step=2;
```

说明：

使用该命令前必须使用 AT％ETCPIP 完成 PDP 激活。该命令最长在 45 秒内返回结果。如果域名对应多个 IP 地址，只提交域名服务器返回的第一个 IP。

```
break;
```

```
            }
        if(IS_DEBUG == 1) usci_a1_put_str(0x01,DEBUG_STR);
            break;
    case 2://等待命令返回
        if(IS_DEBUG == 1)
        {
        usci_a1_put_str(0x01,"at_ret->");
        usci_a1_put_str(0x01,GprsRETBuff);
        }
        switch(exe_at.now_at) //exe_at.now_at
        {
        case At_CIMI:// 国际移动台标识
        if( * strstr(GprsRETBuff,"460") == '4')
        返回1. <IMSI> OK<IMSI> 460020828901928
        {
        strcpy(DEBUG_STR,"at_ret->At_CIMI TRUE\r\n");
        at_rtn_st[At_CIMI] = 1;
        exe_at.at_step = 0;
        }
        else
        if( * strstr(GprsRETBuff,"ERROR") == 'E')
            {//执行 返回2. ERROR/ + CME ERROR: <err>
        strcpy(DEBUG_STR,"at_ret->At_CIMI FALSE\r\n");
        at_rtn_st[At_CIMI] = 0;
        exe_at.at_step = 0;
        }
        else
    {
        exe_at.at_step = 1;
    }
        break;
        case At_CSQ:// 信号指令
        if( * strstr(GprsRETBuff," + CSQ:") == ' + ')
            {//执行 返回1.【 + CSQ: <rssi>,<ber> OK】
        strcpy(DEBUG_STR,"at_ret->At_CSQ TRUE\r\n");
            at_rtn_st[At_CSQ] = 1;// 将指令设为1
        exe_at.at_step = 0;
            }
            else
    if( * strstr(GprsRETBuff,"ERROR") == 'E')
            {//执行 返回2.【ERROR/ + CME ERROR: <err>】
        strcpy(DEBUG_STR,"at_ret->At_CSQ FALSE\r\n");
```

```
at_rtn_st[At_CSQ] = 0;
exe_at.at_step = 0;
 }
else
{
exe_at.at_step = 1;
  }
 break;
case At_CREG://  启用网络注册
if( * strstr(GprsRETBuff,"OK") == 'O')
    {//执行 返回 1.【OK】
strcpy(DEBUG_STR,"at_ret - >At_CREG TRUE\r\n");
 at_rtn_st[At_CREG] = 1;
 exe_at.at_step = 0;
 }
   else
   if( * strstr(GprsRETBuff,"ERROR") == 'E')
       {//执行 返回 2.【ERROR/ + CME ERROR: <err>】
   strcpy(DEBUG_STR,"at_ret - >At_CREG FALSE\r\n");
   at_rtn_st[At_CREG] = 0;
   exe_at.at_step = 0;
    }
   else
   if( * strstr(GprsRETBuff," + CREG:") == '+'|| strstr(GprsRETBuff,"OK") == 'O')
       {//查询 返回 1。【 + CREG: <n> ,<stat> OK 】
   if( * strstr(GprsRETBuff,",1") == ',')
   {
   strcpy(DEBUG_STR,"at_ret - >At_CREG TRUE\r\n");
at_rtn_st[At_CREG] = 1;
     }
   if( * strstr(GprsRETBuff,",5") == ',')
   {
   strcpy(DEBUG_STR,"at_ret - >At_CREG TRUE\r\n");
  at_rtn_st[At_CREG] = 1;
  }
  exe_at.at_step = 0;
  }
   else
   {
  exe_at.at_step = 1;
   }
   break;
```

采集器 C 语言 GPRS 通信模块 GTM900－C　AT 指令集如表 5-3 所列。

表 5-3　采集器 C 语言 GTM900－C　AT 指令集

指　令	应　答	参　数
At+CIMI	OK	
At+CSQ	OK，+CSQ：<rssi>，<ber>	
AT+CREG	OK　或 ERR	
AT+CGDCONT	OK	<cid> <PDP_type> <APN> <PDP_address> <d_comp><h_comp>
AT%ETCPIP	OK，error	
AT%IOMODE	OK	
AT%IPOPEN	OK ERROR	
AT%IPSEND	OK	
AT%IPCLOSE	OK	Para1:最大时间
AT%DNSR	OK	

AT 命令语法如下：

（1）方括号中的值为默认值。

（2）选配参数和必配参数必须按照规定的顺序排列，各参数间必须用逗号隔开。

举例：AT＋CPWD＝<fac>，<oldpwd>，<newpwd>

该命令用于为设备锁定＋CLCK 命令所定义的设备锁定功能设置新的密码。

（3）如果某参数是字符串（比如：<number>），该字符串必须放在双引号中。

例如：

"12345"．"cmnet"。双引号中的各项符号可看做是字符串。

（4）命令的可选子参数或 AT 返回结果的可选部分位于方括号中。

（5）不使用双引号时，字符串中各字符间的空格可忽略不计。

（6）实际使用中，<>，[]不必输入。

（7）所有 AT 命令本身不区分大小写，但其参数对大小写敏感。

5.3.8　网络通信设计思路

1. TCP/IP 原理

TCP/IP 中文译名为传输控制协议/因特网互联协议，又叫网络通信协议，这个协议是 Internet 最基本的协议、Internet 国际互联网络的基础，简单地说，就是由网络层的 IP 协议和传输层的 TCP 协议组成的。

TCP/IP 是一个两层的程序。高层为传输控制协议，它负责聚集信息或把文件拆分成更小的包。这些包通过网络传送到接收端的 TCP 层，接收端的 TCP 层把包还原为原始文件。低层是网际协议，它处理每个包的地址部分，使这些包正确地到达目的地。

2. TCP/IP 的通信协议

TCP/IP 协议是一组包括 TCP 协议和 IP 协议，UDP 协议、ICMP 协议和其他一些协议的协议组。TCP/IP 整体构架概述。

TCP/IP 协议采用了 4 层的层级结构，每一层都呼叫它的下一层所提供的网络来完成自己的需求。这 4 层分别为应用层、传输层、互连网络层、网络接口层（PC－网络层）。

3. TCP 连接建立

第 1 步，上位机向下位机发出请求，发送一个 SYN 段指明数据服务器打算连接的采集站的端口，以及初始序号。这个 SYN 段为报文段 1。即服务器使用×××192 的随机端口向 IP 地址：192.168.2.100 下位机的××23 端口发起一个 TCP 同步数据包请求建立 TCP 连接。这个数据包将 TCP 标记中的同步位置 1，表示这是 TCP 三次握手的第一个数据包。

第 2 步，下位机采集端发回包含采集端的初始序号的 SYN 报文段（报文段 2）作为应答。同时将确认序号设置为服务器的 ISN 加 1，以对服务器的 SYN 报文段进行确认。一个 SYN 将占用一个序号。192.168.2.100 下位机向上位机发送一个同步/确认数据包，此数据包同时将 TCP 标记中的同步位和确认位置 1，它既对第一步中的采集端同步数据包进行确认，表示愿意与服务端同步，同时再对服务端 PC 进行同步请求。

第 3 步，上位机必须将确认序号设置为采集的 ISN 加 1，以对服务器的 SYN 报文段进行确认，即服务器在收到 192.168.2.100 对它的同步请求后，再对 192.168.2.100 进行确认，此数据包中将 TCP 标记中的确认位置 1，表示这是一个确认数据包，此数据包发送后，下位机与上位机连接成功。

第 4 步，当采集端为建立连接而发送它的 SYN 时，它为连接选择一个初始序号。ISN 随时间而变化，因此每个连接都将具有不同的 ISN。ISN 可看作是一个 32bit 的计数器，每 4ms 加 1。这样选择序号的目的在于，防止在网络中被延迟的分组在以后又被传送，而导致某个连接的一方对它做错误的解释。既然一个 TCP 连接是全双工（即数据在两个方向上能同时传递），因此每个方向必须单独地进行关闭。这原则就是当一方完成它的数据发送任务后，就能发送一个 FIN 来终止这个方向连接。当一端收到一个 FIN，它必须通知应用层另一端几经终止了那个方向的数据传送。发送 FIN 通常是应用层进行关闭的结果。收到一个 FIN 只意味着在这一方向上没有数据流动。一个 TCP 连接在收到一个 FIN 后仍能发送数据。而这对利用半关闭的应用来说是可能的，尽管在实际应用中只有很少的 TCP 应用程序这样做。首先进行关闭的一方（即发送第一个 FIN）将执行主动关闭，而另一方（收到这个 FIN）执行被动关闭。

4. TCP 关闭过程

第 1 步,IP 地址:192.168.2.100 上位机向下位机发送一个终止数据包,此数据包同时将 TCP 标记中的终止位和确认位置 1,它告诉采集端 192.168.2.100 上位机已成功接收采集端的上一个数据包,并提示内容接收完毕,请求关闭这个 TCP 连接。

第 2 步,采集端收到 192.168.2.100 发给自己且带有终止位的数据包后,对其进行确认,并且表示同意关闭此 TCP 连接。

第 3 步,采集端在对 192.168.2.100 上位机 PC 的确认后,再向其发送一个终止 TCP 连接的请求,此请数据包将 TCP 标记中的确认位和终止位同时置 1,表示同意 192.168.2.100 关闭 TCP 连接的请求,且自己也把关闭此 TCP 连接的请求发给 192.168.2.100,并等待对方的确认。

第 4 步,192.168.2.100 上位机对采集端关闭 TCP 连接的请求进行确认,此数据包将 TCP 标记中的确认位置 1,表示同意采集端关闭 TCP 连接的请求。至此,此 TCP 连接正常关闭。

整个 TCP/IP 工作过程模型如图 5-12 所示。

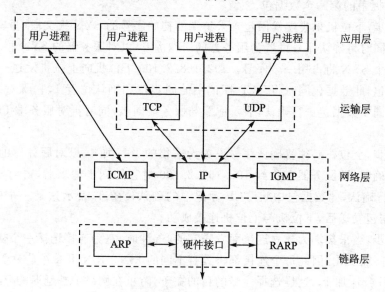

图 5-12　TCP/IP 工作模型

5.4　上位机通信程序设计

5.4.1　上位机串口通信编程方法的选择

上位机与单片机进行通信的程序编写可用 VB、VC、C++等语言。由于 VB 作为面向对象的编程工具不够完全,效率比 VC 低,提供的命令语言环境较弱,通过串口设备一次最多只能交换16B的数据,对较大数据量的传输存在很大的局限性,很难实现较为复杂的数据处理,VC6.0++是一种功能强大的面向对象的Windows编程开发平台。VC6.0的优点是界面简洁,占用资源少,操作方便。所以本设计采用VC作为串口编程工具。

随着Windows在国内的普及,越来越多的微机用户转向了Windows操作系统,所以在DOS环境下利用汇编语言和C语言对串口通信的编程方式已经不再被看好。在Windows操作系统下利用VC++6.0开发平台对串口通信上位机编程,其软件界面非常方便友好,编程工作量相对较小,只需进行主要应用功能的编程和少量界面控制的编程。

在Windows环境下,利用PC串口进行通信的常用方法有以下几种:一是利用Windows API通信函数;二是利用VC的标准通信函数_inp、_inpw、_inpd、_outp、_outpw、_outpd等直接对串口进行操作;三是使用Microsoft Visual C++的通信控件(MSComm);四是利用第三方编写的通信类[13]。本设计将介绍用PComm开发PC与单片机的通信程序的解决方案。

5.4.2 Pcomm主要命令码

PComm(Professional Comm Tool,PC)串口通信软件包专门运用Windows NT/2000/XP。如今WindowsNT/2000/XP已被广泛应用,而它提供的Win32Comm API却复杂难用,而且没有提供如Zmodem等高阶应用函数,这增加了通信软件工程师的负担。针对这种状况,MOXA开发了一套简单易用的程式函数库及功能强大的辅助工具——PComm。PComm Pro支持多种编程语言,如Visual Basic、VC++、Delphi等,并且适用于任何在Windows NT/2000/XP下以Win 32 COMMAPI为基础的驱动程式的其他品牌的多串口卡[14]。

PComm的主要命令码有以下几种:

(1) sioopen(port):用于设置并打开串口,其中port的1、2、3、4分别代表COM1、COM2、COM3、COM4。当返回值为0时,表示串口已经打开,否则为串口打开出错。

(2) sio close(port):关闭串口,当返回值为0时,表示串口已经关闭,否则为串口关闭出错。

(3) sio ioctl(port baud mode):用于设置串口波特率、校验位、数据位、停止位等参数。

(4) sio getch():从串口输入缓冲区读出一个字符,返回值为0表示已收到数据。

(5) sio-read(port buf len):用于从串口输入缓冲区读出一串字符,buf代表字符串数组len代表数组长度,返回值为0表示未收到字符,大于0代表收到字符的个数。

(6) sio-SetReadTimeouts port TotalTimeouts(Inter-valTimeouts);在设定

的等待时间内连续读串口输入缓冲区，TotalTimeouts 代表设定的等待时间，Inter-valTimeouts 代表每次读出的间隔时间。

（7）sio-flush(port func)；用于清空缓冲区。当 func 为 0 时清空输入缓冲区，为 1 时清空输出缓冲区，为 2 时清空输入输出缓冲区。

（8）sio-putch（port term）；用于向串口缓冲区发送一个字符，返回值为 0 时表示发送正确，否则表示发送错误。

（9）sio-write(port buf len)；用于从串口缓冲区发送一串字符，buf 代表字符串数组，len 代表数组长度。

5.4.3　上位机（网络）通信协议

网络协议是网络上所有设备（网络服务器、计算机及交换机、路由器、防火墙等）之间通信规则的集合，它定义了通信时信息必须采用的格式和这些格式的意义。在网络的各层中存在着许多协议，接收方和发送方同层的协议必须一致，否则一方将无法识别另一方发出的信息。网络协议使网络上各种设备能够相互交换信息。

TCP/IP 协议模型是一种简单实用的网络标准，它现在广泛的应用于 Internet 中以及局域网中，一般的操作系统到支持这种协议，分布式控制系统中的每台下位机均有唯一的地址。PC 发送数据时先发送被叫单片机地址，被叫单片机对地址进行判断，地址错误就不予理睬，地址正确则向上位机发送呼叫应答信号。PC 在接收到呼叫应答信号之后，将向单片机发出通信命令字符串。以下是上位机（PC）的通信协议格式，如表 5-4 所列。

表 5-4　上位机通信协议格式

单片机号	单片机号	命令码	命令码	停止标志

其中，单片机号代表现场第几台单片机，占用 1 字节，发送两次的目的是为了防止干扰；命令码则代表上位机向下位机发布的工作命令，它也占用 1 字节，发送两次的目的也是为了防止干扰。而停止标志则表明上位机一次命令发送完毕，使用时可依据该标志判断上位机的命令是否发送完毕。

5.5　采集板子通信程序设计

5.5.1　无线数传电台设计简述

1. 无线数传电台设计思想

结合采集系统需要、采集板可扩大采集害虫面积可采用无线数据传输为媒介的短波数据传输系统。项目采用 JRL-数字电台具有数字信号处理、纠错编码、软件无线电、数字调制解调和表面贴片等技术,具有高性能、高可靠及抗干扰能力强等特点,电台可提供标准 232 数据口可直接与计算机、RTU、PLC、GPS 接收机、数据终端等连接,传输速率达 19 200 bit/s,误码率低于 10^{-6}(接收电平-110 dBm 时),发射功率 0.5~5 W 可调节,可与任何型号电台可设置为主站或远端站使用,无中继通信距离达 50 km 以上,能适应室外的恶劣工作环境。可工作于单工、半双工、时分双工 TDD、全双工方式,收发同频或异频中转组网,并具有远程诊断、测试、监管功能,能满足采集站与子站之间的数据采集和控制。

2. 数传电台的技术指标

无线调制解调器的硬件系统以高速调制解调处理芯片为核心,加上通信控制 MCU 子系统、数据存储及控制、输入输出电路等组成:技术指标:

(1)数传电台的技术指标。频率范围:146~174 MHz、403~440 MHz、438~470 MHz、发射功率 1~25 W、接收灵敏度 0.3 μV、频道数 8(GM3188)、64(GM3688)、外型尺寸 44 mm×169 mm×118 mm。

(2)调制解调器的技术指标。串行口速率 9 600/4 800/2 400/1 200 bit/s、信道传输速率 4 800/2 400/1 200 bit/s、传输协议、全透明、调制方式 MSK、组网方式;广播、点对点、点对多点、工作方式;半双工、数话兼容、数据优先、发送方式;自动侦测数据接口,有数据时自动启动发射、误码率<10^{-6}@ -113 dBm @4 800 bps@ -116 dBm @2 400 bps@ -119 dBm @1 200 bps、数据方式;数据包交换、发射时延;100 ms/ 200 ms/ 300 ms/ 400 ms 可选、数据接口;EIA RS-485 / EIA RS-232C / TTL 可选、数据格式;1 位起始,1 位终止,8 位数据,无校验(8-N-1)、流控:软件流控或无流控、数据存储;内置 8 KB 数据存储器。

数传电台子软件模块与短波 Modem 通过串口以包的形式交换数据。数据分为两种类型:AT 指令帧和用户信息帧。短波 Modem 自动识别两种帧结构:对于 AT 指令帧,短波 Modem 执行相应的控制命令;对于用户数据信息帧,短波 Modem 自动转发到信道上。

短波 Modem 对计算机通过串口送来的用户信息数据采用透明方式,即不需了解用户数据的帧结构。短波 Modem 将芯片串口送来的数据流封装成数据包,再发送到信道上;接收端的短波 Modem 将接收到的数据包还原恢复后,将数据包从串口送出到上位机,从这个角度而言,数传电台子软件模块可以将无线建立的通信链路看成一根串行电缆。在点对点的通信方式中,发送端的短波 Modem 将通过芯片串口向高层通信软件报告发送结果,该结果被封装成帧结构,短波 Modem 根据芯片串口输出的数据帧长度自动打包,最大包长与信道速率有关。高层通信软件每次发送给短波 Modem 的数据帧不能超过最大包长。

在没有采用 GPRS 技术以前,与拉专线相比,数传电台安装较方便。在无线电管理不是十分严格的地方,数传电台频点的使用费十分少,而且通信距离相对较远,最远可达几十千米。虽然数传电台的通信速率不是很快,但是网络延迟少,实时性

数据采集系统整体设计与开发

较高,特别适合于需要及时进行远程控制的地方。系统中后台监控主站和负荷监控终端的通信一般采用点对点轮询的方式。

虽然数传电台和拉专线相比有较大的优势,但也有明显不足。数传电台的通信距离由其发射功率决定,因此对于通信范围要达几十千米的数传电台而言,其瞬间发射功率可达十几到几十瓦,这就对终端系统的电源提出了较高要求。从实际使用中来看,因为电源问题而造成负荷终端设备瘫痪的不在少数。从安装上讲,为了减少建筑、树木等对无线信号的影响,在终端的安装处往往需要架设十几米的发射天线,这在安装时是一个不小的工作量,而且,如此高的天线,对防雷击也提出了较高要求。此外,数传电台的传输距离受环境的影响较大,其平均通信距离往往达不到其设计最大值,对于较远的监控点往往需要架设中继站。由于数传电台只能支持点对点通信模式,因此无法支持主动报警操作,必须等到主站轮询到该终端后才能把报警数据上传。当一个主站下的监控终端点过多时,轮询一遍所花费的时间较长。除了上述技术方面的原因,无线频点费的增加、终端价格相对较高,也限制了数传电台的使用。

5.5.2　ZigBee 技术设计思路

1. ZigBee 技术设计思路

ZigBee 技术基于 IEEE 802.15.4 的无线通信协议,是一种适用于自动化系统与远程控制的无线通讯技术,具有成本低、功耗低、复杂度低、可靠性高、双向传输、组网灵活方便等特点。ZigBee 是一种新兴的短距离、低速率无线网络技术。

2. ZigBee 模块基本结构

采集板标准 RS232 接口与 ZigBee 采集扩展器连接,若干网络节点构成一个传感网络,无线传感器网络节点由数据采集模块(传感器、A/D 转换器)、数据处理模块(微处理器、存储器)、数据传输模块(无线收发器)和电源模块(电池、DC/DC 能量转换器)四部分组成。数据采集单元负责监测参数采集和数据转换,本设计中数据采集单元主要是湿度传感器;数据处理单元负责控制整个节点的处理操作、路由协议、同步定位、功耗管理、任务管理等;数据传输单元负责与其他节点进行无线通信,交换控制消息和收发采集数据;数据传输单元主要由相应的通信协议(主要是 MAC 协议)及低功耗、与 MSP430F5438 独立采集扩展器可用短距离的无线通信模块 CC2430 构成;包括电源部分主要给传感器模块、处理模块、无线通信模块供电。

同样采集板芯片固件程序由 C 语言编写子模块,主要包括数据采集和数据传递的程序。其包括初始化程序、网络的建立、数据采集、数据传送等。IAR 生成的目标代码分为调试版本(Debug)和发行版本(Release)两种,其中 Debug 目标代码的地址定义在 SRAM 中,将被下载到 SRAM 中执行;Release 目标代码的地址定义在 Flash 中,最终大部分在 Flash 中执行。

3. Zigbee 与现有数传电台的比较

（1）可靠性高：由于 Zigbee 模块的集成度远比一般数传电台高，分离元器件少，因而可靠性更高；

（2）使用方便安全：因为集成度高，比起一般数传电台来，Zigbee 收法模块体积可以做得很小，而且功耗低，例如上海数传信息科技有限公司远距离传输模块（2～5 km），最大发射电流比一个 CDMA 手机还要小许多，因而很容易集成或直接安放在到设备之中，不仅使用方便，而且在户外使用时，不容易受到破坏；

（3）抗干扰力强，保密性好，误码率低：Zigbee 收发模块使用的是 2.4G 直序扩频技术，比起一般 FSK，ASK 和跳频的数传电台来，具有更好的抗干扰能力和更远的传输距离；参阅我们网站中有关 CDMA 直序扩频技术的优越性讨论，有关实验报道。

（4）免费频段：Zigbee 使用的是免费频段，而许多数传电台所使用的频段不仅需要申请，而且每年都需要向国家无线电监测中心交纳一定的频率使用费。

（5）价格低：Zigbee 数传模块的价格只有具有类似功能的数传电台的几分之一；2.4 G，250 kbit/s，3～5 km 距离。

4. Zigbee 和现有移动网（GPRS，CDMA）的比较

（1）无网络使用费：使用移动网需要长期支付网络使用费，而且是按节点终端的数量计算的，而 Zigbee 没有这笔费用。

（2）设备投入低：使用移动网需要购买移动终端设备，每个终端的价格很高，而使用 Zigbee 网络，不仅 Zigbee 网络节点模块（相当于基站）费用每只人民币较低，而且，主要使用的网络子节点（相当于手机）的价格还要低得多。

（3）通信更可靠：由于现有移动网主要是为手机通信而设计的，尽管 CDMA－1X 和 GPRS 可以进行数据通信，但实践发现，不仅通信数率比设计速率低很多，而且数据通信的可靠信也存在一定的问题。而 Zigbee 网络则是专门为控制数据的传输而设计的，因而控制数据的传输具有相当的保证。

（4）高度的灵活性和低成本：首先，通过使用覆盖距离不同，功能不同的 Zigbee 网络节点，以及其他非 Zigbee 系统的低成本的无线收发模块，建立起一个 Zigbee 局部自动化控制网，（这个网络可以是星型，树状，网状及其共同组成的复合网结构）再通过互联网或移动网与远端的计算机相连，从而实现低成本、高效率的工业自动化遥测遥控。

（5）比起现有的移动网来，尽管 Zigbee 仅仅只是一个局域网，覆盖区域有限，但它却可以与现有的移动网、互联网和其他通信网络相连接，将许多 Zigbee 局域网相互连成为一个整体。有效地解决移动网的盲区覆盖问题：我们知道，现有移动网络在许多地方存在盲区，特别是铁路、公路、采集站、矿山等野外，更是如此。而增加一个移动基站或直放站的费用是相当可观的，此时使用 Zigbee 网络进行盲区覆盖不仅经济有效，而且往往是现在唯一可行的手段。

第 **6** 章

数据服务器软件设计

6.1　数据服务器开发任务

6.1.1　采集数据与网络连接

　　由采集器所采集数据经 MSP430 微控制器处理后,按照设定的 GPRS 通信方式打包发送到公网 Internet,再由网络通信协议栈 TCP/IP 和固定端口号进入服务器接口,并由 C++程序完成包文件数据解析,最后通过 ODBC/JDBC 数据库接口控件,将数据储存在指定地址,此过程也就是数据服务器工作任务,如图 6-1 所示。

6.1.2　数据解析方式

　　简单地说,解析是解调和译码的集合,译码是编码反过程。在嵌入式采集过程,编码将二进制转换成十进制或十六进制,译码是将十进制或十六进制转换成二进制,整个转换过程通过 C++程序算法实现。

6.1.3　采集数据与数据库连接

　　第一个问题是采集数据通过数据服务器进行译码,译码后的数据是我们需要的。就数据服务器本身而言,不具备数据存储功能,要求数据存储在数据仓库内,这和我们选择上位机开发所使用语言和数据服务器开发使用语言有关。一般来说,可以选择 ODBC/JDBC 中任意一种作为数据库接口控件,实现数据与数据库连接。

　　第二个问题也就是数据库语言应满足上位机和数据服务器语言兼容性,能否满足所存放的数据存取、触发、分析处理等过程,重点符合数据库脚本文件要求。

图 6-1　数据服务器工作流程

6.1.4　数据采集参数设置工具开发

采集板已经定型,很难满足不同用户要求,可以随机修改设置参数。不同的客户对采集时间要求不同,唯一能改变的参量 IP 地址、手机卡号、采集时间的设置,通过原代码进行修改比较麻烦,况且也容易出现差错,最好的办法是开发一个工具满足芯片软件和服务器软件参数设置。

6.2　TCP/IP 协议概述

TCP/IP 协议可划分为 4 个层次,它们与 OSI/RM 的对应关系表示在表 6-1 中。TCP/IP 协议是一个协议簇,由很多协议构成。这些协议都是为了完成某一任务而提出的,任务能够完成则协议也就确定下来了。随着功能的完善,任务自然也就越来越多,相关的协议自然也越来越多,最后形成了一个协议簇。既然这个协议簇是发展而来的,自然还会继续发展下去。

表 6-1　OSI/RM 与 TCP/IP 协议簇的比较

	OSI		TCP/IP
7	应用层		
6	表示层	4	应用层
5	会话层		
4	传输层	3	传输层
3	网络层	2	互连网络层
2	数据链路层		
1	物理层	1	网络接口层

TCP/IP 协议簇允许同层的协议实体间互相调用,从而完成复杂的控制功能,也允许上层过程直接调用不相邻的下层过程,甚至在有些高层协议中,控制信息和数据分别传送而不是共享同一协议数据单元。

TCP/IP 协议不包含具体的物理层和数据链路层协议,只定义了 TCP/IP 与各种物理网络之间的网络接口。这些物理网络可以是各种广域网,如 FR、ISDN 等,也可以是局域网,例如 Ethernet、Token Ring、FDDI 等 IEEE 定义的各种标准局域网。网络接口层定义了一种接口规范,任何物理网络只要按照这个接口规范开发网络接口驱动程序,都能够与 TCP/IP 协议集成起来。互连网络层提供了专门的协议来解决 IP 地址与网络物理地址的转换问题。

6.2.1　互连网络层

互连网络层包含有 4 个重要的协议,即 IP、ICMP、ARP 和 IGMP。互连网络层的主要功能是由 IP 协议提供的。互连网络层的另一个重要服务是在不同的网络之间建立互连网络。在互连网络中，使用路由器(在 TCP/IP 中，有时也称为网关)来连接各个网络，网间的分组通过路由器传送到另一个网络。

6.2.2　IP 协议

IP(Internet Protocol)是 TCP/IP 协议簇的核心协议之一，它提供了无连接的数据报传输和互连网的路由服务。IP 不保证传送的可靠性，在主机资源不足的情况下，它可能丢弃某些数据报，同时 IP 也不检查被数据链路层丢弃的数据报。

在传送时，高层协议将数据传给 IP，IP 将数据封装为 IP 数据报后通过网络接口发送出去。如果目的主机直接连在本地网中，则 IP 直接将数据报传送给本地网中的目的主机；如果目的主机是在远程网络上，IP 将数据报传送给本地路由器，由本地路由器将数据报传送给下一个路由器或目的主机。这样，一个 IP 数据报通过一组互连网络从一个 IP 实体传送到另一个 IP 实体，直至到达目的地。

在互连网体系结构中，每台主机(在 TCP/IP 中，端节点一般称为主机 Host)都要预先分配一个唯一的 32 位地址作为该主机的标识符，这个主机必须使用该地址进行所有通信活动，这个地址称为 IP 地址。IP 地址通常由网络标识和主机标识两部分组成，可标识一个互连网络中任何一个网络中的任何一台主机。

IP 地址是一种在互连网络层用来标识主机的逻辑地址。当数据报在物理网络传输时，还必须把 IP 地址转换成物理地址，由互连网络层的地址解析协议 ARP 提供这种地址映射服务。

1. IP 地址的格式与分类

IP 地址有二进制格式和十进制格式两种表示。十进制格式是由二进制翻译过去的，用十进制表示是为了便于使用和掌握。二进制的 IP 地址共有 32 位。例如：10000011 01101011 00000011 00011000。每八位一组可用一个十进制数表示，并用"."进行分隔，上例就变为 131.107.3.24。即点分十进制表示的方法是把整个地址划分为 4 字节，每个字节用一个十进制数表示，中间用圆点分隔。

IP 地址一般格式，其中，M 为地址类别号，net-id 为网络号(网络地址)，host-id 为主机号(主机地址)。地址类别不同，这三个参数在 32 位中所占的位数也不同。需要注意的是，IP 地址为两级结构，M 只是用来区分 IP 地址的类别。

IP 地址分为 5 类，有 A、B、C、D 和 E 五类 IP 地址格式，其中 A、B、C 三类是常用地址(可以分配给主机的)。

在 A 类地址中，M 字段占 1 位，即第 0 位为 0，表示是 A 类地址，第 1~7 位表示网络地址，第 8~31 位表示主机地址。它所能表示的范围为 0.0.0.0~127.255.255.255，即能表示 $2^7-2=126$ 个网络地址，$2^{24}-2=16777214$ 个主机地址(减 2 的原因是网络号全 1、全 0 的地址以及主机号全 1、全 0 的地址有特殊用途，不能分配)。A 类地址通常用于超大型网络的场合。

　　在 B 类地址中,M 字段占 2 位,即第 0、1 位为"10",表示是 B 类地址,第 2~15 位表示网络地址,第 16~31 位表示主机地址。它所能表示的范围为 128.0.0.0~191.255.255.255,即能表示 16382($2^{14}-2$)个网络地址,65534($2^{16}-2$)个主机地址。B 类地址通常用于大型网络的场合。

　　在 C 类地址中,M 字段占 3 位,即第 0、1、2 位为"110",表示是 C 类地址,第 3~23 位表示网络地址,第 24~31 位表示主机地址。它所表示的范围为 192.0.0.0~223.255.255.255,即能表示 2097150($2^{21}-2$)个网络地址,254($2^{8}-2$)个主机地址。

　　此外,还有 D 类和 E 类 IP 地址。前者是多播地址,后者是实验性地址。

　　在使用 IP 地址时,还要知道下列地址是保留作为特殊用途的,一般不使用。

　　(1) 全 0 的网络号,这表示"本网络"或"我不知道号码的这个网络"。

　　(2) 全 0 的主机号,这表示该 IP 地址就是网络的地址。

　　(3) 全 1 的主机号,表示广播地址,即对该网络上的所有主机进行广播。

　　(4) 全 0 的 IP 地址,即 0.0.0.0,表本网络上的本主机。

　　(5) 网络号码为 127.X.X.X.,这里 X 为 0~255 之间的整数。这样的网络号码用于本地软件进行回送测试(Loopback Test)。

　　(6) 全 1 地址 255.255.255.255,这表示"向我的网络上的所有主机广播"。

2. IP 协议

　　IPv4 协议的数据报格式表示在图 6-2 中,图上的数字的单位是位。前面 5 行为 20 字节的固定头部。其中的字段如下:

　　(1) 版本号(4 位):协议的版本号,固定为 4,IPv4 是现在的 Internet 所使用的 IP 协议。

　　(2) IHL(4 位):IP 头长度,以 32 位字计数,最小为 5,即 20 字节。

　　(3) 服务类型(8 位):用于区分不同的优先级(3 位),可靠性(1 位),延迟(1 位),吞吐率(1 位)和成本(1 位)的参数。还有 1 位保留。

　　(4) 总长度(16 位):包含 IP 头在内的数据单元的总长度(字节数)。

　　(5) 标识符(16 位):唯一标识数据报的标识符。

　　(6) 标志(3 位):包括三个标志,一个是 M 标志,用于分段和重装配;另一个是禁止分段标志,如果认为目标站不具备重装配能力,则可使这个标志置位,这时如果数据报要经过一个最大分组长度较小的网络时,就会被丢弃;还有一个标志当前还没有启用。

　　(7) 段偏置值(13 位):指明该段处于原来数据报中的位置。

　　(8) 生存期(8 位):用经过的路由器个数表示。

　　(9) 协议(8 位):指明所封装数据属于的协议(TCP、UDP、ICMP、IGMP、OS-PF 等)。

　　(10) 头校验和(16 位):对 IP 头的校验序列。在数据报传输过程中 IP 头中的某些字段可能改变(例如生存期,以及与分段有关的字段),所以校验和要在每一个经过的路由器中进行校验和重新计算。校验和是对IP头中的所有16位字进行1的补码相加，然后再对相加后的和取补得到的，计算时假定校验和字段本身为0。

0	4	8	16	17	18	19　24　31
版本号	IHL	服务类型	总长度			
标识符			0	D	M	段偏置值
生存期		协议	头校验和			
源 地 址						
目 的 地 址						
可选项+补丁						
用 户 数 据						

图6-2　IP数据报格式

(11) 源地址(32位)：源IP地址。

(12) 目的地址(32位)：目的IP地址。

(13) 可选项：用来提供多种选择性的服务。是头部的一部分，可变长。最大40字节。

(14) 补丁：补齐至32位的边界，保证头部是4字节的整数倍。

(15) 用户数据：以字节为单位的用户数据，和IP头加在一起长度不超过65535字节。

这些字段的值都是从服务原语的参数产生的。

3. IP协议的两个主要操作

1) 数据报生存期

如果使用了动态路由选择算法或者允许在数据报传送期间改变路由决定，则有可能造成回路。最坏的情况是数据报在网际中无休止地巡回，不能到达目的地并浪费大量的通信资源。

解决这个问题的简单办法是规定数据报有一定的生存期(TTL)，生存期的长短以它经过的路由器的多少计数。每经过一个路由器，TTL减1，TTL为0，数据报就被丢弃。

2) 分段和重装配

每个网络可能规定了不同的最大分组长度。当分组在互联网中传送时可能要进入一个最大分组长度较小的网络，这时需要对它进行分段，这又引出了新的问题：在哪里对它重装配？一种办法是在目的地进行装配。但这样只会把数据报越分越小，即使后续子网允许较大的分组通过，但由于途中的短报文(指由分段后形成的较短数据报)无法装配，从而使效率下降。

另外一种办法是允许中间的路由器进行组装，这种方法也有缺点。首先是路由器必须提供重装配缓冲区，并且要设法避免重装配死锁；其次是由一个数据报分出的小段都必须经过同一个出口路由器，才能进行组装，这就排除了使用动态路由选择算法的可能性。

　　关于分段和重装配问题的讨论还在继续,已经提出了各种各样的方案。下面介绍在 DOD(美国国防部)和 ISO IP 协议中使用的方法。这个方法有效地解决了以上提出的部分问题。

　　IP 协议使用了 4 个字段处理分段和重装配问题。一个是报文 ID(标识符)字段;第二个字段是数据长度,即字节数;第三个字段是偏置值,即分段在原来数据报中的位置,以 8 字节(64 位)的倍数计数;最后是 M 标志,表示是否为最后一个分段。

　　当一个站发出数据报时对长度字段的赋值等于整个数据字段的长度,偏置值为 0,M 标志置 False(用 0 表示)。如果一个 IP 模块要对该报文分段,则按以下步骤进行:

　　(1) 对数据块的分段必须在 64 位的边界上划分,因而除最后一段外,其他段长都是 64 位的整数倍。

　　(2) 对得到的每一分段都加上原来数据报的 IP 头,组成短报文。

　　(3) 每一个短报文的长度字段置为它包含的字节数。

　　(4) 第一个短报文的偏置值为 0,其他短报文的偏置值为它前边所有报文的数据部分长度之和(字节数)除以 8。

　　(5) 最后一个报文的 M 标志置为 0(False),其他报文的 M 标志置为 1(True)。

　　表 6 - 2 给出一个分段的例子。

表 6 - 2　数据报分段的例子

项　　目	长　　度	偏置值	M 标志
原来的数据部分	475	0	0
第一个分段	240	0	1
第二个分段	235	30	0

　　重装配的 IP 模块必须有足够大的缓冲区。整个重装配序列以偏置值为 0 的分段开始,以 M 标志为 0 的分段结束,全部由同一 ID 的报文组成。

　　数据报服务中可能发生有一个或多个分段不能到达重装配点的情况。为此,可以采用下面的对策应付这种意外(还有其他对策):在重装配点设置一个本地时钟,当第一个分段到达时,把时钟置为重装配周期值,然后递减,如果在时钟值减到零时,还没等齐所有的分段,则放弃重装配。

　　IP 协议提供无连接的数据报服务。主要的服务原语有两个:发送原语用于发送数据,提交原语用于通知用户某个数据单元已经来到。

6.2.3　ARP 协议

　　IP 地址是分配给主机的逻辑地址,这种逻辑地址在互联网络中表示一个唯一的主机。似乎有了 IP 地址就可以方便地访问某个子网中的某个主机,寻址问题就解决了。其实不然,还必须要考虑主机的物理地址问题。

由于互连的各个子网可能源于不同的组织,运行不同的协议(异构性),因而可能采用不同的编址方法。任何子网中的主机至少都有一个在子网内部唯一的地址,这种地址都是在子网建立时一次性指定的,一般是与网络硬件相关的。我们把这个地址叫做主机的物理地址或硬件地址,例如 MAC 地址。

物理地址和逻辑地址的区别可以从两个角度看:从网络互连的角度看,逻辑地址在整个互联网络中有效,而物理地址只是在子网内部有效;从网络协议分层的角度看,逻辑地址由互连网络层使用,而物理地址由介质访问子层使用。

由于有两种主机地址,因而需要一种映射关系把这两种地址对应起来。在 Internet 中是用地址解析协议 ARP(Address Resolution Protocol)来实现逻辑地址到物理地址的映射的。ARP 分组的各字段的含义解释如下:

(1) 硬件类型:网络接口硬件的类型,对以太网此值为 1。

(2) 协议类型:发送方使用的协议,00800H 表示 IP 协议。

(3) 硬件地址长度:对以太网,地址长度为 6 字节。

(4) 协议地址长度:对 IP 协议,地址长度为 4 字节。

(5) 操作:1—ARP 请求;2—ARP 响应。

通常 Internet 应用程序把要发送的报文交给 IP,IP 协议当然知道接收方的逻辑地址,但不一定知道接收方的物理地址。在把 IP 分组向下传给本地数据链路实体之前可以用两种方法得到目的物理地址:

(1) 查本地内存的 ARP 地址映射表,通常 ARP 地址映射表的逻辑结构如表 6-3 所列。可以看出这是 IP 地址和以太网地址的对照表。

(2) 如果地址映射表查不到,就广播一个 ARP 请求分组,这种分组可经过路由器进一步转发,到达所有连网的主机。它的含义是:"如果你的 IP 地址是这个分组的目的地址,请回答你的物理地址是什么"。收到该分组的主机一方面可以用分组中的两个源地址更新自己的 ARP 地址映射表,另一方面用自己的 IP 地址与目标 IP 地址字段比较,若相符则发回一个 ARP 响应分组,向发送方报告自己的硬件地址,若不相符则不予回答。

表 6-3　ARP 地址映射表示例

IP 地址	以太网地址
130.130.87.1	08 00 39 00 29 D4
129.129.52.3	08 00 5A 21 17 22
192.192.30.5	08 00 10 99 A1 44

所谓代理 ARP(Proxy ARP)就是路由器"假装"目的主机来回答 ARP 请求,所

以源主机必须先把数据帧发给路由器,再由路由器转发给目的主机。这种技术不需要配置默认网关,也不需要配置路由信息,就可以实现子网之间的通信。

如果路由器知道目的地址(172.14.20.200)在另外一个子网中,它就以自己的 MAC 地址回答主机 A,路由器发送的响应分组数据如表 6 - 4 所列。这个响应分组封装在以太帧中,以路由器的 MAC 地址为源地址,以主机 A 的 MAC 地址为目的地址,ARP 响应帧总是单播传送的。在接收到 ARP 响应后,主机 A 就更新它的 ARP 表,如表 6 - 5 所列。

从此以后主机 A 就把所有给主机 D(172.14.20.200)的分组发送给 MAC 地址为 00 - 00 - 0c - 94 - 63 - ab 的主机,这就是路由器的网卡地址。

表 6 - 4(a)　A 广播的 ARP 请求分组数据

00 - 00 - 0c - 94 - 63 - aa	172.14.10.100	00 - 00 - 00 - 00 - 00 - 00	172.14.20.200

表 6 - 4(b)　路由器发送的 ARP 响应分组数据

发送者的 MAC 地址	发送者的 IP 地址	目的 MAC 地址	目的 IP 地址
00 - 00 - 0c - 94 - 63 - ab	172.14.20.200	00 - 00 - 0c - 94 - 63 - aa	172.14.10.100

表 6 - 5　主机 A 更新的 ARP 表项

IP Address	MAC Address
172.14.20.200	00 - 00 - 0c - 94 - 63 - ab

通过这种方式,子网 A 中的 ARP 映射表都把路由器的 MAC 地址当作子网 B 中主机的 MAC 地址。多个 IP 地址被映射到一个 MAC 地址这一事实正是代理 ARP 的标志。

下位机与上位机数据通信过程如下:

(1)下位机通过 GPRS 通信方式所采集的信源传送到网络硬件接口上位机数据服务器我们设定的端口号和 IP 地址,路由器根据目的 IP 地址进行选择传输路径,转发 IP 数据报。IP 利用所需的应用层协议(FTP)将数据流传送给信源上的传输层。

(2)在传输层将应用层的数据流截成若干分组,加上 TCP 首部生成 TCP 段,送交网络层。

(3)网络层给 TCP 报文段封装上源、目的主机 IP 的 IP 首部生成 IP 数据报,送交链路层。

(4)信源的链路层封装上源、主机 MAC 帧的 MAC 帧头和帧尾,根据目的 MAC 地址,将 MAC 帧发往中间路由器。

(5)数据传送到信宿,链路层去掉 MAC 帧的 MAC 帧头和帧尾,送交信宿的网络层。

（6）信宿网络层检查 IP 数据报首部，如果与计算结果不一致则丢弃，一致则去掉 IP 首部送交信宿传输层。

（7）传输层检查 TCP 报文段的顺序号，若正确，则向信源发送确认信息。

（8）信宿传输层去掉 TCP 首部，将排好顺序的分组组成的应用数据流传给信宿上的相应程序。TCP/IP 协议工作流程如图 6-3 所示。

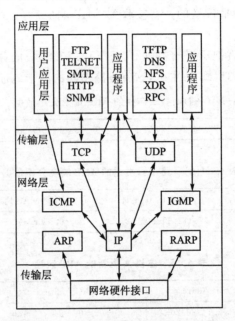

图 6-3　TCP/IP 协议工作流程示意图

注意：

（1）下位机发送方怎样知道上位机目的站是否和自己在同一个网络段？每个 IP 地址都有网络前缀，发送方只要将目的 IP 地址中的网络前缀提取出来，与自己的网络前缀比较，若匹配，则意味着数据报可以直接发送。也就是说比较二者的网络号是否相同。

（2）Switch1 收到数据并对数据帧进行校验后，查看目的 MAC 地址，得知数据是要发送给 PC 服务器端，所以 Switch1 就对数据帧进行存储转发，查看自己的 MAC 地址列表后，从端口中将数据转发给路由器的 S0 端口。

（3）Router 收到数据后，先对数据进行校验，然后对 IP 数据报进行分析，重新对数据进行封装，查看路由表后，从 S1 端口将数据发送出去，此时得到新的数据帧如下：

A02	A04	192.168.2.1	192.168.1.1	21	32768	DATA	帧尾	CRC
帧头		IP头		TCP头			帧尾	

（4）目的 IP 和源 IP 地址是不会被改变的，改变的是 MAC，路由器会把远端的源 MAC 地址改成下一跳的 MAC 地址，然后就发送出去。

（5）Switch2 接收到 Router 给它发送的数据后,进行校验后直接存储转发,查看自己的 MAC 地址列表后,将数据帧从端口 1 发送给 PC2 服务器端。

（6）PC2 服务器端收到数据后,先进行校验,然后进行拆分,得到 TCP 报文段,由此可以知道目的端口号是 21,然后把数据交付给相应的 FTP 应用进程进行处理。

6.3　采集系统报文格式总体说明

6.3.1　报文格式

发端用户发送数据不管长度如何,都把它作为一个逻辑单元。为了实现转发报文,在发送数据上加上目的、源地址、控制信息,按一定格式打包组成一个报文,所谓"报文"就是站点一次性要发送的数据块,其长度不限并且可变。一份报文应包括三部分:

（1）报头或标题。包括源站地址、目的站地址和其他辅助控制信息。

（2）报文正文。传输用户信息。

（3）报尾。表示报文结束标志,若报文长度有规定,则可不用结束标志。

报文格式:	报文号	目的地址	源地址	数据	校验

6.3.2　报文交换过程

报文交换原理——将数据信息封装成报文,报文中包含有控制信息和收端地址,各交换节点以存储—转发的方式进行数据交换。

（1）通信控制器探询各条输入用户线路,若某条用户线有报文输入,则向中央处理机发出中断请求,并逐字把报文送入内存储器。

（2）收到报文结束标志后,中央处理机对报文进行处理,如分析报头、判别和确定路由、登录输出排队表等。

（3）将报文转移致电外部大容量存储器,等待一条空闲输出线路。

（4）等到线路空闲,把报文从外存储器调入内存储器,经通信控制器向线路发出去。为了使重要的、急需的数据先传输,可对不同类型的信息流设置不同的优先等级,优先级高的报文排队等待时间短。采用优先等级方式也可在一定程度上支持交互通信,在通信高峰时也可把优先级低的报文送入外存排队,以减少由于过忙引起的阻塞。

6.3.3　编写说明

（1）该规范适用于采用以太网传输的装置和各种装换装置,采用串口方式传输的装置仍采用 IEC103 标准通信规范,其 APCI 由转换装置添加。

（2）通信以字节方式传输，字节顺序采用 LITTLE_ENDIAN 顺序。

（3）报文长度为源厂站号、源地址、目标厂站号、目标地址、报文类型、数据编号、4 个保留字节、报文体的自己长度之和，以二进制数表示。

（4）源厂站号和目标厂站号使用说明如下：

① 站内监控系统的源厂站号和目标厂站号均填零。

② 装置的源厂站号填零，目标厂站号对主动上送的报文填零，命令回答报文填下发命令的源厂站号。

③ 集控站监控系统、调度系统、远动机需完整填写源厂站号和目标厂站号。

（5）源地址和目标地址的使用说明：

① 源地址和目标地址指装置地址和各类监控机的地址。

② 对所有厂站广播的报文目标厂站号填 0xFFFF，对厂站内所有装置广播的报文目标地址填 0xFFFF。

③ 考虑大型变电站中一个字节的地址不够使用，采用以太网或现场总线的装置地址直接选用 16 位地址。地址范围必须为 0X0000H～0xFFFEH。

其中，0XFF00～0XFFFEH 归网络设备使用，0XFE00～0XFEFFH 归站级设备使用，其他设备不得占用。

④ 采用串口通信的装置仍采用传统的单字节地址（地址零保留），由转换装置将自己的地址或上装置地址，成为新的装置地址。转换装置自身地址的范围为 0x100h～0xFC00h，其中低位地址必须为 0。

⑤ 全站设备形成的 16 位地址必须唯一。

（6）报文类型如下：

① 报文类型指报文体内容的类型格式。

② 报文类型 0 表示报文体内容为 103 格式。

③ 报文类型 1 表示报文体内容心跳报文。

④ 报文类型 2 表示报文体内容后台监控的内部报文（非 103 报文）。

⑤ 报文类型 0xff 为请求重发报文。

（7）数据编号如下：

① 数据编号指所发送数据的编号。

② 数据编号的目的是为防止数据的丢失和保证接收数据的先后次序，如有数据丢失，重新申请该编号的数据。

③ 最高位为 1 的数据不需要考虑重新申请，数据标号范围为 0x8001－0xffff；最高位为 0 的数据报文需要考虑重新申请，其编号递增。发现数据丢失时需延时判别，重传次数为 3 次。

④ 报文类型为请求重发报文时，wSpecialData 为请求的数据编号。

（8）保留字节流做将来扩充使用，目前全填成 0xffff。

（9）对于发送通用服务总查询的设备，对每一个装置保留最近主动上送报文的

时间,如果总查询上送的报文时间小于该时间,则放弃。

(10) 各设备利用心跳报文判断通断情况,重新联通时报文的第一个编号有效(对重发或不重发报文都有效)。

6.3.4 报文格式说明

1. 下行数据报文

(1) 同步采集站日期

DW - 01

序　号	信息类别	长　度	struct {	{	备　注
1	帧头部(STX)	2	char STX[2];	{"DW"},	
2	帧类型	2	char Type[2];	{"01"},	
3	终端编号	12	char ID[12];	{""},	"350201 - 12345"
4	命令序列号	2	char Order[5];	{"00001"},	
5	帧长度(Len)	2	char Len[4];	{"0008"},	
6	命令内容	10	char Data[10];	{"2009-05-14"},	
7	帧结束(ETX)	3	char EXT[3];	{"\r\n\0"}	"\r\n\0"
			}DW_01=	}	

例子:

"DW01350201 - 1234505102009 - 05 - 15\n\r\0"

(2) 同步采集站时间

DW - 02

序　号	信息类别	长　度	struct {	{	备　注
1	帧头部(STX)	2	char STX[2];	{"DW"},	
2	帧类型	2	char Type[2];	{"02"},	
3	终端编号	12	char ID[12];	{""},	"350201-12345"
4	命令序列号	2	char Order[5];	{"00001"},	
5	帧长度(Len)	2	char Len[4];	{"0006"},	
6	命令内容	8	char Data[8];	{"18:00:00"},	
7	帧结束(ETX)	3	char EXT[3];	{"\r\n\0"}	"\r\n\0"
	帧长	31			

例子:

"DW02350201—12345050818:00:00\n\r\0"

(3) 设定服务器域名

DW-03

序 号	信息类别	长 度	struct {	{	备 注
1	帧头部(STX)	2	char STX[2];	{"DW"},	
2	帧类型	2	char Type[2];	{"03"},	
3	终端编号	12	char ID[12];	{""},	"350201-12345"
4	命令序列号	2	char Order[5];	{"00001"},	
5	帧长度(Len)	2	char Len[4];		
6	服务器域名	N	char Data[15];	{"www. XXX. com. cn"},	N = 4 ~23
7	帧结束(ETX)	3	char EXT[3];	{"\r\n\0"}	"\r\n\0"
	帧长	46	}DW_03=	}	

例子：

"DW03350201-123450514www. xjzxgz. com\n\r\0"

（4）设定服务器 IP

DW-04

序 号	信息类别	长 度	struct {	{	备 注
1	帧头部(STX)	2	char STX[2];	{"DW"},	
2	帧类型	2	char Type[2];	{"04"},	
3	终端编号	12	char ID[12];	{""},	"350201-12345"
4	命令序列号	2	char Order[5];	{"00001"},	
7	帧长度(Len)	2	char Len[4];		
8	IP 地址	15	char Data[15];	{"192.168.100.1"},	
9	帧结束(ETX)	3	char EXT[3];	{"\r\n\0"}	"\r\n\0"
	帧长	38			

例子：

"DW04350201-123450513192.168.100.1\n\r\0"

（5）设定启动域名解析

DW-05

序 号	信息类别	长 度	struct {	{	备 注
1	帧头部(STX)	2	char STX[2];	{"DW"},	
2	帧类型	2	char Type[2];	{"05"},	
3	终端编号	12	char ID[12];	{""},	"350201-12345"
4	命令序列号	2	char Order[5];	{"00001"},	
5	帧长度(Len)	2	char Len[4];	{"0001"},	

续表

序 号	信息类别	长 度	struct {	{	备 注
6	是否域名解析	1	char Data[1];	{"1"},	0:用 IP 地址 1:域名解析
7	帧结束(ETX)	3	char EXT[3];	{"\r\n\0"}	"\r\n\0"
	帧长	24			

例子：

"DW05350201－1234505011\n\r\0"

(6)设定服务器端口号

DW－06

序 号	信息类别	长 度	struct {	{	备 注
1	帧头部(STX)	2	char STX[2];	{"DW"},	
2	帧类型	2	char Type[2];	{"06"},	
3	终端编号	12	char ID[12];	{""},	"350201－12345"
4	命令序列号	2	char Order[5];	{"00001"},	
5	帧长度(Len)	2	char Len[4];		
6	端口号	5	char Data[5];		1～65535
7	帧结束(ETX)	3	char EXT[3];	{"\r\n\0"}	"\r\n\0"
	帧长	28			

例子：

DW07350201－12345 05 05 80800\n\r\0"

(7)设定采集站编号

DW－08

序 号	信息类别	长 度	struct {	{	备 注
1	帧头部(STX)	2	char STX[2];	{"DW"},	
2	帧类型	2	char Type[2];	{"08"},	
3	终端编号	12	char ID[12];	{""},	"350201－12345"
4	命令序列号	2	char Order[5];	{"01"},	
5	帧长度(Len)	2	char Len[4];		N
6	命令内容	12	char Data[12];		
7	帧结束(ETX)	3	char EXT[3];	{"\r\n\0"}	"\r\n\0"
	帧长	35			

例子：

"DW08350201－123450512350201－00001\n\r\0"

（8）设定采集任务时间间隔

DW－09

序　号	信息类别	长　度	struct {	{	备　注
1	帧头部(STX)	2	char STX[2];	{"DW"},	
2	帧类型	2	char Type[2];	{"09"},	
3	终端编号	12	char ID[12];	{""},	"350201－12345"
4	命令序列号	2	char Order[5];	{"00001"},	
5	帧长度(Len)	2	char Len[4];		N
6	时间间隔	4	char Data[N];		0～9999
7	帧结束(ETX)	3	char EXT[3];	{"\r\n\0"}	"\r\n\0"
	帧长	27			

例子：

"DW09　350201－12345 05 04 0004\n\r\0"

```
//采集站链接后传输数据被接收到处理
void __fastcall Tcjfw_main::ClientSocket1Read(TObject * Sender,
    TCustomWinSocket * Socket)
{
/ *
String ls_str;
Socket－＞ReceiveBuf(&net_read_inf,sizeof(net_read_inf));
if(net_read_inf.Send_SubType == 11)   //报警信息
{
  Application－＞Restore(); //由最小化窗体恢复窗体
  StatusBar1－＞Panels－＞Items[1]－＞Text = "接收到报警信息!!";
 bj_cl(net_read_inf.send_IP,net_read_inf.send_info_name,net_read_inf.send_info_
bjzdbh,net_read_inf.send_info,net_read_inf.send_info_text);
  Beep(2000,200);
}
if(net_read_inf.Send_SubType == 12) //要求工作站关机
{
}
if(net_read_inf.Send_SubType == 13) //心跳查询
{
StrCopy(net_write_inf.send_info_text,"返回心跳");
net_write_inf.Send_SubType = 23;     //31－登录,41－对 31 的回复
StrCopy(net_write_inf.send_IP,loca_host_info.loca_IP.c_str());
```

```
ClientSocket1->Socket->SendBuf(&net_write_inf,sizeof(net_write_inf));
StatusBar1->Panels->Items[1]->Text="返回心跳….. ";
}
if(net_read_inf.Send_SubType==14)  //要求工作站重启
{
}
if(net_read_inf.Send_SubType==15)  //消息通知
{
        Application->Restore( );  //由最小化窗体恢复窗体
StatusBar1->Panels->Items[1]->Text=net_read_inf.send_info_text;
Beep(4000,500);
}
if(net_read_inf.Send_SubType==41)  //登录返回信息
{
ls_str=net_read_inf.send_info_text;
if(ls_str! ="NotLogin")
{
sql_link_str=net_read_inf.send_info_text;
link_server_type=3;
old_link_server_type=1;
StatusBar1->Panels->Items[1]->Text="网络连接正常!!";
  }
  else
 {
 link_server_type=1;
 old_link_server_type=0;
 StatusBar1->Panels->Items[1]->Text="网络连接被拒绝!!";
}
}
if(net_read_inf.Send_SubType==43)  //服务器收到报警处理信息反馈
{
    sql_link_str=net_read_inf.send_info_text;
     StatusBar1->Panels->Items[1]->Text=net_read_inf.send_info_text;
}
    */
}
//采集站链接后传输数据被接收到处理——结束
//- - - - - - - - - - - - - - - - - - - - - - - - - - - - - - - -
……
```

接收到采集站数据后,依照报文协议的标准对接收到的数据进行解析,并将解析后的数据进行数据库存储,同时将采集到的数据进行显示(测试框并显示状态)并转发,如果对于超出预定值的数据,则产生相关的报警信息。

......

```
void __fastcall Tcjfw_main::SerSoc2Timer(TObject * Sender)
{//报警伺服器和报警终端服务
Word yy,mm,dd,HH,MM,SS,MMSS;
//定义相关解析变量
int ls_bjzd_id,di[16],ai[12],dzh;
String ch_lj1,ch_lj2,jyl_lj,s_sbid;
double i,v,m,n,o,b;
String ret_value;
int wz;
double bord_temp,zf,ls_data,TMP,HUM,ls_tmp;
char s1[4],s2,s3,s4,s5,s6,s7,s8,data;
* * * * * 协议格式 * * * * * * * * * * * * * *
char STX[4];
char Type[4];
char ID[14];
char Order[7];
char Date[12];
char Time[10];
char Len[6];
char Data[128];
* * * * * 协议格式 * * * * * * * * * * * * * *
String  r_str,rm_add,show_str,ls_str;
int ls_num,len;
int now_id;
unsigned char data_ls[4];
int len_ls;
TDateTime  ls_time,ls_time1,ls_time2,ls_time3,ls_time4,ls_time5;
ls_time1 = Now( );
bool sf_cc;
String d_id = ID;
String ls_kq;
String ls_usrno;
String ls_yjkg;
String ls_yjid;
int ls_yj1;
int ls_yj2;
int ls_yj3;
int ls_yj4;
int hcsl = 0;
String sms1,sms2,sms3;
String phone1,phone2,phone3;
```

```
//ls_time = StrToDate("2009 - 06 - 20");
//ls_time = ls_time + StrToTime("12:07:11");
work_step = 100;//2 - 报警伺服器服务读数据
if(start_st = = true && cjz_data_num > = 0)
{
SerSoc2 - >Enabled = false;
switch(cjz_sersoc_date[0].SerSoc_break_type)
  {
case 1: //采集站连接本服务器(登录状况)
StatusBar1 - >Panels - >Items[1] - >Text = "采集站
   IP:" + cjz_sersoc_date[0].sersoc_rmadd + ":" + IntToStr(cjz_sersoc_date[0].sersoc_
rmport) + "已经登录!";
   show_str = ls_time1.DateTimeString( ) + "收到采集站
   (IP:" + cjz_sersoc_date[0].sersoc_rmadd + ":" + IntToStr(cjz_sersoc_date[0].sersoc_
rmport) + ") 登录信息!";
   RichEdit1 - >Lines - >Add(show_str) ;
   if(cjz_sersoc_date[0].sersoc_out_time = = 100)
     {
   StatusBar1 - >Panels - >Items[1] - >Text = "采集站
   IP:" + cjz_sersoc_date[0].sersoc_rmadd + ":" + IntToStr(cjz_sersoc_date[0].sersoc_
rmport) + "已经登录!";
     }
   for(int k = 0;k<cjz_data_num;k + + )
   {
    cjz_sersoc_date[k].sersoc_rmadd = cjz_sersoc_date[k + 1].sersoc_rmadd;
   cjz_sersoc_date[k].sersoc_rmport = cjz_sersoc_date[k + 1].sersoc_rmport;
   cjz_sersoc_date[k].SerSoc_break_type = cjz_sersoc_date[k + 1].SerSoc_break_type;
   for(int s = 0;s<2;s + + )
   {
   cjz_sersoc_date[k].sersoc_date_inf.STX[s] = cjz_sersoc_date[k + 1].sersoc_date_inf.
STX[s];
   }
   for(int s = 0;s<2;s + + )
   {
    cjz_sersoc_date[k].sersoc_date_inf.Type[s] = cjz_sersoc_date[k + 1].sersoc_date_
inf.Type[s];
   }
   for(int s = 0;s<12;s + + )
   {
   cjz_sersoc_date[k].sersoc_date_inf.ID[s] = cjz_sersoc_date[k + 1].sersoc_date_inf.
ID[s];
   }
```

```
for(int s = 0;s<5;s + +)
 {
cjz_sersoc_date[k]. sersoc_date_inf. Order[s] = cjz_sersoc_date[k + 1]. sersoc_date_
inf. Order[s];
 }
 for(int s = 0;s<8;s + +)
 {
cjz_sersoc_date[k]. sersoc_date_inf. Time[s] = cjz_sersoc_date[k + 1]. sersoc_date_
inf. Time[s];
  }
 for(int s = 0;s<4;s + +)
  {
cjz_sersoc_date[k]. sersoc_date_inf. Len[s] = cjz_sersoc_date[k + 1]. sersoc_date_
inf. Len[s];
  }
 for(int s = 0;s<128;s + +)
  {
cjz_sersoc_date[k]. sersoc_date_inf. Data[s] = cjz_sersoc_date[k + 1]. sersoc_date_
inf. Data[s];
  }
 }
cjz_data_num - - ;
if(cjz_data_num< - 1) cjz_data_num = - 1;
break;
 case 2：//服务器接收到采集站数据
for(int i = 0;i<2;i + +)
 {
STX[i] = cjz_sersoc_date[cjz_data_num]. sersoc_date_inf. STX[i];
 }
 STX[2] = 0;//解析协议头 UP - 上传(PC←采集器)　DW - 下传(PC→采集器)
 if(STX[0] = = 'U' && STX[1] = = 'P')
 {
for(int i = 0;i<2;i + +)
 {
 Type[i] = cjz_sersoc_date[cjz_data_num]. sersoc_date_inf. Type[i];
  }
 Type[2] = 0;
 for(int i = 0;i<12;i + +) //解析类型
 {
 ID[i] = cjz_sersoc_date[cjz_data_num]. sersoc_date_inf. ID[i];
  }
 ID[12] = 0;
```

```
for(int i = 0;i<5;i + +) //解析采集器 ID
{
 Order[i] = cjz_sersoc_date[cjz_data_num].sersoc_date_inf.Order[i];
 }
 Order[5] = 0;
 for(int i = 0;i<10;i + +) //解析序列号
 {
  Date[i] = cjz_sersoc_date[cjz_data_num].sersoc_date_inf.Date[i];
  }
  Date[10] = 0; //解析采集日期
  try
  {
  ls_time = StrToDate(Date);
  }
  catch ( ... )
  {
  ls_time = Now( );
  }
  for(int i = 0;i<8;i + +) //解析采集时间
  {
  Time[i] = cjz_sersoc_date[cjz_data_num].sersoc_date_inf.Time[i];
  }
  Time[8] = 0;
  try
  {
  ls_time = ls_time + StrToTime(Time);
  }
catch ( ... )
  {
ls_time = Now( );
  }
  for(int i = 0;i<4;i + +) //解析上传数据的长度
  {
Len[i] = cjz_sersoc_date[cjz_data_num].sersoc_date_inf.Len[i];
}
  Len[4] = 0;
 int int_len;
int_len = (Len[0] − 48) * 1000 + (Len[1] − 48) * 100 + (Len[2] − 48) * 10 + (Len[3] − 48);
 for(int i = 0;i<int_len;i + +)//解析采集到的数据
  {
  Data[i] = cjz_sersoc_date[cjz_data_num].sersoc_date_inf.Data[i];
  }
```

```
Data[int_len] = 0;
char ls_char[4];// ls_time = StrToDate(Date);
                 // ls_time = ls_time + StrToTime(Time);
if(Type[0] == '0' && Type[1] == '1'){//登录注册信息
ls_time1 = Now( );
show_str = ls_time1.DateTimeString( ) + "收到采集站
(IP:" + cjz_sersoc_date[0].sersoc_rmadd + ":" + IntToStr(cjz_sersoc_date[0].sersoc_
rmport) + ") 注册信息!";
RichEdit1 - >Lines - >Add(show_str);
                         }
  if(Type[0] == '0' && Type[1] == '2')
  {//采集数据
  for(int m = 0;m<5000;m + +)
  {
  ls_str = ID;
  ls_str = ls_str.Trim( );
  if(cjz_login[m].CJZ_ID == ls_str)
  {
  cjz_login[m].CJZ_IP = cjz_sersoc_date[0].sersoc_rmadd;//远程 IP 地址
cjz_login[m].CJZ_PORT = cjz_sersoc_date[0].sersoc_rmport;
  break;
  }
  if(cjz_login[m].CJZ_ID == "")
  {
  cjz_login[m].CJZ_ID = ls_str;
cjz_login[m].CJZ_IP = cjz_sersoc_date[0].sersoc_rmadd;//远程 IP 地址
cjz_login[m].CJZ_PORT = cjz_sersoc_date[0].sersoc_rmport;
  break;
  }
  }
  for(int j = 0;j<29;j + +)
  {
  for(int k = 0;k<4;k + +)
  {
  ls_char[k] = Data[j * 4 + k];
  }
  if(j<16)
  {
di[j] = (ls_char[0] - 48) * 1000 + (ls_char[1] - 48) * 100 + (ls_char[2] - 48) * 10 + (ls
_char[3] - 48);//计算虫情1
  }
  if(j> = 16 && j<28)
```

```
        {
    ai[j-16] = (ls_char[0]-48)*1000 + (ls_char[1]-48)*100 + (ls_char[2]-48)*10
+ (ls_char[3]-48);//计算虫情2
        }
        if(j>= 28)
        {
        dzh = (ls_char[0]-48)*1000 + (ls_char[1]-48)*100 + (ls_char[2]-48)*10
+ (ls_char[3]-48);//计算雨量
        }
        }
        bord_temp = 0;
        int m_ls = 0;
        int zs_ls = 0;
        if(Data[116] == '-') zf = -1;
        else          zf = 1;
    bord_temp = (Data[117]-48)*10 + (Data[118]-48) + (Data[120]-48)*0.1 + (Data
[121]-48)*0.01;//计算采集器内温度
        bord_temp = bord_temp * zf;
        TLocateOptions Opts;
        Opts.Clear();
        //Variant locvalues = Variant(d_id);        //查找用的字段内容
        Variant locvalues = Variant(ID);         //查找用的字段内容
        sf_cc = DM->T_sbazmx->Locate("sbid",locvalues,Opts);    //如果上次记录
有此用户则取,否则到首入住中去取
        ls_kq = "N";
        if(sf_cc == true)
         {
        String ls_id = DM->T_sbazmx->FieldByName("sbid")->AsString;
        s_sbid = DM->T_sbazmx->FieldByName("sbid")->AsString;
        ls_kq = DM->T_sbazmx->FieldByName("kaiguan")->AsString;
        ls_usrno = DM->T_sbazmx->FieldByName("userno")->AsString;
        }
    //预警数据信息处理(取设定的预警范围)
        if(ls_kq == "Y" || ls_kq == "y")//判断该数据是否有效
        {
        TLocateOptions Opts;
        Opts.Clear();
        Variant locvalues = Variant(ID);        //查找用的字段内容
        sf_cc = DM->T_yjsz->Locate("sbid",locvalues,Opts); //是否存在此设备 ID,如
果存在则查询预警信息
        ls_kq = "N";
        if(sf_cc == true)
         {
```

6.4　数据管理工具设计思路

1. 参数设置工具设计思想

为了满足不同用户的需求,便于采集参数的修改,在数据服务器端都设有参数设置工具,重新设定 IP 地址、端口号、采样间隔时间以及传感器报警上限或下限值。一般来说,固定 IP 地址由当地部门分配获取,采集间隔时间设置分别为 15min、30min、60min 系统参数设置,传感器控制参数设置土壤水分、空气温湿度、虫情数量预警值。在具体设置过程中,各自的参数范围不同,根据系统的要求可以改变设定相应参数。

2. 参数设置工具开发简述

本工具通过 VC++6.0 提供的 MSComm 控件,对串口端口进行发送及接收数据。在当前的对话框中插入一个 MSComm 控件,然后在 ClassWizard 中为新创建的通信控件定义一个成员对象(CMSComm m_Com),接下来只需要通过该成员对象即可设置 MSComm 控件的相关属性。MSComm 控件提供了很多属性,通常我们只需要设置几个常用的属性,即初始化串口,然后需要打开串口。

3. 虫情采集服务器软件使用方法

(1) 打开虫情服务器运行程序 cqcjfwxt.exe 文件(图 6-4),弹出"数据库服务器系统设置"对话框(图 6-5、图 6-6)。

图 6-4　虫情服务器运行程序 cqcjfwxt.exe 文件截图

这时要操作的是:单击"刷新列表"按钮——程序会采集寻找到装有数据库的主机。

这时白色的对话框上面会列出服务器名称,如图 6-6 所示。

注释:1. 数据库服务器是 PC 上的所安装的数据库 SQL server。

　　2. "数据库参数设定"栏目中有两个选项:

(1) 使用 windowsNT 集成安全设置,统一了整个网络域的管理,相当于总服务器。

(2) 使用 SQLServer 用户名称及密码。单个 PC 对数据库的服务器的登录。用户名:sa　密码:1111。单击按钮"测试保存"。

(3) 在"虫情服务器参数设定"栏目中有四个选择框:"首级"、"中间级"、"末级"、"独立级"。选择"首级域名",它是最高一级的域名,只接收下面服务器给它的数据。

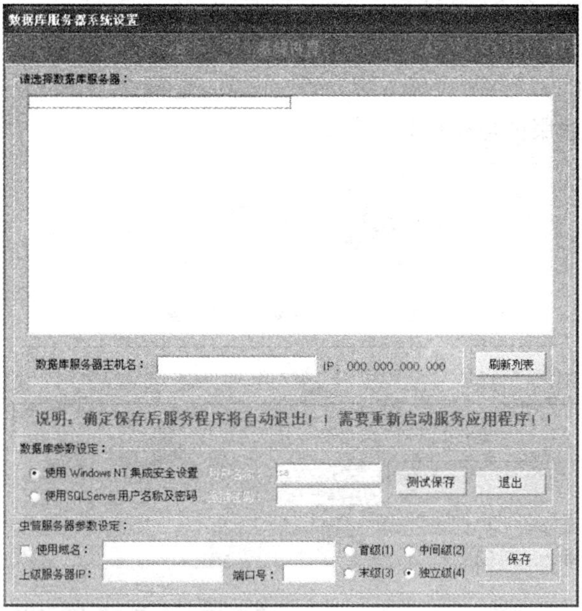

图 6-5　数据服务器参数设置工具界面

"中间级域名"是既要给"首级服务器"上传数据，还要接收"末级服务器"送来的数据。"末级"是和采集站相联系的一级。由采集站所采集的数据传给"末级"。"独立级"是只跟采集服务器相连接的，它没有上级。

图 6-6　数据库服务器系统设置界面截图

设置好虫情服务器参数设定后,单击"保存"按钮。然后单击"退出"按钮。这时就完成整个服务器系统的设定了。

接下来要打开的是虫情检测采集站设置工具,运行程序:SetTool.exe(图 6 - 7)。图 6 - 8 为数据服务器主面板。

图 6 - 7　"设置工具"程序

图 6 - 8　数据服务器主面板

上面蓝色屏幕是模拟了采集器上的的显示屏幕。

首先,选择串口,并单击"打开"按钮。这时左边的各个参数设定才能使用。在选择每个设定的时候,在右边的栏目中,有每个参数设定的使用说明,都可以显示详细的情况。

(4)"ID 号设定",每个采集器都有一个 ID 号相对应。通过 ID 号与服务器相连接。对 ID 号进行设定后单击"设定"按钮,如图 6 - 9 所示。

图 6 - 9　ID 设定

在窗口的左边有各个项的说明,"ID 号"设定说明如图 6 - 10 所示。

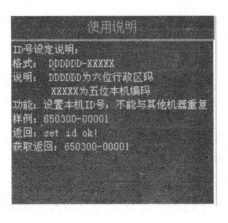

图 6 - 10　ID 号设定说明

（5）"日期设定"就是对系统的时间进行设定，如图 6 - 11 所示。

图 6 - 11　日期设定

在窗口的左边有各个项的说明，"日期设定"说明如图 6 - 12 所示。

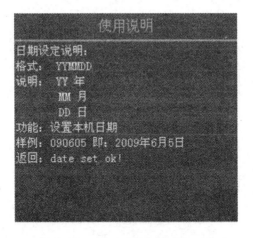

图 6 - 12　日期设定说明

（6）"时间设定"一般都是设定和服务器同步时间，如图 6 - 13 所示。

图 6 - 13　时间设定

"时间设定"说明如图 6 - 14 所示。

（7）"服务器 IP"设定是对采集站对上端服务器的 IP 设定，获取可以直接得到默

时间设定说明：
格式： HHMMSS
说明： HH 小时
MM 分钟
SS 秒钟
功能：设置本机时间
样例：180221　即：18点2分21秒
返回：time set ok!

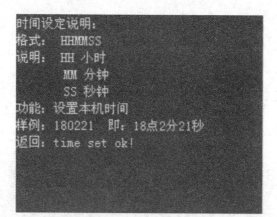

图 6-14　时间设定说明

认的服务器 IP，如图 6-15 所示。

服务器IP
设定
获取

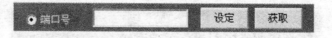

图 6-15　服务器 IP

服务器 IP 设定说明如图 6-16 所示。

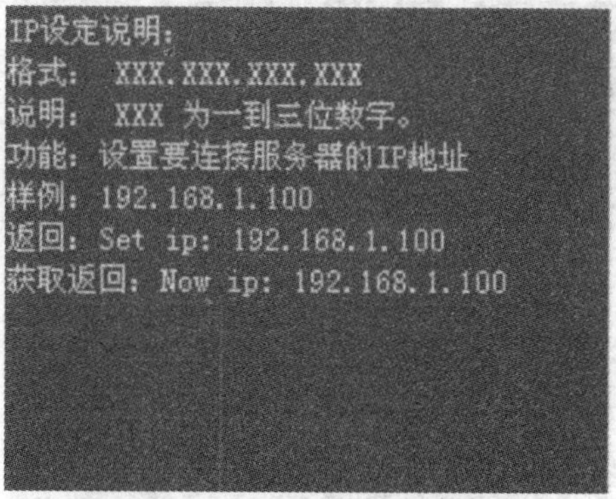

IP设定说明：
格式： XXX.XXX.XXX.XXX
说明： XXX 为一到三位数字。
功能：设置要连接服务器的IP地址
样例：192.168.1.100
返回：Set ip: 192.168.1.100
获取返回：Now ip: 192.168.1.100

图 6-16　服务器 IP 设定说明

(8) 选择“端口号”设定，对端口号进行设定后单击“设定”按钮，如图 6-17 所示。

端口号
设定
获取

图 6-17　端口号设定

“端口号”设定说明如下：

(9) 选择“联网类型”时，可以设置成发送数据时联网，不发送时可以关闭。如果

选择“持续在线”复选框，联网状态会一直在线，如图 6－18 所示。

联网类型设定说明如图 6－19 所示。

图 6－18　联网类型

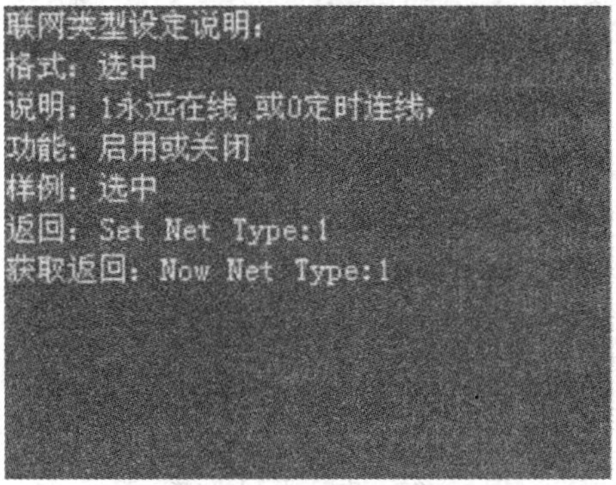

图 6－19　联网类型设定说明

(10) 选择“时间间隔”设定时，第一次启动系统时，传输测试时间是 4 分钟。过后才是设定时间，以分钟为单位，如图 6－20 所示。

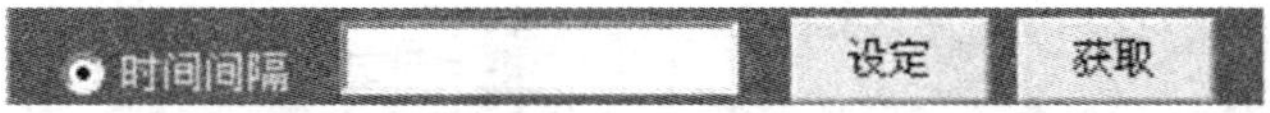

图 6－20　时间间隔

“时间间隔”设定说明如图 6－21 所示。

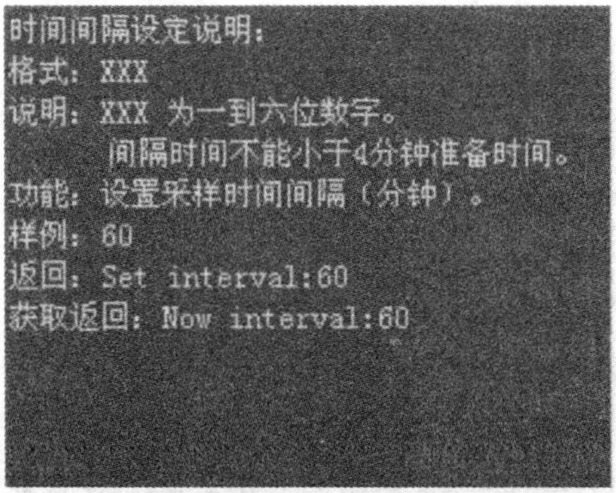

图 6－21　时间间隔设定说明

(11) 选择“电源类型”设定时，有三种：0 不供电，1 连续供电，2 周期供电，如图 6－22 所示。

图 6 - 22 电源类型

"电源类型"设定说明如图 6 - 23 所示。

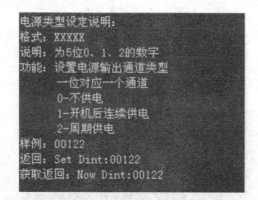

图 6 - 23 电源类型设定说明

(12)选择"数字类型"设定时,也分三种情况设置:0—该通道连续脉冲累加计数,1—该通道一个采样周期平均计数,2—该通道连续 3 秒平均计数,如图 6 - 24 所示。

图 6 - 24 数字类型

"数字类型"设定说明如图 6 - 25 所示。

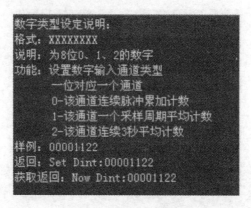

图 6 - 25 数字类型设定说明

(13)选择"电话号码"设定,是指对采集站的里手机 Sim 卡的号码进行设定如图6 - 26 所示。

图 6 - 26　电话号码

"电话号码"设定说明如图 6 - 27 所示。

图 6 - 27　电话号码设定说明

（14）"同步日期"设定如图 6 - 28 所示。

图 6 - 28　同步日期

同步日期设定说明如图 6 - 29 所示。

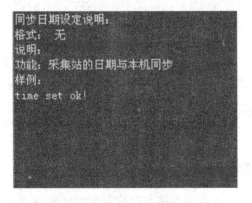

图 6 - 29　同步日期设定说明

（15）"时间同步"设定如图 6 - 30 所示。

时间同步设定说明如图 6 - 31 所示。

在"相关功能测试"栏目中,有模拟量的输出测试、SD 卡写入测试,还有板载温度等。这些数据都会显示在最上面的蓝色虚拟屏幕中,其他功能都有详细说明。模拟

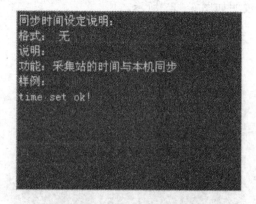

图 6 - 30 同步时间

图 6 - 31 同步时间设定说明

量的输出测试可以用来测试模拟信号的是否输出,如图 6 - 32 所示。

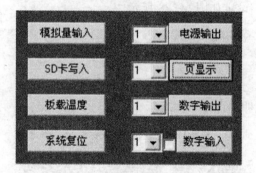

图 6 - 32 相关功能测试栏目

6.5 JDBC 基本概念

6.5.1 JDBC 框架结构

    JDBC 是用来提供 Java 程序连结与存取数据库的套件,包含了一组类和接口,使得程序员可以通过一致的方式存取各个不同的关连式数据库系统,而不必再为每一种关连式数据库系统(如 MySQL、Access、Oracle 等)编写不同的程序代码。

    应用程序通过 JDBC API 与数据库联系,而实际的动作则是由 JDBCDriver Manager 通过 JDBC 驱动程序与数据库管理系统沟通。真正提供存取数据库功能的其实是 JDBC 驱动程序,也就是说,如果要想存取某一种数据库系统,就必须要拥有对应于该数据库系统的驱动程序。

以连接 Access 数据库为例,需要有 JDBC－ODBC 链接驱动程序,这个驱动程序在安装 Java SDK 时就会自动安装在系统上,若要连接其他类型的数据库,就必须要先取得适当的驱动程序(图 6－33)。

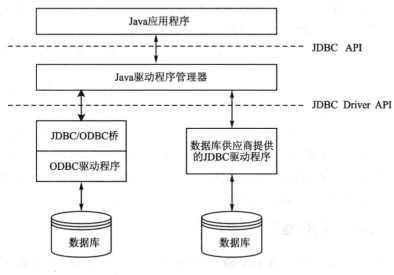

图 6－33　JDBC 框架图

6.5.2　JDBC 工作原理

Java 提供 3 种 JDBC 产品组件,它们是 Java 开发工具包的组成部分,即 JDBC 驱动程序管理器、JDBC 驱动程序测试工具包和 JDBC－ODBC 桥。

从功能上看,JDBC 包含两部分与数据库独立的 API,即面向程序开发人员的 JDBC API 和面向底层的 JDBC Driver API。

JDBC 整个模型的基础是:遵循 JDBC API 协议的程序和 JDBC 驱动程序管理器来通信,然后管理器用嵌入的驱动程序来访问数据库。我们编写访问数据库的 Java 程序,既可以使用 JDBC/ODBC 桥来利用 ODBC 的接口访问数据席,也可以通过直接的 JDBC 驱动程序来实现数据库的访问。

JDBC 驱动程序包括如下四类:

(1) JDBC－ODBC 桥。将 JDBC 转化为 ODBC 驱动,利用 JDBC/ODBC 桥和 ODBC 驱动来访问数据库程序。该程序最适合于商业网络或三层体系结构中当应用服务器层的代码是由 Java 写成时的情况,并要求 ODBC 必须在每个客户机上安装。

(2) 部分 Java 技术的本地 API 驱动程序。驱动程序直接将用户的调用转化为对数据库客户端相应 API 的调用。这类驱动程序需要数据库在本地安装一个客户端。

(3) 全部基于 Java 技术的本地 API 驱动程序。驱动程序是独立于数据库服务器的,它只和一个中间层通信,由这个中间层来实现数据库的访问。这类网络服务器中间件能够连接其所有的 Java 客户端到许多不同的数据库上,是最灵活的 JDBC 驱动程序。

(4) 全部基于 Java 技术的本地协议驱动程序。驱动程序直接将用户的请求转换为对数据库的协议请求,直接和数据库服务器通信。因为大多数这样的协议都是数据库专有的,一些数据库厂家在开发这类驱动程序。

第 3 类和第 4 类驱动程序是从 JDBC 访问数据库的首选方案,因为它们提供了 Java 的所有优点,包括自动安装。

Java 程序通过 JDBC API 访问 JDBC Driver Manager,JDBC Driver Manager 再通过 JDBC Driver API 访问不同的 JDBC 驱动程序,从而实现不同数据库的访问。

JDBC 提供了一个通用的 JDBC Driver Manager,用来管理各数据库软件商提供的 JDBC 驱动程序,从而访问其数据库。此外,对没有提供相应 JDBC 驱动程序的数据库系统,开发了特殊的驱动程序,即 JDBC – ODBC 桥。现在越来越多的数据库厂商都提供其数据库的 JDBC 驱动程序。

6.5.3　JDBC 应用模型

在三层模型中,命令将被发送到服务的"中间层",而"中间层"将 SQL 语句发送到数据库。数据库处理语句并将结果返回"中间层",然后"中间层"将它们返回用户。

客户端与中间层之间的连接可以有很多途径。如果客户机为网络浏览器时,可通过 HTTP 协议将操作命令送到中间层。如果客户机为一般 Java 应用程序,中间层在另外一台网络计算机上,可以通过 RMI(Remote Method Invocation)远程方法调用联系(图 6 – 34)。

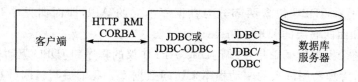

图 6 – 34　三层结构模型

6.5.4　JDBC 连接数据库的方法

JDBC 连接数据库可以概括为 6 步,分别是加载 JDBC 驱动、建立数据库连接、创建一个语句对象、执行一个查询、处理结果集和关闭数据库连接,下面将分别予以详细介绍。

1. 加载 JDBC 驱动

如果使用第一种数据库驱动(JDBC – ODBC 桥)连接,那么可以使用 Java 反射机制中的方法 forName( )进行加载,如下:

Class. forName("sun. jdbc. odbc. jdbcOdbcDriver");

另外还有几种常见的驱动程序,包括 Oracle 的驱动程序、Microsoft SQL Server 的驱动程序和 MySQL 的 JDBC 的驱动程序,其加载语句分别如下:

Class. forName("oracle. jdbc. driver. OracleDriver");

Class. forName("com. microsoft. jdbc. sqlserver. SQLServerDriver");

Class. forName("com. mysql. jdbc. Driver");

2. 建立数据库连接

驱动管理类 DriverManager 使用特定的驱动程序,通过 getConnection(String usr)方法建立与某个特定数据库的连接。每个 JDBC 驱动都对应一个 URL 地址用于自我标识,常见的有连接 Sun 公司的 JDBC - ODBC 驱动 URL、连接 Oracle 公司的 URL、连接 Microsoft 公司 SQL Server 的 URL 和连接 MySQL 的 URL,分别如下:

jdbc:odbc:pubsdb;

jdbc:oracle:thin:@localhost:1521:orcl;

jdbc:Microsoft:sqlserver://127. 0. 0. 1:1433;

jdbc:mysql://localhost:3306/mysql;

例如,连接 MySQL:

Connection con

= DriverManager. getConnection ("jdbc: mysql://localhost/sample", username,password);

或 String url="jdbc:mysql://localhost/sample";　//sample 表示的是数据库,localhost 为主机或服务器

String username,　　　　//登录 MySQL 数据库的用户名

String password;　　　　//登录 MySQL 数据库的密码

Connection con = DriverManager. getConnection ("url"," username", password);

(1) 创建一个语句对象。创建一个语句对象则需要调用接口 java. sql. Connection 中的 createStatement( )方法创建 Statement 类的语句对象,如:

Statement stmt=con. createStatement( );

通过创建一个语句对象则可以发送 SQL 语句到数据库准备执行相应的操作。

(2) 执行 SQL 语句。将 SQL 语句发送到数据库之后,根据发送的 SQL 语句确定执行 executeQuery( )方法或 executeUpdate( )方法,如果发送的 SQL 语句是 SELECT 语句则需要执行 executeQuery( )方法,如果发送的是 SQL 语句是 Insert( )语句、Create 语句、Delete 语句和 Update 语句则需要执行 executeUpdate( )方法,如:

//执行 select 类型的 SQL 语句

ResultSet　rs ＝ statement. executeQuery (" SELECT　sno，sname　FROM student")；

　　//执行 insert 类型的 SQL 语句。

int num ＝ statement. executeQuery (" INSERT　INTO　student　values ('2006081203','san','女')")；

　　执行 executeQuery( )方法后，返回的是一个结果集(ResultSet)，结果集是一个对象，用来表示使用 SQL 语句的查询结果，结果集由许多行组成，行的格式由 Select 语句的列进行定义，结果集使用游标进行处理数据，游标是指向结果集的句柄，返回结果集时游标指向的是第一行之前，因此如果需要获取数据时必须先将结果集下移一行，数据获取完成之后将结果集再下移一行，用于获取下一条数据。

　　执行 executeUpdate( )方法后，返回的并不是结果集，而是该操作影响数据库的行数。

3. 处理结果集

　　如果需要从返回的结果集中获取数据，那么可以通过结果集对象调用 ResultSet 接口的 getXXX( )方法进行获取，然后可以通过 JavaBean 的 setXXX()方法将获取到的数据设置在其中，再将整个 JavaBean 放入集合中，以方便以后进行获取数据。

4. 关闭数据库连接

　　结果集处理完成之后，为了释放资源需要在 finally 语句块中首先关闭语句对象，再关闭数据库连接，如图 6－35 所示。

```
stmt.close( );        //关闭语句对象
conn.close( );        //关闭数据库连接
```

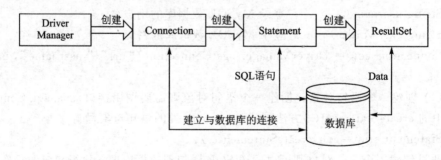

图 6－35　JDBC 的应用

5. JDBC 与 ODBC 比较如表 6－5 所列。

表 6－5　JDBC 与 ODBC 的区别

内　容	JDBC	ODBC
定义	数据库连接技术	开放数据库互连

内　容	JDBC	ODBC
开发公司	Sun 公司	微软公司
使用范围	适用于 Windows 平台,具备跨平台的操作数据库	适用于 Windows 平台,无法实现跨平台的操作数据库
程序接口	JAVA 程序语言	C 语言、C＋＋语言
	JDBC 数据库启动程序要比 ODBC 容易理解	ODBC 启动程序代码不容易理解
	JDBC 数据库驱动程序是面向对象	ODBC 数据库驱动程序是面向过程
移植性	JDBC 驱动程序安装配置	ODBC 驱动程序配置复杂
	Java 语言是不采用指针	ODBC 所采用的 C 语言却使用了大量的指针

注:JDBC/ODBC 就是应用程序与数据库系统进行交互的工具。

第 **7** 章

采集系统数据库设计

7.1 数据库开发任务

7.1.1 数据库开发基本任务

根据一个单位的信息需求、处理需求和数据库的支撑环境(包括 DBMS、操作系统和硬件),设计出数据模式(包括外模式、逻辑(概念)模式和内模式)以及典型的应用程序,采集系统建立三类服务平台:即数据服务平台、Web 服务平台、短信服务平台,这三类服务平台各自完成自己的功能,它们紧密联系又各自独立活动。数据服务平台主要任务是将田间采集传感器的数据处理并存储在数据库内,当客户端 Web 服务平台发出请求指令,数据库立刻响应取出所要的数据。Web 服务器主要任务承担着整个服务平台总指挥的角色,当我们打开系统浏览器时,它会将数据格式转化成比较直观表格、柱状图等形式网页界面。短信服务平台主要任务分两部分:

(1) 在人工控制状态情况下,接受来自 Web 服务器的指令,对外发布预警信息。

(2) 在自动控制状态情况下,接受来自数据服务器的指令,对外发布预警短信。在实际开发过程中,可根据预警短信涉及范围和群发的数量等因素选择,单独设计短信服务平台(或作为 Web 服务平台一个模块)来设计,本系统所设计短信服务平台是按照 Web 服务平台子模块进行设计。

7.1.2 数据库设计的方法

一种是以信息需求为主,兼顾处理需求,称为面向数据的设计方法;另一种是以处理需求为主,兼顾信息需求,称为面向过程的设计方法。现实世界的复杂性导致了数据库设计的复杂性。只有以科学的数据库设计理论为基础,在具体的设计原则的指导下,才能保证数据库系统的设计质量,减少系统运行后的维护代价。目前常用的各种数据库设计方法都属于规范设计法,即都是运用软件工程的思想与方法,根据数据库设计的特点,提出了各种设计准则与设计规程。这种工程化的规范设计方法也是在目前技术条件下设计数据库的最实用的方法。

(1) 直观设计法主要采用手工试凑法。使用这种方法与设计人员的经验和水平有直接关系,它使数据库设计成为一种艺术而不是工程技术。

（2）规范设计法从本质上看仍然是手工设计方法，其基本思想是过程迭代和逐步求精。规范设计法常用的有如下：

① 新奥尔良法：将数据库设计分为 4 个阶段：需求分析（分析用户要求）、概念设计（信息分析和定义）、逻辑设计（设计实现）和物理设计（物理数据库设计）。S. B. Yao 等又将数据库设计分为 5 个步骤。I. R. Palmer 等主张把数据库设计当成一步接一步的过程，并采用一些辅助手段实现每一过程。基于 E－R 模型的数据库设计方法，基于 3NF（第三范式）的设计方法，基于抽象语法规范的设计方法等，是在数据库设计的不同阶段支持实现的具体技术和方法。

② 基于 E－R 模型的数据库设计方法：即将客观存在的事物抽象为各实体间的联系，并转换成信息世界中的信息模型即 E－R 模型，以及将 E－R 模型转换为具体的数据库产品支持的逻辑模型。

③ 基于 3NF 的数据库设计方法。

④ 基于视图的数据库设计方法：就是将需要设计的数据库应用系统，从不同的用户角度分析数据需求，这些单独的需求称为用户视图。对于每一个用户视图，所设计的数据库都必须支持，然后再将所有的用户视图合成一个复杂的数据库系统，其目的是化繁为简、分步设计（图 7－1）。

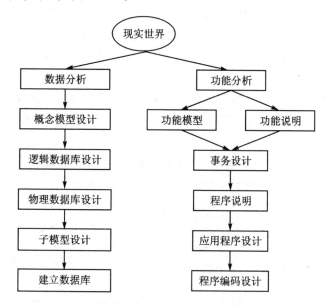

图 7－1　结构和行为分离的设计模型

（3）计算机辅助设计法：数据库设计工具已经实用化和产品化，并同时进行数据库设计和应用程序设计。人们开始选择不同的快速应用程序开发（RAD）工具，例如，Microsoft Visual Studio、Borland 的 Delphi 和 Builder C＋＋、Sybase 的 Power-Builder、Oracle 公司的 Design2000 等。这些 RAD 工具允许开发者迅速设计、开发、调试和配置各种各样的数据库应用程序,并且能在性能、可扩展性和可维护性这些不断增长的需求上有所收获。作为 RAD 工具之所以强大的一个原因是它对应用程序开发工程生命周期中的每个阶段都提供支持。这些工具软件可以自动地辅助设计人员完成数据库设计过程中的很多任务。人们已经越来越认识到自动数据库设计工具的重要性。特别是大型数据库的设计需要自动设计工具的支持。

7.1.3　数据库设计的过程

　　数据库设计的不同阶段形成数据库的各级不同模式。在需求分析阶段综合各个用户的应用需求;在概念设计阶段形成独立于具体机器,独立于各个 DBMS 产品的概念模式,是 E－R 模型图;在逻辑设计阶段将 E－R 模型图转换成具体的数据库产品支持的数据模型,如关系模型,形成数据库逻辑模式;然后根据用户处理的要求、安全性的考虑,在基本表的基础上再建立必要的视图(View),形成数据库的外模式;在物理设计阶段根据 DBMS 特点和处理的需要,进行物理存储安排,建立索引,形成数据库内模式。

　　第 1 阶段分析用户要求是收集和分析用户的要求。用户要求包括数据要求、加工要求和种种限制条件等。

　　第 2 阶段建立概念性数据模型是用一个“概念性数据模型”将用户的数据要求明确地表达出来,这一步与生命期中建立“系统说明书”相对应。

　　第 3 阶段逻辑设计是设计数据的结构,它可以同软件生命期中设计阶段的“总体设计”相对应。

　　第 4 阶段物理设计,进一步设计数据模式的一些物理细节,如文件的基本结构、存取方式、索引的建立等。这一阶段可同软件生命期中设计阶段的“详细设计”相对应(表 7－1)。

表 7－1　数据库设计定义

步　骤	数　据	处　理
需求分析	数据字典、全系统中数据项、数据流数据存储的描述	数据流图和定表(判断树)
概念结构设计	概念模型(E－R 图)数据字典	系统说明书包括新系统要求、方案和概图,反应新系统信息的数据图
逻辑结构设计	某种数据模型、关系模型	系统结构图非系统模型(模块结构图)
物理设计	存储安排、存取方法选择、存储路径建立	模块设计
实施阶段	编写模式、装入数据、数据库试运行	程序编码、编译联结、测试

步　骤	数　据	处　理
运行维护	性能测试、转存/恢复数据库重组和重构	新旧系统转换、运行、维护

7.1.4　实时数据库设计关键技术

（1）事务模型：在一个实时事务的属性中，完成点是最重要的一个属性。其被应用于实时数据库系统的许多方面，如并发控制、规划、不精确的计算等。通常一个事务的完成点被设计人员指定。但是，如果事务模型支持嵌套或子事务，有一个问题是在父事务的完成点要求下约束如何被赋给单个的子事务。

（2）事务规划：实时系统研究的一个主要工作是多用户程序环境下工作的规划。事务规划的工作，包括 CPU、数据、I/O、内存等。在这里主要讨论事务的优先级如何分配及 CPU 调度。

（3）并发控制：并发控制是指并发事务中的一种交互控制方式，使得保持数据库的一致性。两个碰到的主要问题是优先级转换的可能性和死锁。解决优先级转换的方法之一是有条件启动重新算法。

7.1.5　数据库管理系统的软件组成

DBMS 的基本功能分为四部分：数据描述语言及其定义、数据操纵语言及其翻译（或解释）、系统运行控制和数据库维护服务程序。对这四项基本的功能，不同的 DBMS 的具体实现有所不同。但每个 DBMS 系统作为一个系统软件，都包括这四部分基本功能和相应的程序模块，如图 7-2 所示。

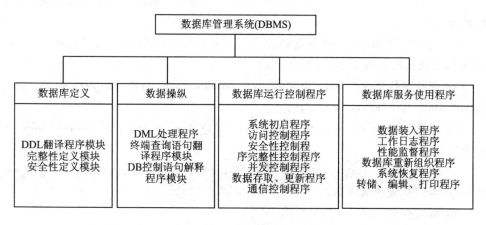

图 7-2　DBMS 的程序模块结构图

1. 数据定义程序

数据描述语言包括模式和子模式的定义。对于关系数据库系统,包括的程序模块有产生数据库、产生基本表、创建视图、创建索引、触发器和创建存储过程等。数据的安全性定义和管理,包括安全认证管理、授权访问定义等、数据完整性定义包括主码、外码、默认值、其他各种完整性约束的定义等。

2. 数据操纵程序

数据操纵语言包括对数据库数据的查询、对数据的增、删、改操作,对数据的交互操作处理、批操作处理和嵌入操作处理等。对应的程序模块包括对数据操作语句进行分析处理程序、查询优化处理程序、对数据的存取和操作处理程序。

3. 数据库运行控制程序

数据库运行控制包括对 DBMS 系统缓冲区的管理、数据的安全性和完整性检查、并发控制、事务管理、系统监控等功能。相应的程序模块有数据的安全性和完整性检查程序、多用户并发控制程序、事务管理和运行日志管理程序、系统性能监控和资源管理程序、系统缓冲区的管理程序、数据的存取和维护程序,主要是索引的维护和管理。

4. 数据库维护和服务程序

数据库维护和服务程序主要包括批量数据的初始装入程序、数据库转储和恢复程序、数据库重构程序、数据的转换和导入/导出程序。

7.1.6　java 数据库程序开发步骤

(1) 安装等工作,将 SQLServer 驱动程序包加入到项目 classpath 中。

(2) 加载和注册 JDBC 驱动程序,调用 class 类的 formane()方法加载数据库 JDBC 驱动程序。

(3) 获得数据库连接,调用驱动程序管理器(Driver Manager 对象)的 getConnetion()方法返回 commcetion 对象。

(4) 获得参数化控制 SQL 语句的 prepared statement 对象,调用 connect 对象的 prepare statement(string sql)方法。

(5) 参数绑定。调用 prepared statement 对象的 setlnt(int paramenter lndex intx)方法绑定参数。

(6) 用 prepared statement 对象控制 SQL 调用 prepared statement 对象的 execut Query()方法查询数据。

(7) 处理查询结果。

(8) 关闭连接,释放资源。

7.2　数据库设计与分析

我们知道,数据库是长期存储在计算机内的、有组织的、可共享的数据集合,它已成为现代信息系统等计算机应用系统的核心和基础。数据库应用系统把一个企业或部门中大量的数据按 DBMS 所支持的数据模型组织起来,为用户提供数据存储、维护检索的功能,并能使用户方便、及时、准确地从数据库中获得所需的数据和信息,而数据库设计的好坏则直接影响着整个数据库系统的效率和质量。

数据库设计就是根据选择的数据库管理系统和用户需求对一个单位或部门的数据进行重新组织和构造的过程。数据库实施则是将数据按照数据库设计中规定的数据组织形式将数据装入数据库的过程。

对于数据库应用开发人员来说,数据库设计就是对一个给定的实际应用环境,如何利用数据库管理系统、系统软件和相关的硬件系统,将用户的需求转化成有效的数据库模式,并使该数据库模式易于适应用户新的数据需求的过程。从数据库理论的抽象角度看,数据库设计就是根据用户需求和特定数据库管理系统的具体特点,如何将现实世界的数据特征抽象为概念数据模型表示,最后构造出最优的数据库模式,使之既能正确地反映现实世界的信息及其联系,又能满足用户各种应用需求(信息要求和处理要求)的过程。

设计一个数据库,首先必须确认数据库的用户和用途。由于数据库是一个单位的模拟,数据库设计者必须对一个单位的组织机构、各部门的联系、有关事物和活动以及描述它们的数据、信息流程、政策和制度、报表及其格式和有关的文档等有所了解。收集和分析这些资料的过程称为需求分析。

要设计一个有效的数据库,必须用系统工程的观点来考虑问题。在系统分析阶段,设计者和用户双方要密切合作,共同收集和分析数据管理中信息的内容和用户对处理的需求。在调研中,首先要了解数据库所管理的数据将覆盖哪些工作部门,每个部门的数据来自何处,它们是依照什么样的原则处理加工这些数据的,在处理完毕后输出哪些信息到其他部门。其次要确定系统的边界,在与用户充分讨论的基础上,确定计算机数据处理范围,确定哪些工作要由人工来完成,确定人机接口界面。最后得到业务信息流程图。信息流程图中的每个子系统都可抽象为如图 7-3 所示。

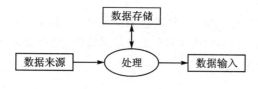

图 7-3　数据流程示意图

在系统分析过程中,要确定数据管理的信息要求和处理要求。信息要求是指用户需要从数据库中获得信息的内容与性质。由用户的信息要求可以导出数据要求，即在数据库中需要存储哪些数据。处理要求是指用户要求完成什么处理功能，对处理的响应时间有什么要求，处理方式是批处理还是联机处理。系统的功能必须满足用户的信息要求，处理要求，安全性和完整性要求。这一阶段的工作是否能准确地反映实际系统的信息流程情况和用户对数据库系统的要求，直接影响到以后各阶段的工作，并影响到数据库系统将来运行的效率，因为分析阶段的工作是整个数据设计的基础。

7.2.1　数据库设计应考虑的因素

1. 数据库的大小（内存和外存）

ORACLE 支持超大型数据库（数据文件 32GB、表空间数据文件数 1022、表空间 32TB），启动数据库实例所需的内存数据库（文件）所需的磁盘空间文件装入所需的临时空间（内存和外存）数据库的发展。

2. 性能

磁盘 I/O 是引起性能瓶颈的主要因素（7200 转/秒 SCSI：连续 I/O 为 100 个/驱动器；随机 I/O 为 60−70 个/驱动器），隔离连续存取的数据（重做日志文件和存档日志文件），分布随机存取的数据（多磁盘或 RAID，因性能增加的磁盘驱动器比因空间增加的多），增加内存（并行 I/O）、设置缓存（减少 I/O）。

3. 功能

数据库分割为多个表空间，便于备份和恢复，模式设计与处理任务（任务分解与面向任务处理的模式）内码设计与功能实现（编程与运行效率），应用类型与存储结构（OLTP 与 DSS 对日志存放要求不同）。

4. 数据保护

重做日志文件和存档日志文件需要完整保护，软件故障容错使用少，硬件故障容错使用多（RAID1 和 RAID5）RAID1（Mirroring）提供最快的故障容错和最大的保护，需要双倍磁盘（空间）（OS 和日志文件），RAID5（Data Guarding）跨磁盘写入奇偶校验信息，可避免一个磁盘故障读最快，写最慢（数据文件）。

5. 分区

表可以根据数据的范围分区，分区在表空间级实现，表空间由数据文件组成（建立数据文件之前规划分区），ORACLE 支持范围分区、哈西分区、组合分区，分区在提高性能方面有明显作用。

6. 字符集

建立数据库前要选择字符集，不重建数据库就不允许修改字符集，客户端字符集应该与数据库字符集相同或是其子集。

7.2.2　数据库特殊需求考虑方法

　　需求分析的任务是通过详细调查田间采集数据处理的对象传感器，充分了解短信预警实现的方式（手工系统或自动化系统）和工作概况，明确短信预警的各种需求，然后在此基础上确定系统的功能。系统必须充分考虑今后可能的扩充和改变，不能仅仅按当前应用需求来设计数据库。

　　如果我们把数据库管理系统比喻成人的大脑，那么采集器就好像人的手，上位机界面就好像人的脸，当传感器——手触摸田间各种环境参数，此信息汇集到数据库时，就好像汇集到人的大脑一样，我们将传感器数据在软件界面上显示出来，就好像在人的脸上显示出来一样，我们用这种比喻不难看出，在数据库设计需求分析当中关键是"抓两头、凑中间"，即一头采集器方面要素进行分析，另一头抓界面所要设置的要素。显而易见，"凑中间"就好理解在数据库设计中作用。常规的数据库设计需求分析我们不在赘述，这里只对特殊的需求分析进行概要描述。

　　（1）数据输入端采集器方面考虑。重点是考虑采集时间设定问题，由于区域昼夜时差不同，不同地区对每天采集时间要求不一样，最典型问题比如新疆与北京时差约 2 小时。同样，不同作物害虫每天活动规律不同，相应采集时间不同。由此变化告诉我们，一个是每天采集时间设定问题应可以修改，另一个是采集周期可以任意设定，可根据用户需求设定 15 分钟、30 分钟、60 分钟等不同采集时间的数据库结构。

　　（2）短信预警模式的设定。实时虫情预警短信平台将虫情站点的预警信息与管理人员信息结合起来，使预警信息按照一定的预设规则进行自动生成，按照预警关联关系进行实时发送。平台的建设主要包括虫情数据库建设、短信服务器建设和平台网站建设 3 个部分（图 7-4）。其中，采集数据数据库的建设主要包括站点预警规则设置与预警信息的单元形成；短信服务器的建设主要包括短信数据库建设、短信发送接受服务开发和报警服务端开发等，平台网站的建设主要是指系统客户端的各项功能实现。

　　一般情况下，自动发布短信预警信息短信定制发送功能，是为了实现平台的预警短信自动发送功能而设置的，它包括短信定制模板的管理、定制发送规则管理、定制发送信息的二次编辑及定制数据库链接设置等内容。

　　平台的模块可以通过在数据库进行二次开发进行增加、修改和删除等操作。平台为了控制错误预警短信的误发，还设置了发送规则管理，使重要的预警短信通过建立预先审核制度，进行认真审核后再修改发出，保障了预警信息的实效性。

　　为了使得平台的功能能够分布到地市一级的虫情分中心节点中，平台对短信功能进行了网络节点的功能拓展。地市虫情分中心网络节点服务器只需要安装一个 WebService 短信接口模块，即可以通过省平台轻松实现本地虫情分中心预警短信的发送功能，webService 是基于网络的、分布式的模块化组件，它执行特定的任务，遵守具体的技术规范，这些规范使得 Web Service 能与其他兼容的组件进行互操作。

它可以使用标准的互联网协议,像超文本传送协议 HTTP 和 XML,将功能体现在互联网和企业内部网上。

短信查询统计功能:

短信平台是一个可以分配权限的网站平台,供有权限的人员查询所用用户的预定发送但尚未发送的短信,可通过发送日期、发送号码、接受号码、短信内容等查询,显示包括发送人、接受人、接受人手机号码、短信内容、预约发送时间在内的信息。

短信查询功能:平台为了满足外出人员需要了解实时虫情信息的需要,对平台的架构和后台数据库进行了研制开发,使得手机用户可以通过发送手机短信的方式了解最新的全省虫雨情形势,此外还可以模糊查询任何一个站点最新的虫情和墒情等信息。

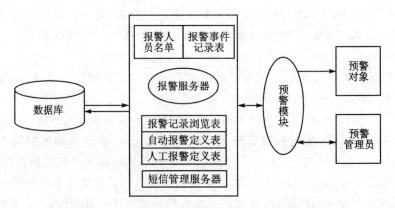

图 7 - 4　短信预警框图

(3) 用户 IP 地址和 GIS 卡号设置。该支持系统主要用于解读接入内部网的用户信息,实现对用户可变 地址的动态管理,从而为内部网中的用户间通信提供服务。

(4) 在线用户可变地址的动态管理实现可变 IP 地址的用户问通信。整个系统结构中要求顶层只有一个服务器。一个服务器上可以管理多个客户端,但一个客户端只能隶属于一个服务器。服务器(顶层服务器除外)既可以作为客户端的服务器,同时也可以作为另一个服务器的代理客户端。该系统主要是用于支持可变 IP 地址的用户间通信,因此如何实现用户的可变 IP 地址与其固定信息(如用户名、密码等)的动态绑定就成为了本系统要解决的关键性问题。

7.2.3　编写数据字典的重要性

数据库设计是以数据模型为核心展开,而数据模型的基础依赖于数据字典,在设计过程采取静态结构设计和动态行为设计分离与结合的方式。静态结构设计是指数据库框架或数据库结构的设计,包括概念、逻辑、物理结构的设计;动态行为设计是指应用程序、事务处理等设计,包括功能组织、流程控制等方面的设计。可见数据字典就好像"大脑中枢神经系统",对我们所要开发数据库起着至关重要作用。

数据流图表达了数据和处理的关系,数据字典则是系统中各类数据描述的集合,是进行详细的数据收集和数据分析所获得的主要成果。数据字典在数据库设计中占有很重要的地位。

数据字典通常包括数据项、数据结构、数据流、数据存储和处理过程五个部分。其中数据项是数据的最小组成单位,若干个数据项可以组成一个数据结构,数据字典通过对数据项和数据结构的定义来描述数据流、数据存储的逻辑内容,如表 7-2 所列。

表 7-2 编写数据词典规则

数 据	意 义	描 述
数据项	不可再分的数据单位	{数据项名,数据项的含义,类型,长度,取值范围,和其他数据的逻辑关系}
数据机构	反映数据之间的组合关系	{数据结构名,含义,组成,{数据项或数据结构}}
数据流	是数据结构在系统内传输的路径	{数据流名,含义,流出过程,流入过程,组成,{数据结构},流量}
数据存储	是数据及其结构保存的位置,可以是手工文档、手工凭单或计算机文档	{数据存储名,说明,输入的数据流,输出的数据流,组成,{数据结构},数据量,存取频度,存取方式}
处理过程	是具体处理逻辑,仅描述其说明性信息	{处理过程名,说明,输入,{数据流},输出,{数据流},处理,{简要说明}}

7.2.4 数据字典的主要任务

数据字典的主要任务是描述或定义数据库系统中各类对象、对象之间的联系和它们的使用规则,并且与数据库管理系统程序模块密切配合,完成全部数据库事务的执行。

这里所说的对象,内容包括以下几方面:

(1) 与数据组织结构有关的对象包括数据库、模式、子模式、记录类型(或类)、数据项、物理文件及索引等。

(2) 与系统运行、配置有关的对象包括存储过程、事务、终端、客户机等。

(3) 与询问优化有关的对象包括访问例程、代价估算所用各类信息等。

(4) 与完整和安全控制有关的对象包括用户及其标识、访问授权、密钥及各类完整约束条件等。

(5) 与系统监控有关的对象包括触发器、审计项目及数据字典本身的变化情况等。

数据字典应满足 DBMS 快速查找有关对象的要求,此外还要提供给 DBA 使用,以便掌握整个系统的运行情况,如图 7-5 所示。

数据采集系统整体设计与开发

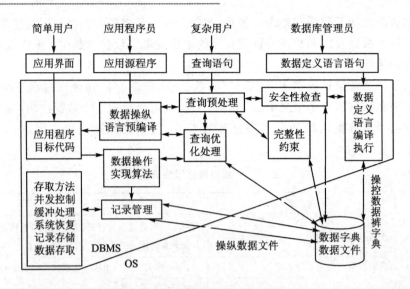

图 7 - 5　DBMS 模块对数据字典的访问示意图

7.2.5　系统数据字典类型和特征

　　数据字典是各类数据描述的集合,它是关于数据库中数据(结构)的描述,即元数据,而不是数据本身。进行详细的数据收集和数据分析所获得的主要成果,如表 7 - 3 所列。

表 7 - 3　数据字典的类型和特征

种　类	字典个数	信　息	字典结构	方法和类库	适用范围
模　型 数据字典	一种类型信息多个字典	字典信息随运行状态 而动态变化	复杂	有	通用/专用
代　码 数据字典	种类型信息一个字典	字典中信息相对稳定	简单	有	通用/专用
方　法 数据字典	一种方法一个字典或同类 方法一个字典	字典信息随方法参数 或条件而动态变化	复杂	有	专用
综　合 数据字典	其他数据库系统管理需要 的而设的数据字典	数据库系统需要的 信息	简单/复杂	有/无	通用
CASE 技术 数据字典			复杂	有	设计/通用

224

7.2.6　采集系统数据字典实例

1. 建立数据字典的原则

（1）对数据流图上各种成分的定义必须严密、精确、易理解、唯一，不能存在二义性。

（2）书写格式应简洁且严格，风格统一、文字精炼，数字与符号正确。

（3）命名、编号与数据流图一致。

（4）符合一致性与完整性的要求，对数据流图上的成分定义与说明无遗漏项。

（5）应可方便地实现对所需条目的按名查阅。

（6）应便于修改和更新。

（7）没有冗余。

2. 建立数据字典的方法

（1）手工建立数据字典的内容并用卡片形式存放，其步骤如下：

① 按四类条目规范的格式印制卡片。

② 在卡片上分别填写各类条目的内容。

③ 先按图号顺序排列，同一图号的所有条目按数据流、数据项、数据文件和数据加工的顺序排列。

④ 同一图号中的同一类条目（如数据流卡片）可按名字的字典顺序存放，加工一般按编号顺序存放。

⑤ 同一成分在父图和子图都出现时，则只在父图上定义。

⑥ 建立索引目录。

（2）自动建立：

① 自动建立主要是指利用计算机辅助建立并维护数据字典，编制一个"数据字典生成与管理程序"，可以按规定的格式输入各类条目，能对字典条目增、删、改，能打印出各类查询报告和清单，能进行完整性、一致性检查等。美国密执安大学研究的PSL/PSA 就是这样一个系统。

② 利用已有的数据库开发工具，针对数据字典建立一个数据库文件，可将数据流、数据项、数据文件和加工分别以矩阵表的形式来描述各个表项的内容。

然后使用开发工具建成数据库文件，便于修改、查询，并可随时打印出来。另外，有的数据库管理系统本身包含一个数据字典子系统，建库时能自动生成数据字典。

自动建立比手工建立数据字典有更多的优点，能保证数据的一致性和完整性，使用也方便，但增加了技术难度与机器开销。

3. 采集系统数据字典设计实例

1）各类表汇总

视图/表名	类　型	说　明
JRL_ DataInfo	基本表	保存农田环境采集到的各种信息
JRL_PicInfo	基本表	保存采集到的图片信息
JRL_NodeInfo	基本表	节点信息
JRL_AreaInfo	基本表	地理信息表
JRL_UserInfo	基本表	保存用户信息
JRL_WarnInfo	基本表	保存预警信息
JRL_WarnCFG	基本表	预警系统的配置信息

2）表结构

（1）表名称：JRL_DataInfo　　表类型：基本表　　　含义：农田采集信息

字段名称	字段说明	字段类型	说　明	默认值	允许空	示例数据
Id		int	自增量	Unchecked	No	1
NodeId	节点 ID	int		Checked	Yes	101
EntryTime	加入时间	datetime		Checked	Yes	
Height	海拔	float		Checked	Yes	
Longitude	经度	float		Checked	Yes	
Latitude	维度	float		Checked	Yes	
temperature	温度	float		Checked	Yes	
Humidity	湿度	float		Checked	Yes	
Longitude	光照强度	float		Checked	Yes	
Radiation	辐射	float		Checked	Yes	
CO2	二氧化碳	float		Checked	Yes	
SoilMoisture1	土壤湿度 1	float		Checked	Yes	
SoilMoisture2	土壤湿度 2	float		Checked	Yes	
LeafSurfaceMoisture	页面湿度	float		Checked	Yes	
WindVelocity	风速	float		Checked	Yes	
WindDirection	风向	float		Checked	Yes	
Precipitation	降虫量	float		Checked	Yes	
PestisNum1	虫情 1	float		Checked	Yes	
PestisNum2	虫情 2	float		Checked	Yes	
[Content]	内容	ntext		Checked	Yes	

（2）表名称：JRL_PicInfo　　　表类型：基本表　　　含义：采集图片信息

字段名称	字段说明	字段类型	说　明	默认值	允许空	示例数据
Id		int	自增量	Unchecked	No	1
NodeId	节点 ID	int		Checked	Yes	101
EntryTime	加入时间	datetime		Checked	Yes	
PicName	图片名称	nvarchar(200)		Checked	Yes	
PicUrl	图片路径	nvarchar(200)		Checked	Yes	
[Content]	内容	ntext		Checked	Yes	

（3）表名称：JRL_NodeInfo　　　表类型：基本表　　　含义：节点信息表

字段名称	字段说明	字段类型	说　明	默认值	允许空	示例数据
NodeId	节点 ID	int	自增量	100	No	101
EntryTime	加入时间	datetime		Checked	Yes	
NodeName	节点名称	nvarchar(50)		Checked	Yes	
DeviceID	设备 ID 号	nvarchar(50)		Checked	Yes	
EntryUID	添加用户 ID	Int		Checked	Yes	
MasterUID	管理用户 ID	Int		Checked	Yes	
AreaID	地理信息 ID	int		Checked	Yes	
[Content]	内容	ntext		Checked	Yes	

注：NodeID 默认值 100，从 100 开始递增 1(3 位数字代表节点 ID)。

（4）表名称：JRL_AreaInfo　　　表类型：基本表　　　含义：地理信息表

字段名称	字段说明	字段类型	说　明	默认值	允许空	示例数据
AreaId	地理信息 ID	int	自增量	0	No	101
EntryTime	加入时间	datetime		Checked	Yes	
AreaName	地理名称	nvarchar(50)		Checked	Yes	
GroupAID	组 ID	int		0	Yes	
ClassAID	分组 ID	Int		Checked	Yes	
[Content]	内容	ntext		Checked	Yes	

注：AreaID 默认值 0，从 0 开始递增 1。

　　GroupID 组 ID，默认 0，当为 0，代表该位置信息为顶级分类；GroupID 针对表 ID 项，表示其上级类别是多少。

　　ClassID 本身组 ID，凡是 GroupID = ClassID 的都属于其下级。如果为 0 代表无组分类。

　　(以此可以实现无限分级，针对四级网络设定)

（5）表名称：JRL_UserInfo　　　表类型：基本表　　　含义：用户信息表

字段名称	字段说明	字段类型	说　明	默认值	允许空	示例数据
UID		int	自增量	Unchecked	No	1
UserName	用户名	nvarchar(50)		checnked	No	
UserPassWord	用户密码	nvarchar(50)		Checked	Yes	
GroupUID	组 ID	int		Checked	Yes	
ClassUID	分组 ID	Int		Checked	Yes	
RealName	真实姓名	nvarchar(40)		Checked	Yes	
Sex	性别	nchar(2)		Checked	Yes	
Tel	电话	nvarchar(50)		Checked	Yes	
Email	电子信箱	nvarchar(50)		Checked	Yes	
EntryTime	加入时间	datetime		Checked	Yes	
Unit	单位	nvarchar(200)		Checked	Yes	
Address	地址	nvarchar(200)		Checked	Yes	
[Content]	内容	ntext		Checked	Yes	

（6）表名称：JRL_WarnInfo　　　表类型：基本表　　　含义：预警信息表

字段名称	字段说明	字段类型	说　明	默认值	允许空	示例数据
Id		int	自增量	Unchecked	No	1
NodeId	节点 ID	int		Checked	Yes	101
EntryTime	加入时间	datetime		Checked	Yes	
NodeTelNum	节点号码	int		Checked	Yes	
WaringTelNum	预警号码	int		Checked	Yes	
SendMsg	已发送信息	nvarchar(200)		Checked	Yes	
ReceivedMsg	已收到信息	nvarchar(200)		Checked	Yes	
[Content]	内容	ntext		Checked	Yes	

（7）表名称：JRL_WarnCFG　　　表类型：基本表　　　含义：预警配置

字段名称	字段说明	字段类型	说　明	默认值	允许空	示例数据
Id		int	自增量	Unchecked	No	1
NodeId	节点 ID	int		Checked	Yes	101
EntryTime	加入时间	datetime		Checked	Yes	
WarnMode	预警方式	int		Checked	Yes	
WarnUID	预警用户 UID	int		Checked	Yes	
WarnConten	预警内容	nvarchar(200)		Checked	Yes	

续表

字段名称	字段说明	字段类型	说　　明	默认值	允许空	示例数据
WarnClass	预警类别	nvarchar(200)		Checked	Yes	
WarnUpLimit	预警上	int		Checked	Yes	
WarnDownLimit	预警下限	int		Checked	Yes	
[Content]	内容	ntext		Checked	Yes	

目前,实现数据字典通常有三种途径:全人工过程、全自动化过程(利用数据字典处理程序)和混合过程(用正文编辑程序,报告生成程序等实用程序帮助人工过程)。

7.3　系统概念模型设计

7.3.1　概念结构

目标产生反映组织信息需求的数据库概念结构,即概念模型。这一概念模型是不依赖于计算机系统和具体的 DBMS 的。

概念结构是各种数据模型的共同基础,描述概念结构的有力工具是 E-R 模型,它将现实世界的信息结构统一用属性、实体以及之间的联系来描述。

概念设计的任务包括数据库概念模式设计和事务设计两个方面。其中事务设计的任务是,考察需求分析阶段提出的数据库操作任务,形成数据库事务的高级说明。数据库概念模式设计的任务是,以需求分析阶段所识别的数据项和应用领域的要求来改变信息为基础,使用高级数据库模型建立数据库概念模式。

概念结构的主要特点如下:

(1) 能真实、充分地反映现实世界用户数据需求,包括事物和事物之间的联系,能满足用户对数据的处理要求。是对现实世界的一个真实模型。

(2) 易于理解,从而可以用它和不熟悉计算机的用户交换意见,用户的积极参与是数据库的设计成功的关键。

(3) 易于更改,当应用环境和应用要求改变时,容易对概念模型修改和扩充。

(4) 易于向关系、网状、层次等各种数据模型转换。

概念结构是各种数据模型的共同基础,它比数据模型更独立于机器、更抽象,从而更加稳定。

7.3.2　概念结构设计的方法与步骤

1. 概念结构设计的方法

(1) 自顶向下:即首先定义全局概念结构的框架,然后逐步细化。

(2) 自底向上:即首先定义各局部应用的概念结构,然后将它们集成起来,得到全局概念结构。

（3）逐步扩张：首先定义最重要的核心概念结构，然后向外扩充，以滚雪球的方式逐步生成其他概念结构，直至总体概念结构。

（4）混合策略：即将自顶向下和自底向上相结合，用自顶向下策略设计一个全局概念结构的框架，以它为骨架集成由自底向上策略中设计的各局部概念结构。其中最常采用的策略是自底向上方法，即自顶向下的进行需求分析，然后再自底向上的设计概念结构。但无论采用哪种设计方法，一般都以 E－R 模型为工具来描述概念结构。

2. E－R 模式设计步骤

1）设计局部 E－R 模式

（1）确定局部 E－R 模式的范围。即将用户需求划分成若干个部分对其进行自然划分，使得每一种服务所使用的数据明显地不同于其他种类，这样就可为每一类服务设计一个局部 E－R 模式。

（2）定义实体型：每一个局部 E－R 模式都包括一些实体型，定义实体型就是从选定的局部范围中的用户需求出发，确定每一个实体型的属性和主键。实体型与属性是 E－R 模式设计中的基本单位，但实体与属性之间没有明确的区分标准，下面的一些原则可在设计时参考。

（1）信息描述原则：一般地说，实体需要进一步用某些属性进行描述，而属性则不需要。

（2）依赖性原则：一般地讲，属性仅单向依赖于某个实体，且这种依赖是包含性依赖，如数据采集实体中的电流、电压频率等均单向依赖于电源。

（3）一致性原则：一个实体由若干个属性组成，这些属性之间有内在的关联性与一致性。

（4）非空值原则：有些属性的值可能会出现空值，这并不奇怪，但重要的是要保证主键中的属性不出现空值。

2）合并局部 E－R 模式

各个局部应用所面向的问题不同，且通常是由不同的设计人员进行局部视图设计，这就导致各个分 E－R 图之间必定会存在许多不一致的地方，在合并分 E－R 图时并不能简单的将各个分 E－R 图画到一起，而是必须着力消除各个分 E－R 图中的不一致，以形成一个能为全系统中所有用户共同理解和接受的统一的概念模型。

合理消除各分 E－R 图的冲突是合并分 E－R 图的主要工作与关键所在，各分 E－R 图之间的冲突主要有三类：属性冲突、命名冲突和结构冲突。

值得注意的是：①命名冲突可能发生在实体、联系一级上，也可能发生在属性一级上。其中属性的命名冲突更为常见。②属性冲突通常是把属性变换为实体或把实体变为属性，使同一对象具有相同的抽象。但变换时仍要遵循实体与属性变换的两个准则。

3) 优化全局 E−R 模式

按照上述方法将各个局部 E−R 模式合并后就得到一个初步的全局 E−R 模式,之所以这样称呼是因为其中可能存在冗余的数据和冗余的联系等。因此,在得到初步的全局 E−R 模式后,还应当进一步检查 E−R 图中是否存在冗余,如果存在冗余则一般应设法将其消除。

7.3.3　采集系统概念模型设计

概念结构是对现实世界的一种抽象。所谓抽象是对实际的人、物、事和概念进行人为处理,抽取所关心的共同特性,忽略非本质的细节,并把这些特性用各种概念精确地加以描述,这些概念组成了某种模型。就好像建筑设计师是和客户交谈,按其需要作出设计图,然后让客户确认再施工;同样,在软件开发过程中用概念模型将复杂的问题简单化,我们在具体建立数据库之前也应该按照客户需求,画出 E−R 图以让其确认,然后再创建数据库和表。E−R 图就是"建筑设计篮图"。

1. 田间采集器局部概念结构设计

(1) 设置传感器:设置本机信息、设置可用接口、设置显示器背景灯亮度、校正触摸屏、设置传感器 8 路模拟量传感器:空气温度、湿度各 1 路、风向 1 路、风速 1 路、日照 1 路、土壤水分 2 路、叶面湿度 1 路、CO2 二氧化碳 1 路等全部或部分采集要素。设置 6 路数字量降雨量 1 路、虫情 2 路等全部或部分采集要素。设置传感器子概念:充许某路传感器、禁用某路传感器、设置某路传感器采集预警上下限值。

(2) 电源管理:电量预警、电量显示、切换运行状态,切换运行状态子系统概念:①正常运行模式:CPU 和 Clock 均在工作,此时 MCU 处于最大功耗状态;②停机模式:CPU 停止工作,但系统时钟仍在工作,此时 MCU 处于较低的功耗状态;③掉电模式:CPU 和系统时钟均停止工作,此时 MCU 处于最低功耗状态。

(3) 采集数据:直流电流、直流电压、频率、脉冲计数。

(4) 存储数据:存储数据到 SD 卡(可在现场存取芯片内数据,采集器芯片存储容量满足所采集保存一个月 30 天数据)、备份数据到 U 盘。

(5) 田间采集器通信:支持 GPRS 数据通信、支持 RS485 接口通信、支持 RS232 接口通信。采集器局部 E−R 图模型如图 7-6 所示。

2. 中心站通信服务端局部 E−R 图设计

(1) 中心站局部 GPRS 连通性测试:验证数据通信、验证收发短信、验收通信记录。

(2) 中心站与采集器通信:请求采集、获取采集数据、设置预警上下限、设置采集周期、查询历史预警记录、设置采集器运行状态。中心站通信服务端局部 E−R 图模型如图 7-7 所示。

(3) 数据库维护管理:读写数据库、优化数据库、备份数据库。

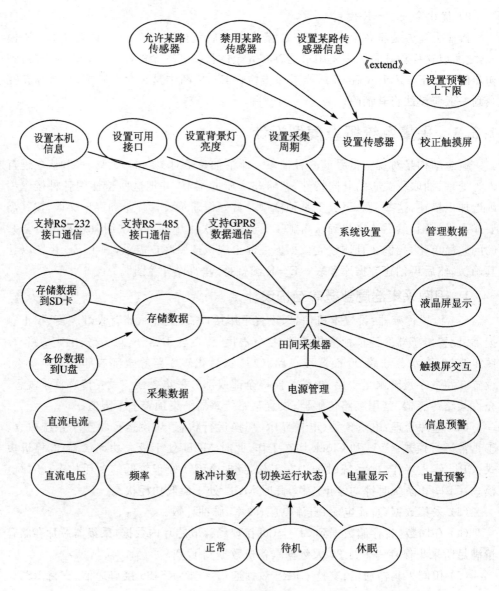

图 7-6　下位机采集局部分 E-R 模型

注：① 实体：使用矩形表示。属性：使用椭圆表示。关系：使用菱形表示（关系的类型：一对一、一对多、多对多）。

② 数据库概念数据模型是数据库应用程序开发一个非常关键的环节，它具有一定的独立性，通常采用 E-R 图（实体—关系图）的方法进行设计，它能将用户的数据要求明确地表达出来。

3. 中心站系统集成全局 E-R 模型设计

（1）中心站采集信息：海拔、经度、纬度、温度、光照强度、辐射、土壤水分 1、土壤

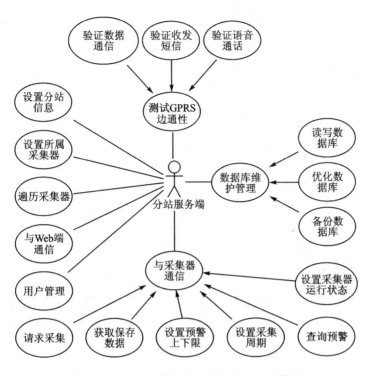

图 7 - 7　中心站通信服务端局部 E－R 模型

水分 2、叶面湿度、二氧化碳、风力、风向、虫情 1、虫情 2、时间、内容。

（2）地理信息：组分类、分类等级、名称、时间。

（3）图片信息：时间、说明、图片名称、图片路径。

（4）用户基本信息：姓名、性别、工作单位、联系电话、电子邮箱、通信地址。

（5）预警信息配置：预警号码、预警方式、预警类型、预警上下限值。

（6）预警信息发布：已发送消息、已收到消息。

中心站集成全局 E－R 模型如图 7 - 8 所示。

在概念设计阶段，设计人员仅从用户角度看待数据及其处理要求和约束，产生一个反映用户观点的概念模式，也称为"组织模式"。概念模式能充分反映现实世界中实体间的联系，又是各种基本数据模型的共同基础，易于向关系模型转换。这样做有以下好处：

（1）数据库设计各阶段的任务相对单一化，设计复杂程度得到降低，便于组织管理。

（2）概念模式不受特定 DBMS 的限制，也独立于存储安排，因而比逻辑设计得到的模式更为稳定。

（3）概念模式不含具体的 DBMS 所附加的技术细节，更容易为用户所理解，因而能准确地反映用户的信息需求。

数
据
采
集
系
统
整
体
设
计
与
开
发

234

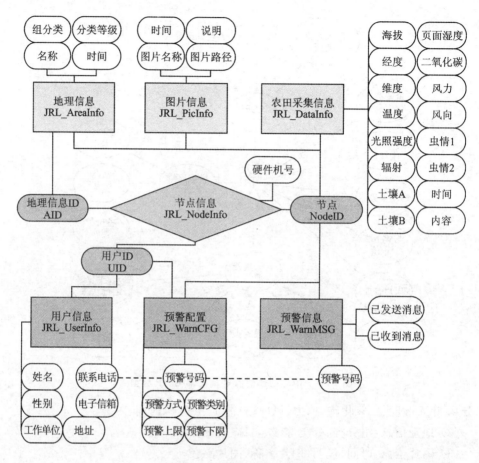

图 7 - 8　中心站全局 E－R 模型

　　概念模型设计是整个数据库设计的关键,它通过对用户需求进行综合、归纳与抽象,形成一个独立于具体 DBMS 的概念模型。如采用基于 E－R 模型的数据库设计方法,该阶段即将所设计的对象抽象出 E－R 模型;如采用用户视图法,则应设计出不同的用户视图。

7.4　逻辑模型设计

　　逻辑模型设计阶段的任务是,将概念模型设计阶段得到的基本 E－R 图转换为与选用的 DBMS 产品所支持的数据模型相符合的逻辑结构。如采用基于 E－R 模型的数据库设计方法,该阶段就是将所设计的 E－R 模型转换为某个 DBMS 所支持的数据模型;如采用用户视图法,则应进行表的规范化,列出所有的关键字以及用数据结构图描述表集合中的约束与联系,汇总各用户视图的设计结果,将所有的用户视图合成一个复杂的数据库系统。

7.4.1　E－R 图向关系模型的转换

E－R 图向关系模型的转换要解决的问题是如何将实体和实体间的联系转换为关系模式,如何确定这些关系模式的属性和码。

关系模型的逻辑结构是一组关系模式的集合。E－R 图则是由实体、实体的属性和实体之间的联系三个要素组成的。所以将 E－R 图转换为关系模型实际上就是要将实体、实体的属性和实体之间的联系转换为关系模式,这种转换一般遵循如下原则:

(1)一个实体型转换为一个关系模式。实体的属性就是关系的属性,实体的码就是关系的码。对于实体间的联系则有以下不同的情况:

(2)一个 1∶1 联系可以转换为一个独立的关系模式,也可以与任意一端对应的关系模式合并。如果转换为一个独立的关系模式,则与该联系相连的各实体的码以及联系本身的属性均转换为关系的属性,每个实体的码均是该关系的候选码。如果与某一端实体对应的关系模式合并,则需要在该关系模式的属性中加入另一个关系模式的码和联系本身的属性。

(3)一个 1∶n 联系可以转换为一个独立的关系模式,也可以与 n 端对应的关系模式合并。如果转换为一个独立的关系模式,则与该联系相连的各实体的码以及联系本身的属性均转换为关系的属性,而关系的码为 n 端实体的码。

(4)一个 m∶n 联系转换为一个关系模式。与该联系相连的各实体的码以及联系本身的属性均转换为关系的属性,而关系的码为各实体码的组合。

(5)三个或三个以上实体间的一个多元联系可以转换为一个关系模式。与该多元联系相连的各实体的码以及联系本身的属性均转换为关系的属性,而关系的码为各实体码的组合。

(6)具有相同码的关系模式可合并。

形成了一般的数据模型后,下一步就是向特定的 RDBMS 的模型转换。设计人员必须熟悉所用 RDBMS 的功能与限制。这一步是依赖于机器的,不能给出一个普遍的规则,但对于关系模型来说,这种转换通常都比较简单,不会有太多的困难。初次设计可以用人工方法设计数据库关系图,然后再进行优化如图 7－9 所示。

7.4.2　数据模型的优化

数据库逻辑设计的结果不是唯一的。为了进一步提高数据库应用系统的性能,还应该根据应用需要适当地修改、调整数据模型的结构,这就是数据模型的优化。关系数据模型的优化通常以规范化理论为指导,其方法如下:

(1)确定数据依赖关系:写出每个数据项之间的数据依赖。如果需求分析阶段没有来得及做,可以现在补做,即按需求分析阶段所得到的语义,分别写出每个关系模式内部各属性之间的数据依赖,以及不同关系模式属性之间的数据依赖。

数据采集系统整体设计与开发

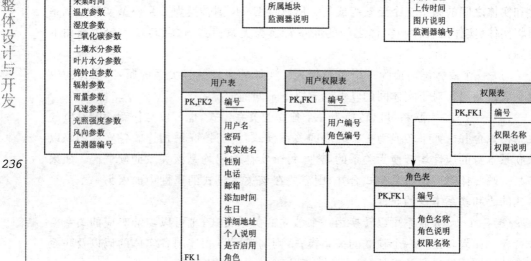

236

图 7 - 9　人工设计数据库关系图

（2）对于各个关系模式之间的数据依赖进行极小化处理，消除冗余的联系。

（3）按照数据依赖的理论对关系模式逐一进行分析，考察是否存在部分函数依赖、传递函数依赖、多值依赖等，确定各关系模式分别属于第几范式。

（4）按照需求分析阶段得到的处理要求，分析这些模式对于这样的应用环境是否合适，确定是否要对某些模式进行合并或分解。

（5）对关系模式进行必要的分解，提高数据操作的效率和存储空间的利用率。

整个设计步骤：既是数据库设计的过程，也包括了数据库应用系统的设计过程。在设计过程中把数据库的设计和对数据库中数据处理的设计紧密结合起来，将这两个方面的需求分析、抽象、设计、实现在各个阶段同时进行，相互参照，相互补充，以完善两方面的设计。事实上，如果不了解应用环境对数据的处理要求，或没有考虑如何去实现这些处理要求，是不可能设计出一个良好的数据库结构的。按照这个原则，设计过程中各个阶段的设计描述，按照这样的设计过程，数据库结构设计的不同阶段形成数据库的各级模式，需求分析阶段，综合各个用户的应用需求：在概念设计阶段形成独立于机器特点，独立于各个 DBMS 产品的概念模式，在采集系统中就是 E－R 图；在逻辑设计阶段将 E－R 图转换成具体的数据库产品支持的数据模型，如关系模型，形成数据库逻辑模式，然后根据用户处理的要求、安全性的考虑，在基本表的基础上再建立必要的视图形成数据的外模式;在物理设计阶段,根据 DBMS 特点和处理的需要,进行物理存储安排,建立索引形成数据库内模式,具体设计步骤如图 7－10 所示。

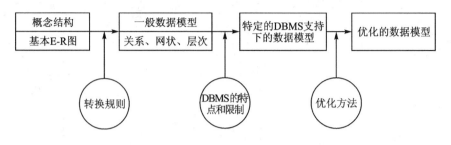

图 7－10　逻辑结构设计时的 3 个步骤

7.4.3　设计用户子模式

将概念模型转换为全局逻辑模型后,还应该根据局部应用需求,结合具体 DBMS 的特点,设计用户的外模式。目前关系数据库管理系统一般都提供了视图(View)概念,可以利用这一功能设计更符合局部用户需要的用户外模式。

定义数据库全局模式主要是从系统的时间效率、空间效率、易维护等角度出发。由于用户外模式与全局模式是相对独立的。因此在定义用户外模式时,可以注重考虑用户的习惯与方便,包括以下几方面:

(1) 使用更符合用户习惯的别名在合并各分 E－R 图时,曾做了消除命名冲突的工作;以使数据库系统中同一关系和属性具有唯一的名字。这在设计数据库整体结构时是非常必要的。用 View 机制可以在设计用户 View 时重新定义某些属性名,使其与用户习惯一致,以方便使用。

(2) 可以对不同级别的用户定义不同的 View,以保证系统的安全性。

(3) 简化用户对系统的使用。

如果某些局部应用中经常要使用某些很复杂的查询,为了方便用户,可以将这些复杂查询定义为视图,用户每次只对定义好的视图进行查询,大大简化了用户的使用,如图 7－11 所示。

注意:数据库物理设计阶段在评价数据库结构估算时间、空间指标时,做了许多简化和假设,忽略了许多次要因素,因此结果必然很粗糙。

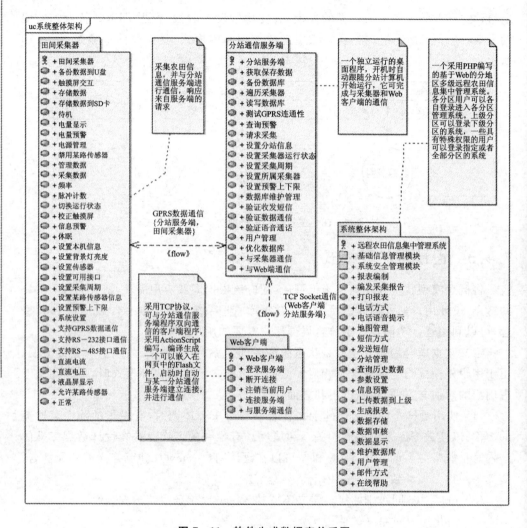

图 7 - 11 软件生成数据库关系图

7.5 数据库物理设计

数据库的物理结构主要指数据库的存储记录格式、存储记录安排和存取方法。显然,数据库的物理设计完全依赖于给定的硬件环境和数据库产品。在关系模型系统中,物理设计比较简单一些,因为文件形式是单记录类型文件,仅包含索引机制、空间大小、模块的大小等内容。

物理设计可分以下五个步骤:

(1) 存储记录结构设计:包括记录的组成、数据项的类型、长度,以及逻辑记录到存储记录的映射。

（2）确定数据存放位置：可以把经常同时被访问的数据组合在一起，"记录聚簇（cluster）"技术能满足这个要求。

（3）存取方法的设计：存取路径分为主存取路径及辅存取路径，前者用于主键检索，后者用于辅助键检索。

（4）完整性和安全性考虑：设计者应在完整性、安全性、有效性和效率方面进行分析，做出权衡。

（5）程序设计：在逻辑数据库结构确定后，应用程序设计就应当随之开始。物理数据独立性的目的是消除由于物理结构的改变而引起对应用程序的修改。当物理独立性未得到保证时，可能会引发对程序的修改。

数据库物理设计是为逻辑数据模型选取一个最适合应用环境的物理结构，包括存储结构和存取方法。

7.5.1　数据库的物理设计的内容和方法

不同的数据库产品所提供的物理环境、存取方法和存储结构有很大差别，能供设计者使用的设计变量、参数范围也很不相同，因此没有通用的物理设计方法可遵循，只能给出一般的设计内容和原则。希望设计优化的物理数据库结构，使得在数据库上运行的各种事务响应时间小、存储空间利用率高、事务吞吐率大。为此首先对要运行的事务进行详细分析，获得选择物理数据库设计所需要的参数。其次，要充分了解所用的 RDBMS 的内部特征，特别是系统提供的存取方法和存储结构。

1. 物理设计的内容

为了设计数据库的物理结构，设计人员必须充分了解所用 DBMS 的内部特征；充分了解数据系统的实际应用环境，特别是数据应用处理的频率和响应时间的要求；充分了解外存储设备的特性。数据库的物理结构设计大致包括确定数据的存取方法、确定数据的存储结构。确定数据的存储结构，选择 DBMS；确定数据的物理分布（包括数据划分）；为数据选择存取路径，即索引的设计；调整和优化数据库的性能，如调整 DBMS 的某些选项和参数的设置。

除此之外，还需要知道每个事务在各关系上运行的频率和性能要求。例如，事务 T 必须在 10 秒钟内结束，这对于存取方法的选择具有重大影响。上述这些信息是确定关系的存取方法的依据。

应注意的是，数据库上运行的事务会不断变化、增加或减少，以后需要根据上述设计信息的变化调整数据库的物理结构。

通常对于关系数据库物理设计的内容主要包括为关系模式选择存取方法、设计关系、索引等数据库文件的物理存储结构。

2. 物理设计的方法

如果一个数据库只是用来支持一个特定的应用程序，那么这个数据库的名字应该能够很好地标识这个应用程序.否则,则要在命名时就要考虑到商务上的库表。我们目前所开发的系统大多不是在一个数据库上运行一下应用程序,所以我们最好不要用数据库的名字来标识应用程序,而应该让数据库的名字独立于应用系统。

3. 物理设计注意事项

为实体和属性创建合理的数据库名字、为每个属性设计数据类型和是否允许为空、定义主键、外键和索引。

4. 定义规则和默认值

为优化性能,应尽可能使数据库设计规范化,如遵循 1NF(第一范式)、2NF(第二范式) 和 3NF(第三范式)。

7.5.2　确定数据库的存储结构

确定数据库物理结构是指确定数据的存放位置和存储结构,包括确定关系、索引、聚簇、日志、备份等的存储安排和存储结构;确定系统配置等。

确定数据的存放位置和存储结构要综合考虑存取时间、存储空间利用率和维护代价三方面的因素。这三个方面常常是相互矛盾的,因此需要进行权衡,选择一个折中方案。

1. 确定数据的存放位置

为了提高系统性能,应该根据应用情况将数据的易变部分与稳定部分、经常存取部分和存取频率较低部分分开存放。

例如,目前许多计算机都有多个磁盘,因此可以将表和索引放在不同的磁盘上,在查询时,由于两个磁盘驱动器并行工作,可以提高物理 I/O 读写的效率;也可以将比较大的表分放在两个磁盘上,以加快存取速度,这在多用户环境下特别有效;还可以将日志文件与数据库对象(表、索引等)放在不同的磁盘上以改进系统的性能。此外,数据库的数据备份和日志文件备份等只在故障恢复时才使用,而且数据量很大,可以存放在磁带上。

由于各个系统所能提供对数据进行物理安排的手段、方法差异很大,因此设计人员应仔细了解给定 RDBMS 提供的方法和参数,针对应用环境的要求,对数据进行适当的物理安排。

2. 确定系统配置

DBMS 产品一般都提供了一些系统配置变量、存储分配参数,供设计者和 DBA 对数据库进行物理优化。初始情况下,系统都为这些变量赋予了合理的默认值。但是这些值不一定适合每一种应用环境,在进行物理设计时,需要重新对这些变量赋值,以改善系统的性能。

系统配置变量很多,如同时使用数据库的用户数,同时打开的数据库对象数,内存分配参数,缓冲区分配参数(使用的缓冲区长度、个数),存储分配参数,物理块的大小,物理块装填因子,时间片大小,数据库的大小,锁的数目等。这些参数值影响存取时间和存储空间的分配,在物理设计时就要根据应用环境确定这些参数值,以使系统性能最佳。在物理设计时对系统配置变量的调整只是初步的,在系统运行时还要根据系统实际运行情况做进一步的调整,以期切实改进系统性能。采集系统整个数据库关系如图 7-12 所示。

3. 数据库的体系三级模式结构

(1)基本表(Base Table)。基本表是模式的基本内容。实际存储在数据库中的表对应一个实际存在的关系。

(2)视图(View)。视图是外模式的基本单位,用户可以通过视图使用数据库中基于基本表的数据。视图是从其他表(包括其他视图)中导出的表,它仅是保存在数据的一种逻辑定义字典中,本身并不独立存储在数据库中,因此视图是一种虚表。

(3)存储文件。存储文件是内模式的基本单位。一个基本表对应一个或多个存储文件,一个存储文件可以存放在一个或多个基本表,一个基本表可以有若干个索引,索引同样存放在存储文件中。存储文件的存储结构对用户来说是透明的。概括起来,数据库体系三级模式结构如表 7-5 所列。

表 7-5　三种数据模式

现实世界	信息世界	机械世界
所有客观对象	条理化的信息	数据库
实体集	实体记录集	文件
实体	实体记录	记录
特征	属性	字段或数据项
标识特征	标识属性	关键字

7.5.3　评价物理结构

数据库物理设计过程中需要对时间效率、空间效率、维护代价和各种用户要求进行权衡,其结果可以产生多种方案,数据库设计人员必须对这些方案进行细致的评价,从中选择一个较优的方案作为数据库的物理结构。

评价物理数据库的方法完全依赖于所选用的 DBMS,主要是从定量估算各种方案的存储空间、存取时间和维护代价入手,对估算结果进行权衡、比较,选择出一个较优的、合理的物理结构。如果该结构不符合用户需求,则需要修改设计。

重新设计物理结构甚至逻辑结构会导致数据重新入库。由于数据入库工作量实在太大,所以可以采用分期输入数据的方法,即先输入小批量数据供先期联合调试使用,待试运行基本合格后再输入大批量数据,逐步增加数据量,逐步完成运行评价,如图 7-13 所示。

数据采集系统整体设计与开发

242

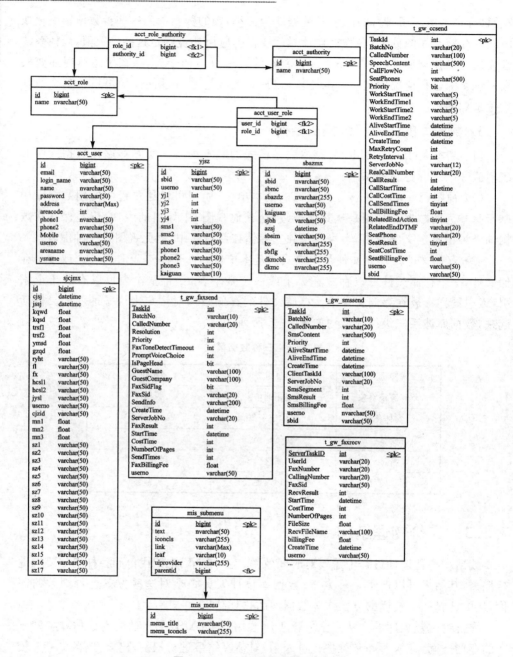

图 7 - 12　采集系统数据库关系图

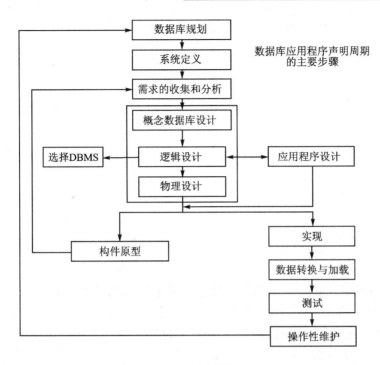

图 7 - 13　数据库设计步骤评价

7.6　数据库实施

　　根据逻辑设计和物理设计的结果,在计算机系统上建立起实际数据库结构、装入数据、测试和试运行的过程称为数据库的实施阶段。实施阶段主要有三项工作。

　　(1)建立实际数据库结构。对描述逻辑设计和物理设计结果的程序即"源模式",经 DBMS 编译成目标模式并执行后,便建立了实际的数据库结构。

　　(2)装入试验数据对应用程序进行调试。试验数据可以是实际数据,也可由手工生成或用随机数发生器生成。应使测试数据尽可能覆盖现实世界的各种情况。

　　(3)装入实际数据,进入试运行状态。测量系统的性能指标,是否符合设计目标。如果不符,则返回到前面,修改数据库的物理模型设计甚至逻辑模型设计。数据库实施的过程模型如图7 - 14 所示。

7.6.1　使用 SQL 数据字典来构建数据库

　　在数据库应用中 SQL 语言无处不在,它已经不只是单纯的一种查询语言,更多的是连接人和数据库系统之间的一座桥梁,无论读者是开发管理信息系统还是作为数据库系统的管理者,都离不开使用 SQL 语言来执行人与数据库之间的信息交流,SQL 是一种面向数据库的通用数据处理语言规范,能完成以下几类功能:提取查询

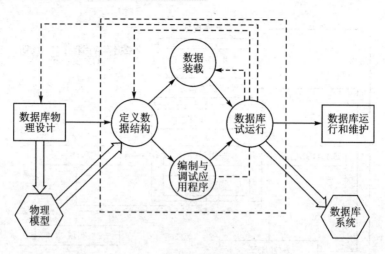

图 7 - 14　数据库实施的过程模型

数据,插入修改删除数据,生成修改和删除数据库对象,数据库安全控制,数据库完整性及数据保护控制。数据库对象包括表、视图、索引、同义词、簇、触发器、函数、过程、包、数据库链、快照等(表空间、回滚段、角色、用户)。

SQL 语言是集数据定义语言(DDL)、数据操纵语言(DML)、数据控制语言(DCL)的功能于一体,语言风格统一,可以独立完成数据生命周期中的全部活动,包括定义关系模式、录入数据以建立数据库、查询、更新、维护、数据库重构、数据库安全性控制等一系列操作的要求,这就为数据库应用系统开发提供了良好的环境。

1. 数据库的实施

根据物理设计的结果产生一个具体的数据库和它的应用程序,并把原始数据装入数据库。实施阶段主要有三项工作:

(1) 建立实际数据库结构。

(2) 装入试验数据对应用程序进行调试。

(3) 装入实据数据。

在数据库实施阶段,设计人员运用 DBMS 提供的数据语言及其宿主语言,根据逻辑设计和物理设计的结果建立数据库,编制与调试应用程序,组织数据入库,并进行试运行。

数据库试运行则是要实际测量系统的各种性能指标:不仅是时间、空间指标,如果结果不符合设计目标,则需要返回物理设计阶段,调整物理结构,修改参数;有时甚至需要返回逻辑设计阶段,调整逻辑结构。

2. 用数据字典建表生成脚本过程

数据字典是一个数据模型中数据和对象的相关描述集合,它有利于程序员和用户在创建应用程序、报告时查阅数据和对象。当用到数据模型时,创建一个数据字典是很理想的。当数据库很小时,开发人员经常利用内嵌的 SQL Server 工具和脚本来创建数据模型。但是当数据库模型变成企业级的数据模型并且具有相对应的复杂性时,管理和维护的复杂性也随之增加。

(1)建库名。使用 Microsoft SQL Server 2005 数据库软件,打开程序在 Microsoft SQL Server 2005 数据库找到企业管理器打开或在桌面建立企业管理器快捷键,用鼠标右键选择数据库箭头指向→新建数据库右击后,立刻弹出新建数据库对话窗口,在我们所设计数据库名称(N)输入我们设计数据库名称:JRL_NTYJ_DaTa(吉尔利农田预警数据)在单击对话窗口确定按钮,在左栏显示我们刚刚新建立的数据库名:JRL_NTYJ_DaTa。

需要装入数据库中的数据通常都分散在各个部门的数据文件或原始凭证中,所以首先必须把需要入库的数据筛选出来。

(2)建库表。单击新建库名(JRL_NTYJ_DaTa),再右击表,出现新建表,参照本章数据字典表(表7-6～表7-10表格)字段名称和字段类型对应库表列名和数据类型分别输入,然后正确选择是否为空(注意:允许可以没有数据,不允许必须有数据)。按照数据字典顺序逐一自上向下输入数据字典字段名称和字段类型,直至列名和数据类型建表完毕为止,单击保存将弹出输入表名的对话框,输入表名然后再单击"确定"按钮,表示此数据字典已建立成库表模块。

(3)用库表生成脚本。选择已建库表,将鼠标右击选择"新建库表箭头指向"→"编写脚本为"命令,再将鼠标选择"CREATE 到此箭头指向"→"新建查询编辑窗口"命令,便自动生成我们需要的数据库脚本文件。

(4)效验数据。检查输入的数据是否有误。

在查询器中,插入任意一条正确数据执行。如果返回正确的影响行数,则表示数据表建立正确,反之则检查相应字段名称和数据类型。

对于中大型系统,由于数据量极大,用人工方式组织数据入库将会耗费大量的人力、物力,而且很难保证数据的正确性。因此应该设计一个数据输入子系统,由计算机辅助数据的入库工作。

如果数据库是在老文件系统或数据库的系统的基础上设计的,则数据输入子系统只需要完成转换数据和综合数据两项工作,直接将老系统中的数据转换成系统中需要的数据格式。

值得注意的是:为了保证数据能够及时入库,应在数据库物理设计的同时编制数据输入子系统。

脚本是批处理文件的延伸,是一种纯文本保存的程序。一般来说,计算机脚本程序是确定一系列控制计算机进行运算操作动作的组合,在其中可以实现一定的逻辑分支等。脚本简单地说就是一条条的文字命令,这些文字命令是可以看到的(如可以用记事本打开查看、编辑)。脚本程序在执行时,是由系统的一个解释器将其一条条的翻译成机器可识别的指令,并按程序顺序执行。因为脚本在执行时多了一道翻译的过程,所以它比二进制程序执行效率要稍低一些。

7.6.2　数据库运行和维护阶段

数据库应用程序的设计应该与数据设计并行进行。在数据库实施阶段,当数据库结构建立好后,就可以开始编制与调试数据库的应用程序。也就是说,编制与调试应用程序是与组织数据入库同步进行的,调试应用程序时由于数据入库尚未完成,可先使用模拟数据。

应用程序调试完成,并且已有一小部分数据入库后,就可以开始数据库的试运行。数据库试运行也称为联合调试,其主要工作包括以下几方面:

(1) 功能测试。即实际运行应用程序,执行对数据库的各种操作,测试应用程序的各种功能。

(2) 性能测试。即测量系统的性能指标,分析是否符合设计目标。

值得注意的是:在数据库试运行阶段,由于系统还不稳定,硬、软件故障随时都有可能发生。而系统的操作人员对系统还不熟悉,误操作也不可避免,因此必须做好数据库的转储和恢复工作,尽量减少对数据库的破坏。

数据库系统正式运行,标志着数据库设计与应用开发工作的结束和维护阶段的开始。运行维护阶段的主要任务有四项:

(1) 维护数据库的安全性与完整性:检查系统安全性是否受到侵犯,及时调整授权和密码,实施系统转储与备份,发生故障后及时恢复。

(2) 监测并改善数据库运行性能:对数据库的存储空间状况及响应时间进行分析评价,结合用户反应确定改进措施。

(3) 根据用户要求对数据库现有功能进行扩充。

(4) 及时改正运行中发现的系统错误。

7.6.3　数据的载入和应用程序的调试

数据库实施阶段包括两项重要的工作:一项是数据的载入,另一项是应用程序的编码和调试。

一般数据库系统中数据量都很大,而且数据来源于部门中的各个不同的单位,数据的组织方式、结构和格式都与新设计的数据库系统有相当的差距,组织数据录入就要将各类源数据从各个局部应用中抽取出来,输入计算机,再分类转换,最后综合成符合新设计的数据库结构的形式,输入数据库。因此这样的数据转换、组织入库的工作是相当费力费时的工作。

特别是原系统是手工数据处理系统时,各类数据分散在各种不同的原始表格、凭证、单据之中。在向新的数据库系统中输入数据时,还要处理大量的纸质文件,工作量就更大。

由于各个不同的应用环境差异很大,不可能有通用的转换器,DBMS 产品也不提供通用的转换工具。为提高数据输入工作的效率和质量,应该针对具体的应用环境设计一个数据录入子系统,由计算机来完成数据入库的任务。

由于要入库的数据在原来的系统中的格式结构与新系统中不完全一样,有的差别可能还比较大,不仅向计算机内输入数据时发生错误,转换过程中也有可能出错。因此,在源数据入库之前要采用多种方法对它们进行检验,以防止不正确的数据入库,这部分的工作在整个数据输入系统中是非常重要的。

在设计数据输入子系统时还要注意原有系统的特点,例如对原有系统是人工数据处理系统的情况,尽管新系统的数据结构可能与原系统有很大差别,在设计数据输入系统时,尽量让输入格式与原系统结构相近,这不仅使处理手工文件比较方便,更重要的是减少用户出错的可能性,保证数据输入的质量。现有的 DBMS 一般都提供不同 DBMS 之间数据转换的工具;若原来是数据库系统,就可以利用新系统的数据转换工具,先将原系统中的表转换成新系统中相同结构的临时表,再将这些表中的数据分类、转换、综合成符合新系统的数据模式,插入相应的表中。

数据库应用程序的设计应该与数据库设计同时进行,因此在组织数据入库的同时还要调试应用程序。应用程序的设计、编码和调试的方法、步骤在软件工程等课程中有详细讲解,这里就不赘述了。

7.6.4　数据库的试运行

在原有系统的数据有一小部分已输入数据库后,就可以开始对数据库系统进行联合调试,这又称为数据库的试运行。

这一阶段要实际运行数据库应用程序,执行对数据库的各种操作,测试应用程序的功能是否满足设计要求。如果不满足,对应用程序部分则要修改、调整,直到达到设计要求为止。

在数据库试运行时,还要测试系统的性能指标,分析其是否达到设计目标。在对数据库进行物理设计时已初步确定了系统的物理参数值,但一般的情况下,设计时的考虑在许多方面只是近似的估计,和实际系统运行总有一定的差距,因此必须在试运行阶段实际测量和评价系统性能指标。事实上,有些参数的最佳值往往是经过运行调试后找到的。如果测试的结果与设计目标不符,则要返回物理设计阶段,重新调整物理结构,修改系统参数,某些情况下甚至要返回逻辑设计阶段,修改逻辑结构。

这里特别要强调两点:第一,上面已经讲到组织数据入库是十分费时费力的事,如果试运行后还要修改数据库的设计,还要重新组织数据入库。因此应分期分批地组织数据入库,先输入少量数据做调试用,待试运行基本合格后,再大批量输入数据,逐步增加数据量,逐步完成运行评价。

第二,在数据库试运行阶段,由于系统还不稳定,硬、软件故障随时都可能发生。而系统的操作人员对新系统还不熟悉,误操作也不可避免,因此应首先调试运行DBMS 的恢复功能,做好数据库的转储和恢复工作。一旦故障发生,能使数据库尽

247

数
据
采
集
系
统
整
体
设
计
与
开
发

快恢复,尽量减少对数据库的破坏,如图 7 - 15 所示。

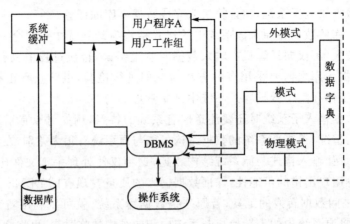

图 7 - 15　数据库存取数据过程模型

7.6.5　数据库的维护

数据库试运行合格后,数据库开发工作就基本完成,即可投入正式运行了。但是,由于应用环境在不断变化,数据库运行过程中物理存储也会不断变化,对数据库设计进行评价、调整、修改等维护工作是一个长期的任务,也是设计工作的继续和提高。

在数据库运行阶段,对数据库经常性的维护工作主要是由 DBA 完成的,它包括以下内容。

1. 数据库的转储和恢复

数据库的转储和恢复是系统正式运行后最重要的维护工作之一。DBA 要针对不同的应用要求制定不同的转储计划,以保证一旦发生故障能尽快将数据库恢复到某种一致的状态,并尽可能减少对数据库的破坏。

2. 数据库的安全性、完整性控制

在数据库运行过程中,由于应用环境的变化,对安全性的要求也会发生变化,比如有的数据原来是机密的,现在是可以公开查询的了,而新加入的数据又可能是机密的。系统中用户的密级也会改变。这些都需要 DBA 根据实际情况修改原有的安全性控制。同样,数据库的完整性约束条件也会变化,也需要 DBA 不断修正,以满足用户要求。

3. 数据库性能的监督、分析和改造

在数据库运行过程中,监督系统运行,对监测数据进行分析,找出改进系统性能的方法是 DBA 的又一重要任务。目前有些 DBMS 产品提供了监测系统性能参数的工具,DBA 可以利用这些工具方便地得到系统运行过程中一系列性能参数的值。

248

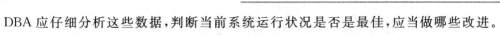

DBA 应仔细分析这些数据,判断当前系统运行状况是否是最佳,应当做哪些改进。例如调整系统物理参数,或对数据库进行重组织或重构造等。

4. 数据库的重组织与重构造

数据库运行一段时间后,由于记录不断增、删、改,会使数据库的物理存储情况变坏,降低了数据的存取效率,数据库性能下降,这时 DBA 就要对数据库进行重组织,或部分重组织(只对频繁增、删的表进行重组织)。DBMS 一般都提供数据重组织用的实用程序。在重组织的过程中,按原设计要求重新安排存储位置、回收垃圾、减少指针链等,提高系统性能。

数据库的重组织,并不修改原设计的逻辑和物理结构,而数据库的重构造则不同,它是指部分修改数据库的外模式和内模式。

由于数据库应用环境发生变化,增加了新的应用或新的实体,取消了某些应用,有的实体与实体之间的联系也发生了变化等,使原有的数据库设计不能满足新的需求,需要调整数据库的外模式和内模式。例如,在表中增加或删除某些数据项,改变数据项的类型,增加或删除某个表,改变数据库的容量,增加或删除某些索引等。当然数据库的重构也是有限的,只能做部分修改。如果应用变化太大,重构也无济于事,说明此数据库应用系统的生命周期已经结束,应该设计新的数据库应用系统了。

7.7 网络数据库结构模式思考

7.7.1 C/S 模式

C/S(Client/Server,客户/服务器)方式的网络计算模式:服务器负责管理数据库的访问,并对客户机/服务器网络结构中的数据库安全层加锁,进行保护;客户机负责与用户的交互,收集用户信息,通过网络向服务器发送请求。C/S 模式中,资源明显不对等,是一种"胖客户机(fat client)"或"瘦服务器(thin server)"结构。客户程序(前台程序)在客户机上运行,数据库服务程序(后台程序)在应用服务器上运行。

7.7.2 B/S 模式

B/S(Browser/Server,浏览器/服务器)方式的网络结构:

(1)客户端统一采用浏览器如:Netscape 和 IE,通过 Web 浏览器向 Web 服务器提出请求,由 Web 服务器对数据库进行操作,并将结果传回客户端。

(2) B/S 结构简化了客户机的工作,但服务器将担负更多的工作,对数据库的访问和应用程序的执行都将在这里完成。即当浏览器发出请求后,其数据请求、加工、返回结果、动态网页生成等工作全部由 Web 服务器完成。

7.7.3　C/S、B/S 架构两者特点的比较

C/S 结构软件(即客户机/服务器模式)分为客户机和服务器两层,客户机不是毫无运算能力的输入、输出设备,而是具有了一定的数据处理和数据存储能力,通过把应用软件的计算和数据合理地分配在客户机和服务器两端,可以有效地降低网络通信量和服务器运算量。由于服务器连接个数和数据通信量的限制,这种结构的软件适于在用户数目不多的局域网内使用。国内目前的大部分 ERP(财务)软件产品即属于此类结构。

B/S(浏览器/服务器模式)是随着 Internet 技术的兴起,对 C/S 结构的一种改进。在这种结构下,软件应用的业务逻辑完全在应用服务器端实现,用户表现完全在Web 服务器实现,客户端只需要浏览器即可进行业务处理,是一种全新的软件系统构造技术。这种结构更成为当今应用软件的首选体系结构。e 通管理系列产品即属于此类结构。

(1) 数据安全性比较。由于 C/S 结构软件的数据分布特性,客户端所发生的火灾、盗抢、地震、病毒、黑客等都成了可怕的数据杀手。另外,对于集团级的异地软件应用,C/S 结构的软件必须在各地安装多个服务器,并在多个服务器之间进行数据同步。如此一来,每个数据点上的数据安全都影响了整个应用的数据安全。所以,对于集团级的大型应用来讲,C/S 结构软件的安全性是令人无法接受的。对于 B/S 结构的软件来讲,由于其数据集中存放于总部的数据库服务器,客户端不保存任何业务数据和数据库连接信息,也无须进行什么数据同步,所以这些安全问题也就自然不存在了。

(2) 数据一致性比较。在 C/S 结构软件的解决方案里,对于异地经营的大型集团都采用各地安装区域级服务器,然后再进行数据同步的模式。这些服务器每天必须同步完毕之后,总部才可得到最终的数据。由于局部网络故障造成个别数据库不能同步不说,即使同步上来,各服务器也不是一个时点上的数据,数据永远无法一致,不能用于决策。对于 B/S 结构的软件来讲,其数据是集中存放的,客户端发生的每一笔业务单据都直接进入到中央数据库,不存在数据一致性的问题。

(3) 数据实时性比较。在集团级应用里,C/S 结构不可能随时随地看到当前业务的发生情况,看到的都是事后数据;而 B/S 结构则不同,它可以实时看到当前发生的所有业务,方便快速决策,有效地避免了企业损失。

(4) 数据溯源性比较。由于 B/S 结构的数据是集中存放的,所以总公司可以直接追溯到各级分支机构(分公司、门店)的原始业务单据,也就是说看到的结果可溯源。大部分 C/S 结构的软件则不同,为了减少数据通信量,仅仅上传中间报表数据,在总部不可能查到各分支机构(分公司、门店)的原始单据。

(5) 服务响应及时性比较。企业的业务流程、业务模式不是一成不变的,随着企业不断发展,必然会不断调整。软件供应商提供的软件也不是完美无缺的,所以,对

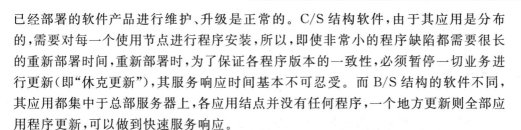

已经部署的软件产品进行维护、升级是正常的。C/S 结构软件,由于其应用是分布的,需要对每一个使用节点进行程序安装,所以,即使非常小的程序缺陷都需要很长的重新部署时间,重新部署时,为了保证各程序版本的一致性,必须暂停一切业务进行更新(即"休克更新"),其服务响应时间基本不可忍受。而 B/S 结构的软件不同,其应用都集中于总部服务器上,各应用结点并没有任何程序,一个地方更新则全部应用程序更新,可以做到快速服务响应。

(6) 网络应用限制比较。C/S 结构软件仅适用于局域网内部用户或宽带用户(1兆以上);而我们的 B/S 结构软件可以适用于任何网络结构(包括 33.6K 拨号入网方式),特别适于宽带不能到达的地方(例如迪信通集团的某些分公司,仅靠电话上网即可正常使用软件系统)。

从以上的分析可以看出,B/S 结构的管理软件有着 C/S 结构软件无法比拟的优势。而从国外的发展趋势来看也验证了这一点。目前,国外大型企业管理软件要么已经是 B/S 结构,要么正在经历从 C/S 到 B/S 结构的转变。从国内诸多软件厂商积极投入开发 B/S 结构软件的趋势来看,B/S 结构的大型管理软件势必在将来的几年内占据管理软件领域的主导地位。

第**8**章

上位机应用软件设计

8.1　上位机软件开发任务

8.1.1　注册用户登录与权限管理

　　用户注册是登录上位机应用软件活动最直接的桥梁,通过用户注册可以有效地在 Internet 网络中获得采集信息以供浏览,并将合法的用户信息保存在到指定的数据表中。

　　按照项目上位机应用软件设计应具备四级节点用户同时登录的需求:省级节点最少满足 200 户注册登录、地州级节点满足 400 户注册登录、县乡镇、级节点满足 1000 户注册登录、村(队)节点满足 4000 户注册登录,整个系统满足 2 万人同时登录,在用户注册与登录操作过程中严格验证表单内容,以提高整个系统的安全性,防止非法用户进入系统。

　　用户注册与登录是整个系统用户管理的基本模块,而权限管理是根据每个人的职位、级别、身份的不同,系统分配给每个系统用户不同的操作权限,同样四级节点逐级授权,省级管理员向地州级管理员授权、地州级管理员向县乡、镇级管理员授权、县乡、镇级管理员向村(队)级授权,各级授权采取实名制,并在各自授权范围内增加、修改和删除用户信息。

8.1.2　采集数据界面显示

　　重点任务是将空气温度、湿度、风向、风速、降雨量、日照、地表温度、土壤水分、虫情、叶面湿度、CO_2 等传感器等所采集传感器参数,按照功能模块划分在上位机界面上发布,并实现数据管理、数据分析、采集参数设定、数据查询等功能,并通过表格类、柱状图、曲线图等形式在界面直观展现出来。

8.1.3　短信预警发布

　　短信预警具备两种预警状态:即自动预警和人工预警,所谓自动预警就是我们事先设定传感器上限或下限参数值,当某传感器的日平均值经上位机数据服务器达到上限或下限后,则会向短信服务模块发出预警指令,自动向管理员或用户发出事先设定的预警语句。所谓人工预警就是在上位机界面重新设定预警语句内容,包括突发事件、新添加的预警对象等方式,人为设定预警时间等手段发布预警信息。

授权各级节点管理人员或技术人员设定预警值,监测器向系统发出预警,系统判断预警是否符合预警标准语句,如果符合标准范围语句,向相关人员发出预警语句,否则预警系统出现错误提示,预警操作权限同样按照四级节点设置,逐级授权设置。其目的最终通过预警提示,让各级工作员迅速对作物进行管理提供决策依据,以利降低或减少损失。

8.1.4　上位机应用程序工作任务

（1）将采集数据如何变成页面数据——上位机应用程序解决。

（2）如何根据用户请求将指定的数据体送达客户端——Internet 解决。

（3）客户端如何将页面数据显示为页面:即图形界面上的文本、图像、图形的集合——浏览器解决。

上位机应用程序的运行原理:WWW － World Wide Web。Internet 可以狭义地理解为"设施",即将全世界的计算机联合起来的这些网络设备的"总和",而WWW 是这个物质基础上的"精神",即很多(不是全部)具体功能的集合。很多时候,人们把 WWW 同 Internet 等同起来,这是今天的客观现实决定的,因为 WWW几乎成了 Internet 的全部。但是,从原理上说,完全可以以 Internet 为基础,构造WWW 之外的系统。严格地说,像 ICQ、IRC 之类的服务就是 WWW 之外的 Internet。Internet 的基础是 TCP/IP,WWW 的基础是 HTTP,所以 WWW 只是 Internet的一个子集。

8.1.5　Java Web 应用开发核心技术

1. jSP 的运行机制

JSP 是服务器端技术,在服务器端,JSP 引擎解释并执行 JSP 页面的代码,然后将执行结果以 HTML 或 XML 页面的形式发送给客户端,在客户端看不到 JSP 页面本身的代码,只能看到 JSP 页面执行后的输出结果。JSP 容器(Web 容器或 Servlet容器)接收到以.jsp 为扩展名的 HTTP 请求后,实质上是将这个请求交给一个 JSP引擎去处理,这个引擎就是一个由 Tomcat 提供的 Servlet 程序,名字为 org. apache.jsper. servlet. JspServlet,当一个 JSP 页面第一次被访问时,JSP 引擎就会把它翻译成一个 Servlet 源程序,再把这个源程序编译成为 class 文件,最后交由 Servlet 容器以像执行普通 Servlet 程序一样的方式来装载和执行。

JSP 容器管理 JSP 页面生命周期的两个阶段:转换阶段和执行阶段。当一个对JSP 页面的客户端请求来到时,JSP 容器检验 JSP 页面的语法是否正确,将 JSP 页面转换为 Servlet 源程序,然后调用 javac 工具将 Servlet 源程序编译为 class 文件,这一阶段是转换阶段;接下来 Servlet 容器加载转换后的 Servlet 类,实例化一个 Servlet

对象去处理客户端的请求,在请求处理完毕后,响应被 JSP 容器接收,容器将 HTML 格式的响应发送到客户端,这一阶段是执行阶段。

从整个过程可以看出,当第一次加载 JSP 页面时,因为需要将 JSP 页面转换为 Servlet 类,所以响应速度比较慢,当再次请求时,JSP 容器就会直接执行第一次请求时产生的 Servlet 类,而不会再重新转换 JSP 页面,所以响应速度就快了。JSP 容器会检查 JSP 页面,看是否有更新或修改,如果有更新或修改,JSP 容器会再次执行转换和编译,如果没有更新或修改,就直接执行前面产生的 Servlet 类,如图 8-1 所示。

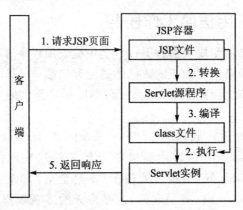

图 8-1 JSP 的运行机制示意图

2. Java Bean 完成功能处理基本特征

(1)自检特征:在对 JavaBean 功能进行命名时,严格地遵循命名规范,又称为设计模式,通过名称就可以知道它的基本功能,利用可视化的方式将每个 JavaBean 属性、方法和事件的相关信息展示给用户,可以直接地观察到它们的状态。

(2)属性特征:属性是 JavaBean 外观及行为特征的描述用户可以在设计阶段对它进行定制。对于每个 JavaBean,可以通过软件构造工具进行检测并以可视化的方式提供给用户。

(3)定制特征:在设计阶段可以利用属性编辑器或 JavaBean 定制器对其进行重新定制。

(4)事件特征:JavaBean 利用事件实现与其他 JavaBean 的沟通,希望接收事件的 JavaBean 要对它所关注的事件引发读者进行注册,软件构造工具能够检查每个 JavaBean,以便判定它能够引发哪些事件或能够处理哪些事件。

(5)持久性特征:持久性使得 JavaBean 的状态可以被永久性地保存起来。修改了某个 JavaBean 的属性之后,一定要将其永久性地保存,以便日后使用时 JavaBean 将处于最新版本的状态。

(6)功能分解特征:JavaBean 的方法与 Java 的成员方法一样,不仅可以由其他的 JavaBean 调用,也可以由本地环境调用。在默认情况下,JavaBean 的成员方法都是 public 方法。每个 JavaBean 都应该有独特的功能,这样才符合组件技术的设计宗旨。

3. Servlet 对应用的流程进行控制原理

Servlet 过滤器是 Servlet 程序的一种特殊用法,主要用来完成一些通用的操作,如编码的过滤、判断用户的登录状态。过滤器使得 Servlet 开发者能够在客户端请求到达 Servlet 资源之前被截获,在处理之后再发送给被请求的 Servlet 资源,并且还可以截获响应,修改之后再发送给用户。Servlet 监听器是 Web 应用开发的一个重要组成部分,主要就是用来对 Web 应用进行监督和控制,极大地增强了 Web 应用的事件处理能力。Servlet 监听器的功能比较类似于 Java 中的 GUI 程序的监听器,可以监听由于 Web 应用中的状态改变而引起的 Servlet 容器产生的相应事件,然后接收并处理这些事件。

4. JDBC 组件交互技术

JDBC 是一组用于执行 SQL 语句的 Java API,由一些 Java 类和接口组成。JDBC API 描述了一套访问关系数据库的标准 Java 类库。可以在程序中使用这些 API,连接到关系数据库,执行 SQL 语句,对数据进行处理。通过 JDBC 与数据库连接,也要像 ODBC 一样装载相应的数据库驱动程序,但是这种驱动程序的装载是通过 JDBCAH 类库中的类自动进行的。所以在进行 Java 应用程序开发时,当需要将 SQL 语句传送给数据库时,JDBC 能够自动地将 SQL 语句传送给相应的数据库管理系统(DBMS)。而且 Java 编写的应用程序具有平台无关性,因此不需要为不同的平台环境编写不同的应用程序,这样 Java 和 JDBC 的结合使开发人员进行数据库应用程序的编程时真正做到"一次编译,随处运行"。

5. JSTL 标签和 EL 表达式完成 JSP 页面中各种信息控制和输出重要作用

JSTL 全称:JavaServer Pages Standard Tag Library 是一个实现 Web 应用程序中常见的通用功能的定制标记库集,这些功能包括迭代和条件判断、数据管理格式化、XML 操作以及数据库访问,是 JavaWeb 开发人员最常用的标准通用标签,提供了大量的实用功能替代传统 Java 嵌入方式,简化 Web 开发,提高程序的维护和阅读性 STL 标签分为四大类:标准标签、国际化 I18N 标签、SQL 标签、XML 标签、JSTL 函数/EL 函数。

EL 表达式全称:Expression Language ,EL 表达式的语法十分简单,以 $\${ 启始,}$结束,中间部分为表达式部分,不同 Scriptlet 的表达式,EL 表达式更方便和简洁,EL 表达式可以用于获取页面表单提交的参数,进行数学与逻辑运算计算出结果,获取属性中的对象,获取 JavaBean 的属性值。EL 主要作用:获取数据,EL 表达式主要用于替换 JSP 页面中的脚本表达式,以从各种类型的 java 对象中获取数据。执行运算,利用 EL 表达式可以在 JSP 页面中执行一些基本的关系运算、逻辑运算和算术运算,以在 JSP 页面中完成一些简单的逻辑运算。获取 web 开发常用对象,EL 表达式定义了一些隐式对象,利用这些隐式对象,web 开发人员可以很轻松获得对 web 常用对象的引用,从而获得这些对象中的数据。调用 Java 方法,EL 表达式允许用户开发自定义 EL 函数,以在 JSP 页面中通过 EL 表达式调用 Java 类的方法。

6. 三层架构与 MVC 三层模式

三层架构包含有表示层、业务逻辑层和数据访问层即:

(1) 表现层(UI):通俗讲就是展现给用户的界面,即用户在使用一个系统的时候他的所见所得。

(2) 业务逻辑层(BLL):针对具体问题的操作,也可以说是对数据层的操作,对数据业务逻辑处理。

(3) 数据访问层(DAL):该层所做事务直接操作数据库,针对数据的增添、删除、修改、更新、查找等。三层架构的原理所谓三层体系结构,是在客户端与数据库之间加入了一个"中间层",也叫组件层。这里所说的三层体系,不是指物理上的三层,不是简单地放置三台机器就是三层体系结构,也不仅仅有 B/S 应用才是三层体系结构,三层是指逻辑上的三层,即使这三个层放置到一台机器上。

三层体系的应用程序将业务规则、数据访问、合法性校验等工作放到了中间层进行处理。通常情况下,客户端不直接与数据库进行交互,而是通过 COM/DCOM 通信与中间层建立连接,再经由中间层与数据库进行交互。

使用 MVC 应用程序被分成三个核心部件:模型、视图、控制器。它们各自处理自己的任务,即:视图是用户看到并与之交互的界面。MVC 一个大的好处是它能为应用程序处理很多不同的视图。在视图中其实没有真正的处理发生,不管这些数据是联机存储的还是一个雇员列表,作为视图来讲,它只是作为一种输出数据并允许用户操纵的方式,模型表示企业数据和业务规则。在 MVC 的三个部件中,模型拥有最多的处理任务。例如它可能用像 EJBs 和 ColdFusion　Components 这样的构件对象来处理数据库。被模型返回的数据是中立的,就是说模型与数据格式无关,这样一个模型能为多个视图提供数据。由于应用于模型的代码只需写一次就可以被多个视图重用,所以减少了代码的重复性。控制器接受用户的输入并调用模型和视图去完成用户的需求。所以当单击页面中的按钮和发送事件时,控制器本身不输出任何东西和做任何处理。它只是接收请求并决定调用哪个模型构件去处理请求,然后用确定用哪个视图来显示模型处理返回的数据。MVC 的工作原理:首先,最重要的一点是多个视图能共享一个模型,正如前文所提及的,现在需要用越来越多的方式来访问应用程序。对此,其中一个解决之道是使用 MVC,无论用户想要什么样的界面;用一个模型就能处理它们。由于已经将数据和业务规则从表示层分开,所以可以最大化地重用自己的代码了。由于模型返回的数据没有进行格式化,所以同样的构件能被不同界面使用。因为模型是自包含的,并且与控制器和视图相分离,所以很容易改变应用程序的数据层和业务规则。如果想把自己的数据库从 MySQL 移植到 Oracle,或者改变基于 RDBMS 数据源到 LDAP,只需改变模型即可。一旦正确地实现了模型,不管数据来自数据库或是 LDAP 服务器,视图将会正确地显示它们。由于运用 MVC 的应用程序的三个部件是相互对立,改变其中一个不会影响其他两个,所以依据这种设计思想读者能构造良好的松偶合的构件。控制器还提供了一个好处,就是可以使用控制器来连接不同的模型和视图去完成用户的需求,这样控制器可以为构造应用程序提供强有力的手段。给定一些可重用的模型和视图,控制器可以根据用户的需求选择模型进行处理,然后选择视图将处理结果显示给用户。

　　Java 平台企业版(J2EE)和其他的各种框架不一样,J2EE 为模型对象(Model Objects)定义了一个规范。

　　视图(View)在 J2EE 应用程序中,视图(View)可能由 Java Server Page(JSP)承担。生成视图的代码则可能是一个 servlet 的一部分,特别是在客户端服务端交互的时候。控制器(Controller)J2EE 应用中,控制器可能是一个 servlet,现在一般用 Struts 实现。模型(Model)模型则是由一个实体 Bean 来实现,如图 8-2 所示。

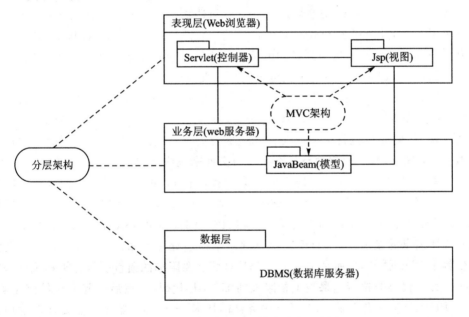

图 8-2　三层架构 MVC 模式分层示意图

8.2　动态网页技术

8.2.1　动态网页工作原理

　　ASP 工作原理:ASP 全名 Active Server Pages,是一个 WEB 服务器端的开发环境,利用它可以产生和执行动态的、互动的、高性能的 WEB 服务应用程序。ASP 采用脚本语言 VBScript(Java script)作为自己的开发语言。用户在浏览器的地址栏中输入 ASP 文件,并回车触发这个 ASP 的申请,浏览器将这个 ASP 的请求发送到给 Web 服务器,Web Server 接收这些申请并根据.asp 的扩展名判断这是 ASP 要求。Web Server 从硬盘或内存中读取正确的 ASP 文件,Web Server 将这个文件发送到 ASP.DLL 的特定文件中,ASP 文件将会从头至尾执行并根据命令要求生成相应的 HTML 文件,HTML 文件被送回浏览器。用户的浏览器解释这些 HTML 文件并将结果显示出来。

PHP 工作原理:在浏览器地址栏输入的是 www.xjjxgz.com/catalog/yak.php. 浏览器通过因特网发送一个信息给一个叫 www.xjjxgz.com 的计算机,并向其寻要/xjjxgz.html 页面。Apache,一个运行在 www.xjjxgz.com 电脑上的程序,得到上面那个信息后就问 PHP 解析器,(另一个运行在 www.xjjxgz.com 电脑上的程序)"/xjjxgz /yak.php 是什么样子的?" PHP 解析器从硬盘上读取 xjjxgz /yak.php(/usr/local/www/ xjjxgz /yak.php)文件,PHP 解析器在 yak.php 文件内执行命令,可能是与数据库(eg:MySQL)交换数据。PHP 解析器拿出 yak.php 并把它送回 Apache,并答复了上面的提问" / xjjxgz /yak.php 是什么样子的?"Apache 将从 PHP 解析器得到的内容在因特网上送回到我的电脑——这就是对浏览器请求的应答,浏览器在根据页面内的 HTML 标签指示在屏幕上显示页面。

JSP 工作原理:当服务器上的一个 JSP 页面被第一次请求执行时,服务器上的 JSP 引擎首先将 JSP 页面文件转译成一个 java 文件,再将这个 java 文件编译生成字节码文件,然后通过执行字节码文件响应客户的请求,而当这个 JSP 页面再次被请求执行时,JSP 引擎将直接执行这个字节码文件来响应客户。

三者都提供在 HTML 代码中混合某种程序代码、由语言引擎解释执行程序代码的能力。但 JSP 代码被编译成 Servlet 并由 Java 虚拟机解释执行,这种编译操作仅在对 JSP 页面的第一次请求时发生。在 ASP、PHP、JSP 环境下,HTML 代码主要负责描述信息的显示样式,而程序代码则用来描述处理逻辑。普通的 HTML 页面只依赖于 Web 服务器,而 ASP、PHP、JSP 页面需要附加的语言引擎分析和执行程序代码。程序代码的执行结果被重新嵌入到 HTML 代码中,然后一起发送给浏览器。ASP、PHP、JSP 三者都是面向 Web 服务器的技术,客户端浏览器不需要任何附加的软件支持。

8.2.2　ASP 技术特点

(1) 使用 VBScript、JScript 等简单易懂的脚本语言,结合 HTML 代码,即可快速地完成网站的应用程序。

(2) 无须 compile 编译,容易编写,可在服务器端直接执行。

(3) 使用普通的文本编辑器,如 Windows 的记事本,即可进行编辑设计。

(4) 与浏览器无关(Browser Independence),客户端只要使用可执行 HTML 码的浏览器,即可浏览 Active Server Pages 所设计的网页内容。Active ServerPages 所使用的脚本语言(VBScript、Jscript)均在 WEB 服务器端执行,客户端的浏览器不需要能够执行这些脚本语言。

(5) Active Server Pages 能与任何 ActiveX scripting 语言兼容。除了可使用 VB Script 或 JScript 语言来设计外,还通过 plug-in 的方式,使用由第三方所提供的其他脚本语言,譬如 REXX、Perl、Tcl 等。脚本引擎是处理脚本程序的 COM(Component Object Model)对象。

(6) 可使用服务器端的脚本来产生客户端的脚本。

(7) ActiveX Server Components(ActiveX 服务器组件)具有无限可扩充性。可以使用 Visual Basic、Java、Visual C++、COBOL 等程序设计语言来编写所需要的 ActiveX Server Component。

8.2.3 PHP 技术特点

1. 数据库连接

PHP 可以编译成具有与许多数据库相连接的函数。PHP 与 MySQL 是现在绝佳的群组合。读者还可以自己编写外围的函数去间接存取数据库。通过这样的途径,当读者更换使用的数据库时,可以轻松地修改编码以适应这样的变化。PHPLIB 就是最常用的可以提供一般事务需要的一系列基库。但 PHP 提供的数据库接口支持彼此不统一,比如对 Oracle、MySQL、Sybase 的接口,彼此都不一样。这也是 PHP 的一个弱点。

8.2.4 JSP 技术特点

1. 将内容的产生和显示进行分离

使用 JSP 技术,Web 页面开发人员可以使用 HTML 或者 XML 标识来设计和格式化最终页面。使用 JSP 标识或者小脚本来产生页面上的动态内容。产生内容的逻辑被封装在标识和 JavaBeans 群组件中,并且捆绑在小脚本中,所有的脚本在服务器端执行。如果核心逻辑被封装在标识和 Beans 中,那么其他人,如 Web 管理人员和页面设计者,能够编辑和使用 JSP 页面,而不影响内容的产生。在服务器端,JSP 引擎解释 JSP 标识,产生所请求的内容(例如,通过存取 JavaBeans 群组件,使用 JDBC 技术存取数据库),并且将结果以 HTML(或者 XML)页面的形式发送回浏览器。这有助于作者保护自己的代码,而又保证任何基于 HTML 的 Web 浏览器的完全可用性。

2. 强调可重用的群组件

绝大多数 JSP 页面依赖于可重用且跨平台的组件(如 JavaBeans 或者 Enterprise JavaBeans)来执行应用程序所要求的更为复杂的处理。开发人员能够共享和交换执行普通操作的组件,或者使得这些组件为更多的使用者或者用户团体所使用。基于组件的方法加速了总体开发过程,并且使得各种群组织在他们现有的技能和优化结果的开发努力中得到平衡。

3. 采用标识简化页面开发

Web 页面开发人员不会都是熟悉脚本语言的程序设计人员。JavaServer Page 技术封装了许多功能,这些功能是在易用的、与 JSP 相关的 XML 标识中进行动态内容产生所需要的。标准的 JSP 标识能够存取和实例化 JavaBeans 组件,设定或者检索群组件属性,下载 Applet,以及执行用其他方法更难于编码和耗时的功能。通过开发定制化标识库,JSP 技术是可以扩展的。今后,第三方开发人员和其他人员可以为常用功能建立自己的标识库。这使得 Web 页面开发人员能够使用熟悉的工具和如同标识一样的执行特定功能的构件来工作。JSP 技术很容易整合到多种应用体系结构中,以利用现存的工具和技巧,并且扩展到能够支持企业级的分布式应用。作为采用 Java 技术家族的一部分以及 J 2EE 的一个成员,JSP 技术能够支持高度复杂的基于 Web 的应用。由于 JSP 页面的内置脚本语言是基于 Java 程序设计语言的,而且所有的 JSP 页面都被编译成为 Java Servlet,JSP 页面就具有 Java 技术的所有好处,包括稳健的存储管理和安全性。作为 Java 平台的一部分,JSP 拥有 Java 程序设计语言"一次编写,各处执行"的特点。随着越来越多的供货商将 JSP 支持加入到他们的产品中,读者可以使用自己所选择的服务器和工具,修改工具或服务器并不影响目前的应用。

8.2.5　三种动态网页技术比较

目前在国内 PHP 与 ASP 应用最为广泛。而 JSP 由于是一种较新的技术,国内采用的较少。但在国外,JSP 已经是比较流行的一种技术,尤其是电子商务类的网站,多采用 JSP。采用 PHP 的网站如新浪网(sina)、中国人(ChinaRen)等,但由于 PHP 本身存在的一些缺点,使得它不适合应用于大型电子商务站点,而更适合一些小型的商业站点。首先,PHP 缺乏规模支持。其次,缺乏多层结构支持。对于大负荷站点,解决方法只有一个:分布计算。数据库、应用逻辑层、表示逻辑层彼此分开,而且同层也可以根据流量分开,群组成二维数组,PHP 则缺乏这种支持。还有上面提到过的一点,PHP 提供的数据库接口支持不统一,这就使得它不适合运用在电子商务中。三者之间具体差别详如表 8-1 所列。

ASP 和 JSP 没有以上缺陷,ASP 可以通过 Microsoft Windowsd 的 COM/DCOM 获得 ActiveX 规模支持,通过 DCOM 和 Transcation Server 获得结构支持;JSP 可以通过 SUN Java 的 Java Class 和 EJB 获得规模支持,通过 EJB/CORBA 以及众多厂商的 Application Server 获得结构支持。三者中,JSP 应该是未来发展的趋势。世界上一些大的电子商务解决方案提供商都采用 JSP/Servlet。比较出名的如 IBM 的 E-business,它的核心是采用 JSP/Servlet 的 Web Sphere。它们都是通过

CGI 来提供支持的。

　　总之，ASP、PHP、JSP 三者都有相当数量的支持者，由此也可以看出三者各有所长。正在学习或使用动态页面的朋友可根据三者的特点选择一种适合自己的语言，本项目选择 JSP 语言，如不清楚请阅读有关 JSP 语言教程。如果想详细了解动态页面处理机制，图 8 - 3 可以帮助我们得到一点启发。

表 8 - 1　JSP、ASP、PHP 的比较

性能参数	JSP	ASP	PHP
Web 服务器	Apache、IIS、PWS、Netscape Server、iPlanetNetscape	IIS、PWS	Apache、IIS、PWS、Netscape Server
运行平台	各种 UNIX（Solaris、Linux、AIX、IRIX 等）Windows、MacOS	Windows	各种 UNIX（Solaris、Linux、AIX、IRIX 等）、Windows
组件技术	JavaBeans、EJB	COM	COM、JavaBeans
自定义标记语法	有	无	无
开放性	多家合作，包括 SUN IBM、BEA Weblogic、Netscape、Oracle	无	自由软件
脚本语言支持	Java、EMAC－Script、WebL	VBScript、JScript	PHP
建立大型 Web 应用程序	可以	可以	不宜
程序执行速度	较快	快	较快
Session 管理	有	有	有
统一的数据库连接	ADO、JDBC	ODBC	无
扩展名	jsp	asp	php、php3、phps

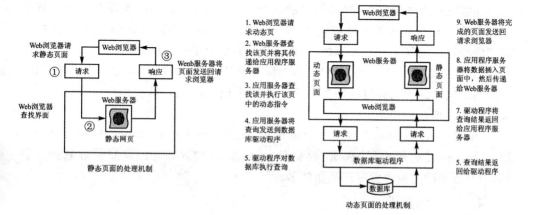

图 8 - 3　静动态页面处理机制比较

8.3　搭建开发环境

8.3.1　Java Web 开发环境简述

设计与开发 Java Web 应用程序,需要开发的软件系统称为开发环境。Java Web 应用程序的开发环境包括 JDK、Web 服务器、数据库系统、Web 浏览器。

1. JDK——Java 语言程序包

JDK 的功能是编写、调试与运行 Java 程序,是 Java 程序设计的最基本的软件系统,开发时应选择最新的版本的 Jdk。

2. Java Web 服务器(中间件)

Web 服务器是运行 Java Web 应用程序的容器,只是将设计开发的 Java Web 应用程序(B/S 架构应用系统)放置在这样的容器中,才能使网络用户通过浏览进行访问。目前主要的 Java Web 服务器有以下几种:

(1) Apache Tomcat,它支持 JSP 和 Servlet 技术。

(2) EBA Weblogic 它有三个版本:企业版 Weblogic Server,标准版 Weblogic Enterpnise,简化版 Weblogic Portal,Weblogic 功能强大,支持企业级、多层次分布式 Web 应用。

(3) IBM Websphere 它是包含了编写、运行和监视 Web 应用程序和跨平台、跨产品解决方案所需要的整个中间件基础设施。根据我们所设计系统。

3. 网络数据库

设计和开发 Java Web 应用程序必须使用数据库管理系统,常用数据库管理系统有 Microsoft SQL Server 是高性能、客户/服务器的 RDBMS(关系型数据库管理系统),能够支持大吐量的事物处理,也能在 Windows 2003 Server 网络环境下管理数据的存取以及开发决策支持应用程序。由于 Microsoft SQL Server 是开放式的系统,其他系统(如基于 UNIX 系统)可以与它进行完好的交互操作。

MySQL 是一个真正的多用户、多线程 SQL 数据库服务器,它是一个客户/服务器结构的实现。相比其他的数据库管理系统来说,MySQL 具有小巧、功能齐全、查询迅捷等优点。

Oracle 是殷墟(Yin Xu)出土的甲骨文(oracle bone inscriptions)的英文翻译的第一个单词,在英语里是"神谕"的意思。Oracle 是世界领先的信息管理软件开发商,因其复杂的关系数据库产品而闻名。

4. Web 浏览器

访问 Java Web 应用程序最终需要 Web 浏览器,WWW 的工作基于客户机/服务器计算模型,由 Web 浏览器(客户机)和 Web 服务器(服务器)构成,两者之间采用超文本传送协议(HTTP)进行通信，HTTP 协议的作用原理包括四个步骤:连接,请求,应答。根据上述 HTTP 协议的作用原理,本文实现了 GET 请求的 Web 服务器程序的方法,通过创建 TcpListener 类对象,监听端口 8080;等待、接受客户机连接到端口 8080;创建与 socket 字相关联的输入流和输出流;然后,读取客户机的请求信息,若请求类型是 GET,则从请求信息中获取所访问的 HTML 文件名,如果 HTML文件存在,则打开 HTML 文件,把 HTTP 头信息和 HTML 文件内容通过 socket 传回给 Web 浏览器,然后关闭文件。否则发送错误信息给 Web 浏览器。最后,关闭与相应 Web 浏览器连接的 socket 字。Java Web 开发环境搭建如图 8-4 所示。

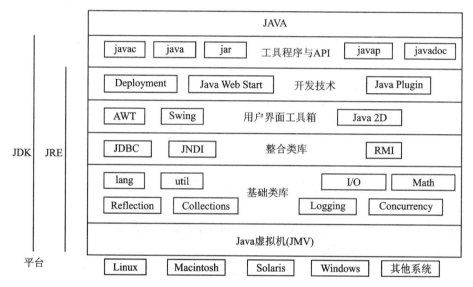

图 8-4　Java Web 开发环境搭建逻辑关系示意图

8.3.2　JDK 的安装与配置

（1）下载安装程序

JDK 的一个常用版本 J2SE(Java2 SDK Standard Edition)可以从 Sun 的 Java 网站上下载到:http://java. sun. com/j2se/downloads. html,我们建议下载最新版本的。注意:一定要选择与开发平台的操作系统,本书中使用 Windows 操作系统。

（2）安装过程

下载好的 JDK 是一个可执行安装程序,执行安装即可。安装完成在安装目录下会有 JDK1. 6. 0 和 jre1. 6. 0 两个文件夹。在 Windows 操作系统中安装 JDK 的方法与安装其他软件基本相同。

（3）设置环境变量

在安装 JDK 后还需要配置,在 Windows 操作系统平台下配置 JDK,步骤简述如下:打开"我的电脑→属性→高级→环境变量→系统变量",设置以下三个变量:JA-

VA_HOME=＜JDK 安装目录＞　　如：我的为：E:/Program Files/Java/jdk1.6.0

　　CLASSPATH=.

　　Path=＜原 Path＞；＜bin 安装目录＞如：我的为：

　　E:/Program Files/Java/jdk1.5.0/bin

　　请注意：CLASSPATH 变量的值是"."（不包括引号）。

Java 虚拟机的 ClassLoader 会按照 CLASSPATH 设定的路径搜索 class 文件。请注意，ClassLoader 不会在当前目录下搜索，习惯了 Windows 的用户可能会感到意外，Linux 用户就非常清楚。为方便起见，我们将 CLASSPATH 设置为"."就包括了当前目录。

4. 环境测试

（1）编辑：用任何文本编辑器编辑如下：HelloWorld.java 文件

```
public class HelloWorld {
  public static void main(String[] args) {
  System.out.println("Hello World!");
    }
 }
```

（2）编译：打开控制台，切换到该文件所在目录下，输入：

javac HelloWorld.java

如果编译通过，屏幕上没有任何显示。否则，屏幕上会有出错信息。

（3）运行：输入：java HelloWorld

屏幕输出：Hello World!　　说明运行成功！JDK 环境搭建成功！

特别提示：

（1）JDK 是 Java 的开发环境，在编写 Java 程序时需要使用 JDK 进行编译处理，它是为开发人员提供工具。

（2）JRE 是 Java 程序的运行环境，包括 JVM（Java 虚拟机）的实现及 Java 核心类库，编译后的 Java 程序必须使用 JRE 执行。

（3）在 JDK 安装中集成了 JDK 与 JRE，所以在安装 JDK 的过程中会提示安装 JRE。

8.3.3　安装与配置 Tomcat 服务器

1. 在官方网站下载最新 Tomcat 版本

这里使用的 Tomcat 是 6.0 版本，平台为 Windows，安装之前必须完成上述的 JDK 的安装。安装文件可以到 Tomcat 网站上下载。

2. Tomcat 安装

安装版提供一个可执行文件，下载后直接运行 apache－tomcat－6.0.16.exe，一直单击 Next 按钮就完成了。安装时,它会自动找到 JDK 安装路径。

3. 设置环境变量

打开"我的电脑→属性→高级→环境变量→系统变量",设置环境变量:CATAL-INA_HOME= E:/Program Files/Apache Software Foundation/Tomcat

4. 测试 Tomcat

点 Start 启动 Tomcat。启动后,默认使用 8080 端口,打开浏览器,在地址栏里面输入 http://localhost:8080　测试 Tomcat 安装是否正常,如果正常安装完毕。

8.3.4　安装与配置 SQL Server 2008 数据库

第 1 步:安装数据库软件的必要条件

(1) 如果 Windows 服务器没有安装 IIS,请从"开始"|"控制面板"|"添加删除程序"|"添加删除 Windows 组件"进行安装。

(2).NET Framework 2.0 执行 dotnetfx.exe 文件,然后根据提示一步一步地操作。

(3) MSXML6 执行 msxml6.msi,进行快速安装。

第 2 步:安装 SQL Server 2008 Express Edition sp3 执行"具有高级服务的 Mi-crosoftSQLServer2008ExpressWithSP3.exe"

在本文中,演示安装 SQL Server 2008 Express Edition with Advanced Services SP1 的过程。

第 3 步:安装 SQL Server Management Studio Express

　　　执行 SQLServer2008_SSMSEE.msi

第 4 步:配置 SQL Server2008 express

(1) 首先确认 SQL Server2008 express 已经安装好了。

(2) 启用 TCP/IP 协议。

在"程序->Microsoft SQL Server 2008→配置工具→SQL Server 外围应用配置器"中打开 TCP/IP 协议。如下:

(3) 配置 SQL Server 2008 中的 TCP/IP 协议

在"程序→Microsoft SQL Server 2008→配置工具"下运行"SQL Server Config-uration Manager",

(4) 将 TCP 动态端口改为空(让服务器自己选择端口),TCP 端口改为1433　Java 代码。

jdbc:sqlserver://192.168.1.79:1433;databaseName=mydb

配置 SA

在默认情况下,SQL Server 2008 Express 是采用集成的 Windows 安全验证且禁用了 sa 登录名。为了工作组环境下不使用不方便的 Windows 集成安全验证,我们要启用 SQL Server 2008 Express 的混合安全验证,也就是说由 SQL Server 来验证用户而不是由 Windows 来验证用户。

第 5 步:安装驱动及测试

(1) 安装 JDBC 驱动。解压下载的驱动程序,默认生成一个目录(Microsoft SQL Server 2008 JDBC Driver),将此目录复制到 C:\Program Files\目录下。

在系统环境变量中设置 Classpath 路径,添加: C:\Program Files\Microsoft SQL Server 2008 JDBC Driver\sqljdbc_1.0\chs\sqljdbc.jar

注意:若 CLASSPATH 中有其他值,注意添加时应用 ;分隔

(2) 配置 Microsoft SQL Server 2008。若安装时选择使用 Windows 账户登录 SQL Server,那么首先要打开 sa 账户。

使用 Manager Studio 连接 SQL Server,在数据库服务器图标(左侧树状图最顶端)右击,选择属性,选择弹出对话框中左侧的安全性,使用 SQL Server 和 Windows 身份验证模式。关闭该对话框。

展开左侧树状图中安全性,展开登录名,配置 sa 账户的属性,为 sa 重设密码。并将 sa 的状态(弹出对话框左侧最下面)中的登录设为启用。

单击“确定”按钮保存设置。

配置 SQL Server Configuration Manager(配置管理器)。

选择 SQL Server 2008 网络配置中的 SQLEXPRESS 的协议,启用 TCP/IP 协议。

在 SQL Server 2008 服务中重启所有服务。

选择 SQL Server 2008 网络配置中的 SQLEXPRESS 的协议,双击 TCP/IP,在 IP 地址页中设置 TCP 动态端口为 1433。

在 SQL Server 2008 服务中重启所有服务。

(3) 使用 Eclipse 创建连接数据库的 Project。打开 Eclipse7.5,创建 Project

在需要连接 SQL Server 2008 的 Project 上点右击,选择 Properties 命令

选择 Java Bulid Path,选择 Libraries,Add External JAR,添加 C:\Program Files\Microsoft SQL Server 2008 JDBC Driver\sqljdbc_1.0\chs\sqljdbc4.jar

(4) 测试是否成功。在上一步创建的 Project 中创建 Class 名为 SQLtest,并执行以下代码(注意代码中的注释,需要进行修改)

8.3.5　安装使用 SQL Server 图形化工具软件

应用 Microsoft SQL Server Management Studio Express (SSMSE)是一种免费、易用的图形管理工具,用于管理 SQL Server 2005 Express Edition 和具有高级服务的 SQL Server 2005 Express Edition 8.3.6 安装使用 Eclipse 开发版(Eclipse Java EE)。

Eclipse 是一个基于 Java 开放源码并可扩展的应用开发平台,为开发人员提供

了一流的 Java 集成开发环境。它是一个可以用于构建集成 Web 和应用程序开发工具的平台。

　　Eclipse 平台的目的,是提供多种软件开发工具的整合机制,这些工具会实作成 Eclipse 外挂程序,平台必须用外挂程序加以扩充才有用处。Eclipse 设计美妙之处,在于所有东西都是外挂,除了底层的核心以外。这种外挂设计让 Eclipse 具备强大扩充性,但更重要的是,此平台提供一个定义明确的机制,让各种外挂程序共通合作(透过延伸点 extension points)与贡献(contributions),因此新功能可以轻易且无缝地加入平台。JavaWeb 开发平台模型如图 8 - 5 所示。

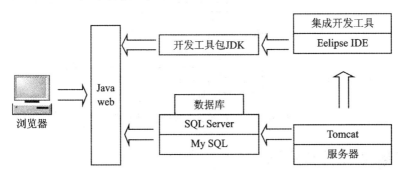

图 8 - 5　Java 开发平台模型图

8.3.6　Java Web 技术概述

　　Java 的 Web 应用模型经历了一个不断演变的过程,从 Applet、RMI、JavaBeans 到 EJB、Servlet、JSP,直至现在它仍然在持续进化完善。图 8 - 6 所示的编程模型融合了当今主流的部分 Java 技术。在目前的 Java Web 技术中,容器是不可不提到一个概念。在这里,容器实际是指应用服务器提供的特定功能的软件模块,用户所开发的程序构件要在容器内运行,构件和容器的关系有些像计算机插件和主板的关系;程序构件在部署时被安装在容器里,容器是能够提供基本功能的底层平台,它们之间通过接口进行通信;一般 Web 程序开发者只要开发出满足其需要的程序构件并能安装在容器中就够了,程序构件的安装过程包括设置各个构件在应用服务器中的参数以及设置应用服务器本身。

　　除了容器概念外,Java Web 技术主要分为三类:一是诸如 Java Bean、Servlet 和 EJB 之类的应用构件,它们是应用的主体,体现应用个例的特性。二是一些应用服务技术,像 JDBC、JTS 和 JNDI 等技术,这些服务是对应用构件功能的补充,它们能保证构件的良好运行并协调完成任务。三是应用通信技术,如 JMS、RMI 和 Java MAIL 等,在平台底层实现机器和程序之间的信息传递,延伸了应用构件的作用范围,下面我们按技术类别浏览一些 Java 提供给我们的 Web 技术。

数据采集系统整体设计与开发

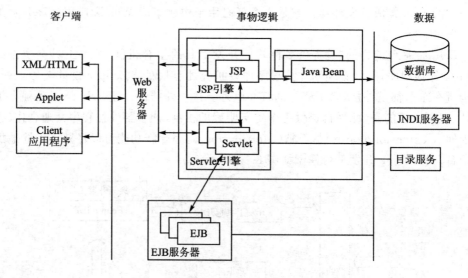

图 8 - 6　Java Web 三层架构机制示意图

8.4　需求总体架构设计

8.4.1　上位机软件设计思路

上位机软件主要用于接收、分析、处理田间各采集器发回的采集数据，实时监测田间采集站运行状况。可实现人工数据导入、定时自动轮询数据、更新数据、历史数据浏览、特征参数趋势图显示、特征参数越限告警、重要状态变位告警、运行报表浏览及打印输出。可随时随地通过网络查询各采集点数据。系统具有扩展性可以增减采集站安装点(每台计算机及软件最多可管理 256 个采集器)。考虑到其数据安全性系统可设置加密狗加密保护等特殊功能。

1. 上位机业务处理概述

(1) 系统模式:B/S。

(2) 运行环境:

服务器端:操作系统 Windows Server 2003 及以上。

数据库:SQL Server 2008。

客户查询端:操作系统 Windows 2003 及以上。

程序基本业务处理流程如图 8-7 所示。

注释:

A 路:采集盒采集数据 A1→形成上行报文 A2→通过无线网络连接到服务器端 A3→服务器接收到上行报文 A4→分析处理报文 A5→最终写入数据库 A6。

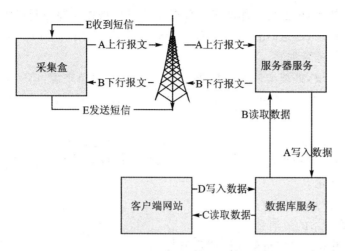

图 8-7 上位机业务处理流程示意图

B 路:服务器获取数据库信息 B1→形成最终的下行报文 B2→通过无线网络连接到采集盒 B3→采集盒获取报文分析整理 B4→形成控制命令 B51→形成发送短信消息 E→发送短信 B53。

C 路:客户端 C1→访问数据库 C2→获取需要的数据信息 C3→通过页面展现出来。

D 路:客户端 D1→提交表单 D2→进行数据库操作 D3。

2. 上位机总体结构

(1)上位机应用服务部分。系统配置模块 A:主要是用来设计数据库连接字符串的;设置后的数据库连接字符串被数据库操作模块调用。

主控制模块 B:是程序的入口点,主要功能是用来协调各个模块之间的工作,根据接口分配各个模块的任务流程,是其他模块与数据库操作模块及数据传送的桥梁!

SCOKET 通信模块 C.是建立服务器端监听,分发客户端发送和接受的数据包。

数据库操作模块 D,就是用来操作数据库的,包括建立连接、数据的查询、插入、删除、更新等操作。

预警模块 E,通过数据库操作模块 B 从数据库读取需要预警的信息,并且最终把预警内容 F 通过控制模块交给数据分析模块 I 形成下行报文提交发送的数据 J 通过 SCOKET 通信模块 C 发送给接收端。

数据分析模块,接收从通信模块获得的数据(上行报文)H 分析解码后 G 交给主控制模块。

上位机客户端软件:

K,各个模块全部通过数据库控制模块,从数据库读取需要的各种数据。

L,同 D

(2)下位机芯片软件。主控制模块,也可叫主函数,程序的入口点,主要完成的是各个设备的初始化,全局工作的任务分配,a 启动并操作时钟控制模块。

时钟控制模块,通过时钟进行任务队列管理,主要是负责 GPRS 通信模块 b 和采集模块 c 的任务管理。

串口通信模块,处理串口通信数据的,串口数据有两条来源:第一通过串口 0 获取的 GPRS 通信模块的数据 g1,第二通过 232/485 连接外接终端获取的终端数据的数据 h。

命令控制模块接收到串口通信的数据 i,并对数据进行分析后,如果是控制终端的信息就发送给主控制模块 f,如果是预警信息的内容就发送给预警模块 j 进行处理,如图 8-8 所示。

g2 发送给服务端的上行报文。

g3 发送给基站的短消息。

8 路模拟量 6 路采集量的实际测量值 m。

说明:CMW,客户端网站包含。

程序安装模块:用来网站程序的安装。

系统配置模块:用来对整个软件环境运行的配置。

登录模块:用来管理用户登录的、注册。

页面显示模块:形成最终的各级页面显示。

统计分析模块:对数据进行各种条件的分析,返回分析结果。

用户管理模块:用户管理的。

节点管理模块:节点管理的。

短信管理模块:短信管理的语句设置、应急突发事件新增短信语句设置。

预警管理模块:预警信息配置,发送、预警用户增添、修改、删除。

数据安全模块:数据库备份还原。

用户帮助模块:各种出错信息,用户帮助信息提示。

数据库控制模块:各种数据库节点操作。

注意:

如果没有打箭头表示链路是双向的。

模块代码说明,三位英文字母第一位 S 标示上位机,X 标示下位机;第二位 M,模块;第三位,模块名称的打头字母,如果重复选择第二位词组字母。

大写字母表示上位机链路,小写字母表示下位机链路。

3. 功能器求与程序的关系

本节用一表格说明各项功能需求的实现同各块程序的分配关系:

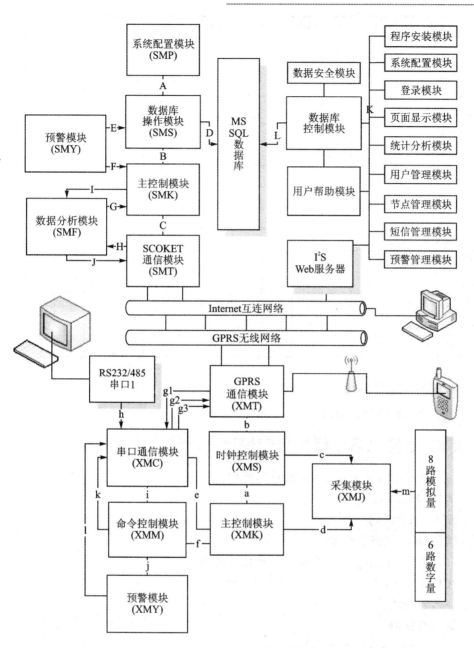

图 8 - 8　系统总体结构框架图

数据采集系统整体设计与开发

272

功能需求	SMP	SMS	SMK	SMT	SMY	SMF	XMK	XMT	XMS	XMC	XMJ	XMM	XMY	CMW
网络连接功能				✓				✓						
系统设定功能	✓													✓
数据分析功能						✓								✓
数据打印功能														✓
数据采集功能									✓		✓			
数据上传功能														✓
数据存储功能		✓												
用户管理功能														✓
日志管理														✓
采集站管理														✓
历史查询功能														✓
预警功能					✓									
短信功能														✓
系统安全管理														✓
使用帮助														✓

4. 设计技术路线

上位机工作机制框架图如图 8-9 所示。

8.4.2 上位机各个模块接口设计

（1）通过数据库模块提供数据读写操作。

接口 DataAccess()

输入 SQL 语句

输出 SQL 执行后结果

（2）通过通信模块获取数据发送和接收操作。

接口 socket( )

输入数据帧

返回数据帧

1. 下位机各个模块接口设计

（1）fm 铁存数据结构体。

硬件接口铁存寄存器

输入 WrMemData()写一个字节数据到指定地址

输出 RdMemData()从指定地址读一个字节

（2）fmData 采集数据结构体。

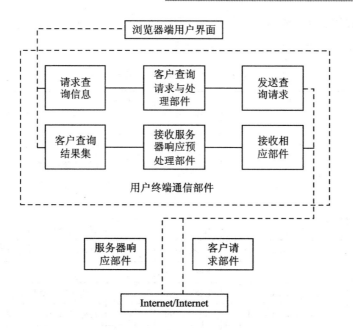

图 8-9 上位机工作机制框架图

硬件接口 14 个 A/D 转换接口

输入　8 路模拟量，6 路数字量

输出　ADC12MEMx

(3) gSend　gprs 数据缓存结构体。

硬件接口　无

输入 128 位字符串

输出 AT％IPSEND＝"gSend"

(4) GprsRXBuff　串口 0(GPRS 通信)数据结构体。

硬件接口 MSP430F5438 P3.4 DTURXT ＜－＞ GTM900 的 19 脚 DTURXT

　　MSP430F5438　P3.5 DTUTXT ＜－＞ GTM900 的 20 脚 DTUTXT

UCA0RXBUF 寄存器

输入：UCA0RXBUF 寄存器：(1)GTM900 的数据(2)usci_a0_put_char(char tx_char)写一字符到串口 A0

输出：GprsRXBuff　数据结构

(5) UPortRXBuff　串口 1(通过 232/485 外接终端)数据结构体

硬件接口 MSP430F5438 P5.6,7 ＝ USCI_A1 TXD/RXD ＜－＞ 终端

　　UCA1RXBUF　寄存器

输入：usci_a1_put_str( )　串口 1 传输一个字符串

输出：UPortRXBuff ＝ UCA1RXBUF　数据结构体(UP_ActBuff)

2. 上位机内部接口

主控模块内部接口如表8-2~表8-8所列。

表8-2　主控模块内部接口

接口模块	代码(SM)	函数名称	输　入	输　出	说　明
主控制模块	SMK00	main( )			程序入口
	SMK01	ProjectInstaller( )			服务进程安装
	SMK02	OnStart( )	字符串组		服务启动
	SMK03	OnStop( )			服务停止
	SMK04	onClientLogin( )	EventArgs	e	客户端登录过程
	SMK05	onSendClientBaseData( )	EventArgs	e	发送客户端基本资料给请求者
	SMK06	onRecGroupMs( )	EventArgs	e	
	SMK07	onGetClientData( )	EventArgs	e	获得某节点详细资料
	SMK08	timersCheckClientOL( )	object,time	e	每隔tiem时间检查客户端是否离线
	SMK09	onClientMsg( )	EventArgs	e	处理客户端发送的消息
	SMK10	timerSendMsg( )	EventArgs	e	发送UDP消息队列
	SMK11	timerAddSMS( )	object,time	e	时钟心跳获得各客户端发送的消息并将消息加入到发送列表
	SMK12	timerReceivedMsg( )	object,time	e	UDP消息接收队列
	SMK13	timerWarnCheck( )	object,time	e	时钟心跳检查预警信息

表8-3　通信模块

接口模块	代码(SM)	函数名称	输　入	输　出	说　明
通讯模块	SMT01	stratListen( )			开始侦听来自客户端的请求
	SMT02	stopServer( )			关闭sock的侦听,释放占用的端口资源
	SMT03	QueueRec( )			消息接受栈
	SMT04	QueueSend( )			消息发送栈
	SMT05	RecMsg( )			收到的全局消息
	SMT06	UDPComSucMsg( )			UDP通信检测成功消息

表 8 - 4　数据分析模块

接口模块	代码 (SM)	函数名称	输　入	输　出	说　明
数据分析模块	SMF10	PDUEncoding			PDU 编码/解码类
	SMF11	PDUUSC2Encoder	phone, Text	string	PDU 编码器, 完成 PDU 编码 (USC2 编码, 最多 70 个字)
	SMF12	PDUDecoder()	PUD 编码	字符串组	收到 PDU 格式短信的解码 暂时仅支持中文编码
	SMF13	ParityChange()	字符串	字符串	奇偶互换 (+F)
	SMF00	MessageS			报文处理类
	SMF01	upMSG()	字符串	字符串组	获取上行报文
	SMF02	downMSG()	字符串组	字符串组	获得下行报文
	SMF03	ControlMSG()	数字	case	
	SMF04	FieldControl()	数字	e	case 1—18 对 18 个农田采集的参数操作

表 8 - 5　预警模块

接口模块	代码 (SM)	函数名称	输　入	输　出	说　明
预警模块	SMY00	Warn			预警信息处理类
	SMY01	CheckWarnCFG()	节点 ID	参数列表	通过节点获取预警配置, 并返回参数列表, 如果无, 则返回错误信息
	SMY02	WriteWarnMSG()	参数列表	e	将预警信息写入消息数据库
	SMY03	ReadWarnMSG()	节点 ID	参数列表	读预警消息

表 8 - 6　数据库访问模块

接口模块	代码 (SM)	函数名称	输　入	输　出	说　明
数据库访问模块	SMS00	DataAccess			数据库访问类
	SMS01	ExecProc()	存储过程名称	参数列表	执行存储过程
	SMS02	ExecSql()	命令文本	参数列表	执行 SQL 命令
	SMS03	GetDataSetByProc()	存储过程名, 参数列表	返回 DATASET	执行存储过程以获取 DataSet

数
据
采
集
系
统
整
体
设
计
与
开
发

续表 8 - 6

接口模块	代码(SM)	函数名称	输　入	输　出	说　明
数据库访问模块	SMS04	GetDataSetBySql()	SQL 命令,参数列表	返回 DATASET	执行 SQL 命令以获取 DataSet
	SMS05	GetReaderByProc()	存储过程名,参数列表	返回 Reader	执行存储过程以获取 Reader
	SMS06	GetReaderBySql()	SQL 命令,参数列表	返回 Reader	执行 SQL 命令以获取 Reader
	SMS07	ExecSqlback()			执行数据库备份
	SMS08	ExecSqlReduction()			执行数据库还原

3. 下位机数据内部接口

表 8 - 7　下位机数据内部接口

代　码	函数名称	输　入	输　出	说　明
XMK01	main( )			程序入口
XMK02	init_timer0()			初始化时钟
XMK03	init_REL()			对 P9.0 输出 对 P8.0 - P8.7 端口设置 输出
XMK04	InitDin()			置 P1,P2 端口
XMK05	InitAin()			设置采样通道
XMK06	setDate()			设置日期
XMK07	setTemp()			对温度进行十进制转二进制
XMK08	setTime()			设置时间
XMK09	Init_Fm25cl64()			初始化铁存
XMK10	init_USART_A1()			初化串口 1
XMK11	init_USART_A0()			初始化串 2
XMK12	init_Rtc()			设置采集时间
XMK13	init_rs485()			连接 RS485
XMK14	init_gprs()			连接 GPRS
XMK15	WrMemData()			写一个字节数据到指定地址
XMK16	RdMemData()			指定地址读一个字节

代 码	函数名称	输 入	输 出	说 明
XMC01	usci_a1_put_char(char,char)	字符	UCA1RXBUF	将字符写入 UCA1RXBUF 中
XMC03	usci_a0_put_char(char tx_char)	字符	UCA0RXBUF	将字符写入 UCA0RXBUF
XMC05	getCommand(int UPort,int Mu)	两个 INT		取缓存
XMJ01	startConveADC()			将 12 个模拟量送入 fmdata
XMY01	WarnMessage()	字符串	gSend[]	形成预警信息
XMT01	SendMessage()	AT 指令	Error/ok	发送信息
XMT02	ReciveMessage()		int	接收信息条数
XMT03	clearGprsRXBuff()			清 GPRS 数据
XMT04	GprsCheckReturn()			检查 Gprs 返回值
XMT05	gprs_readdata()			获得报文
XMT06	recgprsret()			将 GPRS 命令放入 GprsRETBuff
XMM01	pf_Act(Char a)(unsigned int)			根据不同 A 执行不同的命令
XMM02	ActRest()			命令复位
XMM03	ActSetTime()			设置时间
XMM04	ActSetID()			设置 ID 号
XMM05	ActADIN()			采集并传送数据
XMM06	ActSWIN()			采集模拟信号
XMM07	ActPOut()			对 P.1 输出控制
XMM08	ActTemp()			获取温度传感器的数值
XMM09	ActInte()			取得时间间隔
XMM10	ActIpaddres()s			取 IP 地址
XMM11	ActPort()			取端口号
公共变量	fmData			结构体与_gprs_Buff 一致

277

代　码	函数名称	输　入	输　出	说　明
	struct _UPortRXBuff	MU, DATA[64]		缓存数据
	IS_DEBUG=0			工做状态
	struct _Exe_At	int now_at, int at_step, int now_chkexe		now_at 执行哪个 AT, at_step 是执行 AT 还是执行返回值
	struct _gprs_Buff	char STX[2]; 见注释 * ①		STX:标识符,字长,ID 号,数据
注:* ①char Type[2];char ID[12];char Order[5];char Date[10];char Time[8] char Len[4]; char Data[128];				
	UP_MaxComm			定义命令数
	hasGprsReturn			GPRS 是否有数据
	TaskTimeCounter			时间长度
公共 函数	check_ret()			获取报文
	send_at()			发送数据
	at_exe()			发送 AT 指令
	delay()	int k		起延时作用
	isSendPhone()	信息	BOOL	是否短信
	exe_atcom(now_at)			设置 Exe_At 参数执行 AT
	UP_10()			心跳数据
	UP_2()			采集数据
	DW_01()			预警数据
	UP_3()			回复信息

表 8 - 8　用户接口

命　令	语法结构	说　明	软件回应
ActEIp	ipdr:192.168.100.100	设置的以太网 IP 地址	Set EtherNetIp:
ActEMk	ipdr:255.255.255.000	设置的以太网子网掩码	Set EtherNetMask:
ActEGw	ipdr:192.168.100.100	设置的以太网网关 IP 地址	Set EtherNetGateway:

数据采集系统整体设计与开发

命　令	语法结构	说　明	软件回应
ActEHw		设置的以 MAC 地址	
ActEPt	1～65525 数值	设置本地以太网 TCP/IP 端口	Set EtherNetPort：
ActDebug		设置调试状态	Debug…
ActIpaddress	ipdr：192.168.100.100	设置 IP 地址	Set ip：
ActPort	1～65525 数值	设置 port	Set port：
ActDomain	doma：www.xjddd.com	设置域名	Set Domain：
Actisdomain	0 或 1	设置域名起用	Set Use domain：
ActNettype	0～3 数值	设置网络类型	Set Net Type：
ActPhone	phon：012345678901234	设置手机卡号码	Set Phone：
ActPowNun	0 或 1	设置电源控制＝	set Pow Num：
ActDinNun	0 或 1	设置数字量输入控制	set Din Num
ActInte	0～120 数值	设置时间间隔（分钟）	set interval
ActATOr		调用 GPRS 模块的 AT 指令	Error
ActGprs		处理 GPRS 串口命令	err 1
ActTemp	sout：sX	获取温度	NowTemp
ActSDWr		写 SD 卡	sd file writed!
ActSetTime	time：HHMMDD	设定时间	time set ok!
ActPOut	pout：sX	控制电源输出	
ActSOut	sout：sX	函数获取温度	temp
ActSWIN		函数数字量采集	Switch Digital has clean!
ActADIN		模拟量采集	
ActSetDate	date：YYMMDD	函数设置日期	date set ok!
ActSetID	stid：XXXXXX－XXXXX	函数设置 ID	set id ok!
ActRest		函数复位	
SentBlank		命令函数发送空字符	空字符
ActHelp		函数帮助列印	

279

8.5　Java Web 程序设计

8.5.1　开发环境

　　开发本系统所需要的环境包括软件开发环境和硬件开发环境。软件环境是指开发工具运行的系统平台（如 WindowsXP 平台，SQLserver 数据库），开发工具（如 office、Microsoft Visual Studio2008 等软件）。硬件环境是指运用于开发的计算机的基本硬件配置（CPU 主频的大小、内存的大小、计算机硬盘的大小等）。硬件环境和软件环境如表 8 - 9、表 8 - 10 所列。

表 8 - 9　软件开发环境

软件	版本
windowsXP	XP
SQLserver	2005
Office	2007
Microsoft Visual Studio	2008

表 8 - 10　硬件开发环境

设备	规格
CPU	2.80GHz
内存	2GB
硬盘	320GB
网卡	100MB

8.5.2　三层架构思想

在管理学中有一个重要的概念即企业组织结构，企业组织结构是分层思想在企业中的重要应用，企业组织结构的目的是以求有效合理地把企业各层成员组织起来，为实现企业运作和发展目标而相互协同努力。在软件框架的设计时，分层结构是最常见也是最重要的一种结构，虽然软件框架分层的目的和形式跟企业分层有所不同，但都有一个共同目标：以求有效合理地组织相关构件，使其更高效地完成协同任务。在分层软件框架设计时最流行的是三层架构设计，任何一个系统从应用逻辑上对其进行抽象细分，均可划分为三层，自下至上分别为数据访问层（DAL 层）、业务逻辑层（BLL 层）和表示层在软件开发设计时还会用到一些通用辅助类和方法，如数据库访问类、事务处理类等，为了实现各个模块之间的相互复用，在本次软件架构设计时也将其分离出来，作为一个独立模块。在上位机软件中整个系统操作的对象就是数据库中的数据表、视图等，为了便于在各层中相互传递，在设计时也将数据对象的实体和方法进行分离，将其抽象为一个共用实体类模块。根据以上设计思想，就形成整个上位机软件框架的三层框架。

8.5.3　数据访问层的设计

数据访问层（DAL 层）：用于实现信息系统对数据库的操作，完成业务流程对数据库中数据的插入、更新等操作。在上位机软件中用户操作相关界面完成对应的业务流程的操作，但无论是什么业务流程最终反映到软件系统中则是对数据库中相关数据表单的数据进行操作，所以在软件框架中可以将数据访问进行深入抽象，将其分为数据库的查询运算、插入运算、修改运算及删除运算。这样对应的每个业务流程只需要指定相关的数据表或视图，就可以根据表中的数据项自动生成相关数据操作。在开发中选择目前使用最为广泛的关系数据库系统 SQL2005，为了避免代码里出现很多 SqlConnection、SqlDataReader 等类和方法，同时也为了让代码的编写及后期维护更加清晰简单,因此框架设计时采用了微软所提供的一个静态类 SqlHelper。Sql-Helper 类通过一组静态的重载方法来封装数据访问功能,开发时可以通过调用 Sql-Helper 的静态方法来对数据库进行交互运算。除了公共方法外,SqlHelper 类还包含一些专用函数,用于管理参数和准备要执行的命令,不管客户端最终采用什么样的方法调用实现,所有命令都将通过 SqlCommand 对象来执行。

在 SqlHelper 中 ExecuteNonQuery 方法用于执行不返回任何行或值的命令,通过设置命令参数可能用于执行数据库更新,也可用于返回存储过程的输出参数。ExecuteReader 方法用于返回 SqlDataReader 对象,该对象包含由某一命令返回的结果集。ExecuteDataset 此方法返回 DataSet 对象,该对象包含由某一命令返回的结果集。ExecuteScalar 此方法返回一个值,该值始终是该命令返回的第一行的第一列。因为所有的命令均都是通过 SqlCommand 对象来执行,而 SqlCommand 能够被执行之前所有参数都必须添加到 Parameters 集合中,并且必须正确设置 Connection、CommandType、CommandText 和 Transaction 参数。数据查询运算首先根据所选择的实体类创建查询字符串 strSQL,然后调用 ExecuteReader 方法实现数据查询,方法会将查询的 List 实体类对象结果值返回。数据的插入运算时可以运用 ExecuteScalar 方法配置相关参数来实现插入运算,通过方法返回插入后对应的 ID 号从而可以实现主从表的插入。数据的修改及删除运算可以通过 Exe. cuteNonQuery 方法来完成。下面将以数据表 Storage StockOutType 为例,通过查询操作来展示软件框架代码的具体实现。

```java
import java.sql. * ;
public class DB {
        // sqlserver 数据库连接
        public static Connection getConn( ) {
        Connection conn = null;
        try {
        Class.forName("com.microsoft.jdbc.sqlserver.SQLServerDriver");
        conn = DriverManager.getConnection("jdbc:microsoft:sqlserver://localhost:
1433? user = root&password = 123456"); //数据库连接字符串
            } catch (ClassNotFoundException e) {
            e.printStackTrace( );
            } catch (SQLException e) {
        e.printStackTrace( );
        }
        return conn;
        }
        public static PreparedStatement prepare(Connection conn,  String sql) {
        PreparedStatement pstmt = null;
        try {
```

```
if(conn !  = null) {
pstmt = conn. prepareStatement(sql);
}
} catch (SQLException e) {
e. printStackTrace( );
}
return pstmt;
}
public static PreparedStatement prepare(Connection conn,  String sql, int
autoGenereatedKeys) {
PreparedStatement pstmt = null;
try {
if(conn !  = null) {
pstmt = conn. prepareStatement(sql, autoGenereatedKeys);
}
} catch (SQLException e) {
e. printStackTrace( );
}
return pstmt;
}
public static Statement getStatement(Connection conn) {
Statement stmt = null;
try {
if(conn !  = null) {
stmt = conn. createStatement( );
}
} catch (SQLException e) {
e. printStackTrace( );
}
return stmt;
}
 public static ResultSet getResultSet(Statement stmt, String sql) {
ResultSet rs = null;
try {
if(stmt !  = null) {
rs = stmt. executeQuery(sql);
}
} catch (SQLException e) {
e. printStackTrace( );
}
return rs;
}
```

```java
public static void executeUpdate(Statement stmt, String sql) {
try {
if(stmt ! = null) {
stmt.executeUpdate(sql);
}
} catch (SQLException e) {
e.printStackTrace( );
}
}
public static void close(Connection conn) {
try {
if(conn ! = null) {
conn.close();
conn = null;
}
} catch (SQLException e) {
e.printStackTrace( );
}
}
public static void close(Statement stmt) {
try {
if(stmt ! = null) {
stmt.close( );
stmt = null;
}
} catch (SQLException e) {
e.printStackTrace( );
}
}
public static void close(ResultSet rs) {
try {
if(rs ! = null) {
rs.close( );
rs = null;
}
} catch (SQLException e) {
e.printStackTrace();
}
}
}
```

在整个数据访问层的设计时,关键是要正确合理地设计相关方法的处理参数,另外处理数据库时需要保证数据库的完整性,因而在数据处理时必须同时通过事务处理业实现,通过对 SqlHelper 的深入研究发现在事务处理时处于同一事务处理中的各静态类中必须使用同一 Connection,为了体现三层框架的设计思想,定义并实现了一个 Connection 静态创建类,通过调用相关方法可以创建 Connection 参数。数据层的处理流程如图 8 - 10 所示。

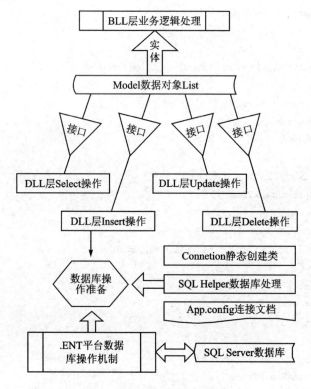

图 8 - 10　数据层处理流程

8.5.4　业务逻辑层的设计

业务逻辑层(BLL 层):用于实现数据业务流程,该部分研究与设计在上位机软件的开发过程中是系统实现的核心环节,用于对上下层之间的交互数据进行逻辑处理,实现对应的业务目标。在软件框架设计时,因业务逻辑要根据具体的业务流程来决定,所以在软件框架中该部分的设计主要是设计通用的业务接口,通过这些接口业务访问数据访问层,从而完成相关业务操作。当有独特的业务流程时,可以对 BLL 层中相关类进行继承,然后重载相关操作。可以发现不管是什么对象和业务,只需要选择相关的数据表或视图,然后根据表或视图的数据字段就可以用相同的开发思想自动地生成不同表的业务层通用操作代码。业务层数据通信模块设计主要操作实例如下:

```
public class Purchase ApplicationBLL
{ public static<返回参数>业务功能 1( )
{//业务 1 实现代码}
    ·
public static<返回参数>业务功能 n( )//当需要多层业务时,通过 TransactionScope 实
现事务处理{//业务 n 实现代码}
}
```

该模块主要记录系统与采集站之间的数据交流。有系统发给采集站的信息为系统指令;采集站向系统传回的数据为系统接受数据(接受信息包括采集的气象信息,预警信息)。

1. 指令发布

指令发布包括系统发出指令的时间、指令内容、指令命令的范围、指令发出人,如表 8-11 所列。各个采集采集站接收到命令,执行采集命令。

表 8-11　指令发布命名

指令发出人	指令内容	发出指令时间	范　围
admin	采集气象信息	10:22:25	采集站 1,采集站 n
litao	采集温度信息	10:12:10	采集站 1,采集站 n
liuxiao	光照度	10:22:23	采集站 1,采集站 n

2. 数据接受

各个采集站接收到采集命令,执行采集命令。各个采集站又有自己的系统来完成气温、相对湿度、风向、风速、降雨量、气压、总辐射、地温、土壤湿度、叶面湿度、光照度、虫害(脉冲量)这些气象信息的采集。采集站软件属于嵌入式软件开发,需要根据选择的芯片来选择相应的开发工具开发,开发好的软件需要固化到芯片内,才能正常工作。ARM 建议使用 WIN CE 系统,可挂接小型 SQL,使下位机具有一定的数据处理能力,如报警、历史数据现场查询等。

3. 气象信息采集

实时监测采集点的气象变化情况,记录采集站传回采集数据的信息,采集信息的类别、数据、采集站名称。数据入库的时候可以在此监视数据采集的基本信息。采集的界面如表 8-12 所列。

表 8-12　小气象采集指令命名

采集类别	数　据	采集时间	采集站
气温	32 度	09:03:12	采集站 1…采集站 n
气温	23 度	10:11:23	采集站 1…采集站 n

采集类别	数　据	采集时间	采集站
湿度	80%	10:13:22	采集站 1…采集站 n
风速	30m/s	10:15:56	采集站 1…采集站 n

4. 数据管理

该模块包括数据录入、数据汇总、数据校对、数据上报、数据的导入导出。数据管理模块是本系统的核心模块。数据录入,将采集站传回的数据录入系统中;数据汇总,对数据进行分类,进行统计;数据核对,数据审核提供了对用户输入的数据的合法性和合理性的检查;数据上报,数据录入完毕且审核无误后,数据上报单位就可以通过数据上报功能,把数据上报给上级单位;数据导入导出,系统提供了导入/导出功能,用来将外部的系统或平面文件中的数据批量加载到数据库中,或者将本系统的数据到处来进行相关的数据处理,减轻业务人员数据处理的工作量。

5. 数据录入

数据录入:将实际发生的业务数据输入到系统中。数据录入的界面是以参数定义中定义的报表为基础来实现的。

支持通过浏览器填报数据和离线填报数据。

支持多种标准格式数据(如 Excel)直接通过数据接口传到服务器。

能提供多种数据编制功能(如基本的数据编辑——复制、粘贴、删除、撤消、选择、替换;以及录入导向、区域选择、数据计算等功能)来支持数据采集。

基层用户录入编辑数据时,提供方便查看填报说明的功能。填报说明是指上级对数据收集的时间,周期,填报口径等说明性文档。

在录入界面可以对数据进行审核,并提示对应的出错信息。

6. 数据汇总

数据汇总:汇总是指将指定多个单位按指定的汇总方法生成一个汇总单位。汇总的本质是对单位数据按某种分类计算出一些临时结果,对基层数据进行预处理。按照关键指标分类进行分级汇总,分级汇总在指定的维度上预先得出汇总数据,为多维数据查询打下坚实的基础。

数据汇总可以实现统计数据横向、纵向、逻辑上的汇总,数据的横向汇总即对分支机构或下属单位的数据进行归并,数据的纵向汇总是将粒度小的数据汇总成粒度大的数据,数据的逻辑汇总是按逻辑概要层次进行汇总。

汇总方式需支持节点汇总、选择汇总、选表汇总等。

各类汇总方式均应支持折半、变长纪录的(项目、能力)罗列和归并汇总等。

指标支持多种汇总方式包括以下几种:

累计:将指定多个单位的同一指标结果简单叠加。

折半:将指定多个单位的同一指标结果简单叠加取一半的值。

最大:取指定多个单位的同一指标的最大值。

最小:取指定多个单位的同一指标的最小值。

平均:取指定多个单位的同一指标的平均值。

不汇总:该指标不进行以上任何一种运算。

浮动指标汇总方式:

浮动指标是固定指标的明细数据,在浮动指标汇总时,支持以下功能:

简单罗列:汇总单位将基层单位的所有浮动数据全部罗列。

简单汇总:所有的浮动数据在汇总单位里只汇总为一行。

分级汇总:按照浮动表的编码级次分级汇总。

不汇总:浮动数据不汇总到汇总单位。

7. 数据校对

数据校对:数据审核提供了对用户输入的数据的合法性和合理性的检查。数据的合法性审核是检查输入的数据必须满足的条件和要求,它具有强制性,没有通过合法性审核的数据将不被允许进行上报。数据的合理性审核是检查输入的数据在具体环境下的"常规性"。例如,如果某一数据的增长幅度超出了预期的范围,则可能存在问题(如人为的疏忽)。合理性审核不具有强制性,它只是提醒用户,需要对数据进行再次确认。

数据的合法性和合理性审核主要是通过公式来实现,请参见"制度参数定义"中的"公式定义"。通过这些公式用来检查数据内在的一致性。

系统还将支持人工审核,主管人员可以对上报的数据进行检查,对有问题的数据做出批复和驳回,由基层业务人员重新上报。

审核出错的单元格,能进行自动定位和颜色的区分。

8. 数据上报

数据上报:数据录入完毕且审核无误后,数据上报单位就可以通过数据上报功能,把数据上报给上级单位。

数据填写完毕并确认后,进行数据提交操作,数据提交后不允许在进行数据的填写。

页面中会显示出当前单位的状态及批注信息。

对不符合要求的单位数据上级可以进行驳回,且能说明数据驳回意见。

对符合要求的单位数据进行确认。

单位的状态分为未提交、已提交、已驳回。

9. 数据导入/导出

数据导入/导出:系统提供了导入/导出功能,用来将外部的系统或平面文件中的数据批量加载到数据库中,或者将本系统的数据导出来进行相关的数据处理,减轻业务人员数据处理的工作量。

可将本系统数据库中的数据批量导出。

可将其他系统的数据通过一定的形式批量导入到本系统之中。

可以将本系统中的数据导出成标准的文本文件、HTML/XML 文件和 Excel 格式的文件,方便与外部系统的数据交换。

10. 数据通信程序实现与代码注释

11. WEB 界面端程序源码(图 8 - 11)

```
//{"totalProperty":1,"root":[{"price":71.72,"change":0.02,"company":"3m Co","
pctChange":0.03,"lastChange":"9/1 12:00am"}]} 'Y-m-d H:i:s'
    // create the Grid
    var grid = new Ext.grid.GridPanel({
    store: store,
    columns: [
    {header: "id", width: 50, sortable: false,dataIndex: 'id'},
    {header: "用户编号", width: 180, sortable: false,dataIndex: 'userno'},
    {header: "采集站 ID", width: 120, sortable: false,dataIndex: 'cjzid'},
    {header: "采集时间", width: 160, sortable: false,dataIndex: 'cjsj',renderer: Ext.
util.Format.dateRenderer('Y-m-d H:i:s') },
    {header: "接收时间", width: 160, sortable: false,dataIndex: 'jssj',renderer: Ext.
util.Format.dateRenderer('Y-m-d H:i:s') },
    {header: "空气温度(℃)", width: 75, sortable: false,dataIndex: 'kqwd'},
    {header: "空气湿度(%)", width: 75, sortable: false,dataIndex: 'kqsd'},
    {header: "土壤湿度 1(%)", width: 75, sortable: false,dataIndex: 'trsf1'},
    {header: "土壤湿度 2(%)", width: 75, sortable: false,dataIndex: 'trsf2'},
    {header: "叶面湿度(%)", width: 80, sortable: false,dataIndex: 'ymsd'},
    {header: "光照强度(lux)", width: 80, sortable: false,dataIndex: 'gzqd'},
    {header: "二氧化碳(ppm)", width: 80, sortable: false,dataIndex: 'ryht'},
    {header: "风速(m/s)", width: 50, sortable: false,dataIndex: 'fl'},
    {header: "风向", width: 50, sortable: false,dataIndex: 'fx'},
    {header: "害虫数量 1", width: 70, sortable: false,dataIndex: 'hcsl1'},
    {header: "害虫数量 2", width: 70, sortable: false,dataIndex: 'hcsl2'},
    {header: "降雨量", width: 60, sortable: false,dataIndex: 'jysl'},
    {header: "害虫累计数量 1", width: 100, sortable: false,dataIndex: 'ljhcsl1'},
    {header: "害虫累计数量 2", width: 100, sortable: false,dataIndex: 'ljhcsl2'},
    {header: "累计降雨量", width: 90, sortable: false,dataIndex: 'ljjysl'},
    {header: "一级预警", width: 60, sortable: false,dataIndex: 'yj1'},
    {header: "二级预警", width: 60, sortable: false,dataIndex: 'yj2'},
    {header: "三级预警", width: 60, sortable: false,dataIndex: 'yj3'},
    {header: "四级预警", width: 60, sortable: false,dataIndex: 'yj4'}
```

```
            ],
        tbar: new Ext.Toolbar({
        items:[{
        id:'buttonb'
         ,iconCls:'excel'
        ,text:"导出数据"
         ,handler: outexcel
         }
         ]
         }),
        stripeRows: true,   //斑马线效果
         // autoExpandColumn: 'id', //采集适应某列
        height:420,
        width:800,
        frame:true,   //为 true 时表示边框为圆角且具有背景色
    title:'采集数据明细表', //标题
        plugins: new Ext.ux.PanelResizer({
        minHeight: 100
        }),
        bbar: new Ext.PagingToolbar({
        pageSize: 10,
        store: store,
        displayInfo: true,
        plugins: new Ext.ux.ProgressBarPager()
        })
        });
        grid.render('grid - sjmx');
        store.load({params:{start:0, limit:10}});
        // 分钟刷新数据
        setInterval(function( ) {
        store.reload( ); // store 的变量名
        }, 1000 * 1200); //每隔 10 分钟
//= = = = = = = = = = = = = = = = = = = = = = = = = = = = = = = = = = = = = =
 function printA( ){
 $ ("div#grid - sjmx").printArea( );
 }
//= = = = = = = = = = = = = = = = = = = = = = = = = = = = = = = = = = = = = =
        //导出 excel 数据
    //= = = = = = = = = = = = = = = = = =
        function outexcel( ){
        $ .ajax({
        type:"POST",
```

```
                    url:"/jcmis/sjmx/sjmx! outexcel.action",
        data:"filter_GED_cjsj = ${param['filter_GED_cjsj']}&filter_LED_cjsj = ${param['fil-
ter_LED_cjsj']}&filter_LIKES_userno = ${param['filter_LIKES_userno']}&filter_LIKES_sbid =
 ${param['filter_LIKES_sbid']}",
                success:function(msg){
                if(msg == "false"){
                alert("导出的数据量超出系统最大值! 请选择合适的查询条件重新查询后再导
出 EXCEL!!");
                    }else{
        window.location.href = 'sjmx! outexcel.action? filter_GED_cjsj = ${param['filter_GED
_cjsj']}&filter_LED_cjsj = ${param['filter_LED_cjsj']}&filter_LIKES_userno = ${param['
filter_LIKES_userno']}&filter_LIKES_sbid = ${param['filter_LIKES_sbid']}';
                    }
                    }
                });
                }
                });
    //= = = = = = = = = = = = = = = = = = = = = = = = = = = = = = = = = = = = = = =
        function search( ) {
        if ( $("#filter_LIKES_userno").val( ) == ""){
        alert("请选择要查看的用户!!");
        return false;
        }
         $("#mainForm").submit( );
    }

        </script>
        </head>
        <body>
        <div id = "grid-tb"></div>
        <div class = "gt-panel" id = "gt-panel"
        style = "width:820; margin:0px; margin-bottom:1px; background-color: #
ecf6ff">
            <div class = "gt-panel-head" id = "gt-panel-head">
            <span>明细</span>
        </div>
        <div class = "gt-panel-body" id = "gt-panel-body">
        <form id = "mainForm" method = "post" action = "sjmx.action"
        style = "width:650px">
        <table style = "width:650px">
        <tr>
        <td style = "width:64px; height:20px;">
        采集时间
```

```
</td>
<td style = "width：150px；height：20px；">
<input name = "filter_GED_cjsj" id = "beginDate" class = "Wdate"
type = "text"
onFocus = "var endDate = $ dp. $ ('endDate')；WdatePicker({dateFmt：'yyyy－MM－dd HH：
mm：ss',skin：'blueFresh',qsEnabled：true,quickSel：['%y－%M－{%d－1} 00：00：00','%y－%M－
{%d－2}00：00：00','%y－%M－{%d－3} 00：00：00'],readOnly：true,isShowClear：true,on-
picked：function( ){endDate.focus( );},maxDate：'#F{ $ dp. $ D(\'endDate\')}'})"
value = "" />
</td>
<td style = "width：50px；height：20px；">到
</td>
<td style = "width：150px；height：20px；">
<input name = "filter_LED_cjsj" id = "endDate" class = "Wdate"
type = "text"
onFocus = "WdatePicker({dateFmt：'yyyy－MM－dd HH：mm：ss',skin：'blueFresh',qsEn-
abled：true,quickSel：['%y－%M－%d        00：00：00','%y－%M－{%d＋1}00：00：00','%y－%
M－{%d＋2}        00：00：00'],minDate：'#F{ $ dp. $ D(\'beginDate\')}'})"
value = "" />
</td>
<td style = "height：20px">
</td>
</tr>
<tr>
<td style = "width：64px；height：20px；">
设备用户
</td>
<td style = "width：150px；height：20px；">
<s：select id = "filter_LIKES_userno" name = "filter_LIKES_userno"
list = "sbsyzh" headerKey = "" headerValue = "请选择"
style = "width：140px；" theme = "simple" />
<span style = "color：#FF0000；"> * </span>
</td>
<td style = "width：50px；height：20px；">
设备
</td>
<td style = "width：150px；">
<select id = "filter_LIKES_cjzid" name = "filter_LIKES_cjzid"
style = "width：140px">
<option value = "">
    －－
</option>
```

```
</select>
<script type = "text/javascript">
jQuery(document).ready(function( )
{
jQuery("#filter_LIKES_cjzid").cascade("#filter_LIKES_userno",{
ajax: {
url: '/jcmis/sjmx/sjmx! outdw.action',
complete: function( ){},
data: {myotherdata: jQuery("#ajax_header").html( ) }
 },
template: commonTemplate,
match: commonMatch
 });
 });
</script>
<span style = "color: #FF0000;"> * </span>
</td>
<td style = "width: 200px">
<div class = "gt - button - area" align = "left">
<button id = "button" type = "button" class = "btn1_mouseout"
onmouseover = "this.className = 'btn1_mouseover'"
onmouseout = "this.className = 'btn1_mouseout'" type = "submit"
title = "提交数据" onclick = "search( );">查 询
</button>
 
<button id = "ResetButton" type = "reset" class = "btn1_mouseout"
onmouseover = "this.className = 'btn1_mouseover'"
onmouseout = "this.className = 'btn1_mouseout'" title = "清 除">
重 置
</button>
</div>
</td>
</tr>
<tr>
<td style = "width: 64px; height: 20px;">
 
</td>
<td style = "width: 200px; height: 20px;">
</td>
<td style = "width: 50px; height: 20px;">
 
</td>
```

```
<td style = "width: 200px; height: 20px;">
</td>
<td style = "height: 20px">
</td>
</tr>
</table>
</form>
</div>
<div id = "grid - sjmx"></div>
</div>
 <! - -  <a href = "tree.action">测试树</a> - ->
</body>
</html>
```

图 8 - 11　数据采集界面

8.5.5　界面层及实体类的设计

　　界面层主要实现人机交互和软件展示,负责提供一个完美的业务操作界面供用户操作相关业务,同时对用户业务操作结果进行展示。在界面层的设计时可以根据用户所选的不同控件,通过 GET 和 SET 方法来完成实体类属性的操作,同时将实体类的值绑定到对应控件的属性上,以完成数据的自动获得与显示。因此在界面层代码生成时,只需要先选择对应的数据库操作对象,然后给各数据字段指定相关显示控件,就可以运用前面的思想自动生成相关 GET 和 SET 操作代码。其次在上位机软件的整个界面上通常会有打印、查询、增加、删除、修改、审核、弃审等业务操作菜单及首页、上一页、下一页、最后一页等功能显示菜单,业务操作菜单操作完全相同,只是具体的业务实现有所不同,所在现软件框架中可以将业务操作菜单的框架实现,把业务流程作为接口函数在业务层去根据实际情况来实现。对于功能显示菜单,因为其功能完全相同,所以其功能代码可以在框架中完全实现。

实体类(Model):是从数据库中的表抽象出来的对象类。在数据库管理系统中存储和操作的是数据库表及视图,而在信息系统软件中操作的是对象实例,所以软件框架设计时需要把关系数据库中的表、视图进行对象实体化。在设计时将所选择的表、视图映射为实体类中的类对象,将表中的字段通过 GET 和 SET 方法将其映射为对象的属性,这样就可以把数据库和 MIS 业务对象进行有机的结合,从而也形成了软件框架的实体类。

项目基于 Java 的图形用户界面开发工具(即组件集)最主流的有三种:AWT、Swing、SWT/JFace,AWT 由 JDK 的 java.awt 包提供,里面包含了许多可以用来建立图形用户界面(GUI)的类,一般称这些类为组件(component),AWT 组件大致可以分为以下三类:

(1) 容器类组件:容器类组件由 Container 类派生而来,常用的有 Frame 类和 Dialog 类,以及 Panel 类型的 Applet 类。这些容器类组件可以用来容纳其他普通组件或者甚至是容器组件自身,起到组织用户界面的作用。容器类组件有一定的范围和位置,并且它们的布局从整体上也决定了所容纳组件的位置,因此,在界面设计的初始阶段,首要考虑的就是容器类组件的布局。

(2) 布局组件类:布局类组件是非可视组件,它们能很好地在容器中布置其他可视组件。AWT 提供了 5 种基本的布局方式:FlowLayout、BorderLayout、GridLayout、GridBagLayout 和 CardLayout 等,它们均为 Object 类的子类。

(3) 普通组件:AWT 提供了一系列的普通组件以构建用户图形界面,它们主要包括标签、文本框、文本域、按钮、复选框、单选框、列表框、下拉框、滚动条和菜单等。

1. 用户和权限管理设计

几乎每个系统都有这两个模块:用户管理对系统中的用户进行了管理;权限管理根据每个人的职位,级别,身份的不同,系统分配给每个系统用户不同的操作权限。

2. 用户管理设计步骤

(1) 功能概述。实现对系统中用户的管理,包括用户添加、用户修改、用户删除(逻辑删除),用户信息查看,用户权限分配。

(2) 步骤说明。先登录系统,审核当前用户是否具有用户管理的功能,没有则这些按钮不可用(只有拥有用户管理权限的用户才可以进入)。

跳到下一级页面,选择"用户添加、用户修改,用户删除,用户信息查看,用户权限分配"功能按钮。

各功能具体说明和用户进入系统流程图如图 8-12 所示。

(3) 用户添加。进入添加用户的页面(addUserInfo.aspx),从 userInfo 表中查

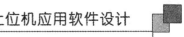

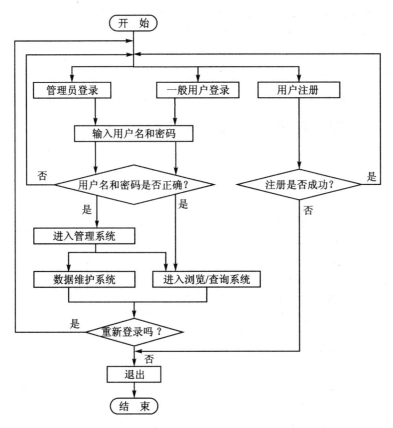

图 8-12　用户登录流程图

出已经定义的扩展属性,动态生成添选的表单,当前使用者往里添加用户个人信息。

单击"确定"按钮,数据经审核向数据库提交数据,保存到 UserInfo 表中,新加的用户就存在了。

(4)用户修改。进入用户列表查看页面"UserInfoList.aspx",从 UserInfo 表中查找与该用户所处同一模块的所有用户。单击具体个体用户的"修改信息"按钮,进入(modifyUserInfo.aspx),从 userInfo 表中查出该用户的所有个人信息属性,动态生成添选的表单,使用者往里修改用户个人信息。单击"确定"按钮,向数据库提交数据,保存到 UserInfo 表中。

(5)用户删除。进入用户列表查看页面"UserInfoList.aspx",从 UserInfo 表中列出与该用户所处同一模块的所有用户。单击具体个体用户的"删除用户"按钮,调用数据库中的 UserPurview 表,查看当前用户是否有删除用户的权限,如果没有该权限就出提示(您没没删除该用户的权限,操作失败);如果有则出一个信息提示框(是否确定删除该用户)单击"确定"按钮,修改数据库,把该用户的信息置为不可用,自动隐藏。以后可以恢复该用户的时候权限。

(6)用户信息查看。进入用户信息查看页面"UserInfoList.aspx",从 UserInfo

表中列出与该用户所处同一模块的所有用户。单击具体用户的查看按钮,进入详细信息的查看"userInfoView. aspx",包括用户属性和用户的权限。

(7) 用户个人信息修改。用户登录后可单击进入(modifyUserInfo. aspx),从 userInfo 表中查出该用户的所有个人信息属性,动态生成添选的表单,使用者可修改用户个人信息。单击"确定"按钮,向数据库提交数据,保存到 UserInfo 表中。

8.5.6　用户登录程序实现与代码注释(图 8 - 13)

```
function Main_Login( ) {
        var logoPanel = new Ext. Panel({
        baseCls : 'x - plain',
        id: 'login - logo',
        region : 'center'
        });
        var loginForm = new Ext. form. FormPanel({
        region: 'south',
        border: false,
        bodyStyle: "padding: 20px",
        baseCls: 'x - plain',
        waitMsgTarget: true,
        labelWidth: 60,
        defaults: {
        width: 280
        },
        height: 90,
        items: [{
        xtype: 'textfield',
        fieldLabel: '登录名',
        id: 'j_username',
        name: 'j_username',
        cls: 'yonghuming',
        blankText: '登录名不能为空',
        validateOnBlur: false,
        allowBlank: false
        }, {
        xtype: 'textfield',
        inputType: 'password',
        id: 'j_password',
        name: 'j_password',
        cls: 'mima',
        blankText: '密码不能为空',
```

```
fieldLabel: '密码',
validateOnBlur: false,
allowBlank: false
    }
    ]
});
var sb = new Ext.ux.StatusBar({});
function surely( ) {
// if (btn == 'yes') {
if (loginForm.form.isValid()) {
JsHelper
.Confirm(
'欢迎使用本系统,如有 BUG 请及时和我们联系,谢谢! 联系电话:0993 -
2095691',

    function(btn) {
if (btn == 'yes') {
loginForm.form.submit({
waitMsg : '正在登录……请稍后! ',
url : '/jcmis/j_spring_security_check',
success : function(form, action) {
window.location.href = 'mismain.action';
    },
```

// 特别注意对于 form.submit 提交触发 failure 的条件是返回的 success = false,和 ajax.request 是不一样的

```
failure: function(form, action) {
Ext.MessageBox.alert('系统提示', '用户名或密码填写错误,请重新输入! ');
}
});
}
});
}
};
var win = new Ext.Window({
title: '农田信息数字化采集与生产决策系统 - 登录窗口',
iconCls: 'locked',
id: 'win',
width: 429,
height: 300,
resizable: false,
draggable: true,
modal: false,
closable: false,
```

```
layout: 'border',
bodyStyle: 'padding:5px;',
plain: false,
items: [logoPanel, loginForm],
buttonAlign: 'center',
buttons: [{
text: '登录',
cls: "x-btn-text-icon",
icon: "/jcmis/js/extjs3/resources/images/icons/lock_open.png",
height: 30,
handler: surely
}, {
text: '重置',
cls: "x-btn-text-icon",
icon: "/jcmis/js/extjs3/resources/images/icons/arrow_redo.png",
height: 30,
handler: function( ) {
loginForm.form.reset( );
}
}],
bbar: sb
});
if (Ext.isChrome) {
sb.addButton({
text: 'ActiveX 相关用户注意切换 IE 模式',
cls: "x-btn-text-icon",
icon: "/jcmis/js/extjs3/resources/images/icons/ie.png",
handler: function( ) {
var googleWin = new Ext.Window({
iconCls: 'ie',
title: 'Google 浏览器 IE Tab 插件安装',
width: 300,
height: 100,
closable: true,
html : "按照提示在 Google 浏览器中安装 IETab<br>并在 IE 模式中运行与 ActiveX 操作
相关的程序<iframe src = 'http://www.chromeextensions.org/wp-content/uploads/2009/12/
ietab1.0.11208.1.crx'   style = 'width:0%; height:0%;'></iframe>"
});
googleWin.show( );
}
});
} else {
```

```
sb.addButton({
text: '建议使用 Google 浏览器运行本系统',
cls: "x - btn - text - icon",
icon: "/jcmis/js/extjs3/resources/images/icons/google - chrome.png",
handler: function( ) {
var googleWin = new Ext.Window({
iconCls: 'google',
title: 'Google 浏览器安装',
width: 850,
height: 450,
closable: true,
html:"<iframe src = 'http://www.google.com/chrome/eula.html? extra = devchannel'
style = 'width:100 % ;         height:100 % ;'></iframe>"
});
googleWin.show( );
}
})
}
win.show( );
var el = Ext.get("win");
var keymap = new Ext.KeyMap(el,{
key:Ext.EventObject.ENTER,//此处写为 Ext.EventObject.ENTER 亦可
//ctrl:true,//此行代码若存在,则 fn 在 ctrl 和 key 同时按下的情况下触发,此处
是 ctrl + enter
//shift: true,     //同上
//alt: (true/false),//同上
fn:surely,
scope:this
} );
keymap.enable( );//
};
```

299

8.5.7　三层架构实现效果评价

通过以上三层架构软件的各层分析与设计,将其制作成一个软件代码自动生成的小工具,整个软件框架代码生成工具的总体界面,通过配置数据库连接字符串后,程序将打开对应的数据库并显示操作界面,从左边可以选择对应的数据库表及视图,在右边上面选择相应的软件处理层,在数据库表或视图中选择要用的数据字段、点,查看代码则可生成各层代码。

在整个上位机系统中,三层框架代码是软件开发的核心内容,通过所开发的软件框架生成工具可以自动生成三层框架的 DLL 层、BLL 层、界面层及 MODEL 类

代码。

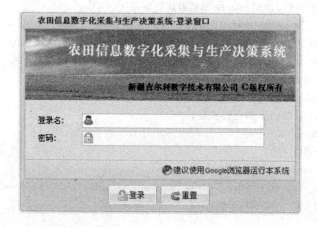

图 8 - 13 系统登录窗口

8.6 预警信息模块设计与实现

管理人员或技术人员设定预警值,监测器向系统发出预警,系统判断预警是否在标准范围内,如果超出标准范围系统向相关人员发出预警信息。预警的方式、电子邮件预警、网络预警、短信预警。通过预警提示,管理员迅速对作物进行管理,让损失降低到最低。

外围环境监测器、监测设备、获取监测参数,将参数通过无线电发送到农田信息数字化采集与生产决策系统。系统分析接收到的参数,进行分析,系统检测到参数不符合正常标准范围,通过发短信(短信包括,文本文字和彩信)等方式通知相关技术人员或管理员。短信预警工作流程如图 8 - 14 所示。

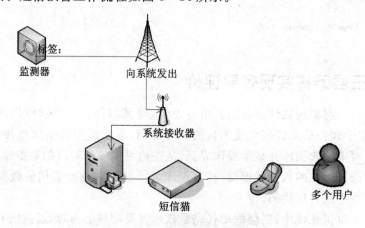

图 8 - 14 短信预警工作流程图

预警信息-短信预警如图8-15所示。

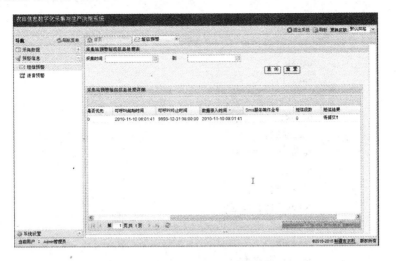

图8-15　预警信息界面

WEB界面端程序源码：

```
<script type = "text/javascript">
function commonTemplate(item) {
return "<option value = '" + item.Value + "'>" + item.Text + "
</option>";
};
function commonTemplate2(item) {
return "<option value = '" + item.Value + "'> * * *" + item.Text
+ " * * *</option>";
};
function commonMatch(selectedValue) {
return this.When = = selectedValue;
};
Ext.onReady(function( ){
function jieguo(value,cellmeta,record,rowIndex){
switch (value)
{
case -1:
return '待提交！';
break;
case -4:
return '查询超时';
break;
case 16:
```

302

```
return '待发送';
break;
case 0:
return '成功发送';
break;
case 17:
return '余额不足';
break;
 case 32:
return '发送失败';
break;
 case 64:
return '禁止发送';
break;
case 65:
return '递交失败';
break;
}
 }
Varurl = "/jcmis/sjmx/smscl! outsjmx. action? filter_GED_createtime = ${param['filter_GED_createtime']}&filter_LED_createtime = ${param['filter_LED_createtime']}"
// create the data store
var store = new Ext. data. Store({
proxy: new Ext. data. HttpProxy(
{url:url}),
remoteSort:true,    //支持后台数据排序
sortInfo: {field:'createtime', direction:'DESC},
reader: new Ext. data. JsonReader({
totalProperty: 'TotalCount',
root: 'data'
},[
{name: 'taskid',type: 'int'},
{name:'batchno',type: 'String'},
{name: 'callednumber',type: 'String'},
{name: 'smscontent',type: 'String'},
{name: 'priority',type: 'int'},
{name: 'alivestarttime', type: 'date', dateFormat: 'time'},
{name: 'aliveendtime', type: 'date', dateFormat: 'time'},
{name: 'createtime', type: 'date', dateFormat: 'time'},
{name: 'serverjobno',type: 'String'},
{name: 'smssegment',type: 'int'},
```

```
{name: 'smsresult',type: 'int'},
{name: 'smsbillingfee',type: 'Float'}
])
});
//{"totalProperty":1,"root":[{"price":71.72,"change":0.02,"company":"3m
Co","pctChange":0.03,"lastChange":"9/1 12:00am"}]}  'Y-m-d H:i:s'
// create the Grid
var grid = new Ext.grid.GridPanel({
store: store,
columns: [
{header: "id", width: 50,sortable: false,dataIndex: 'taskid'},
{header: "批次号",width: 100, sortable: false,dataIndex: 'batchno'},
{header: "被叫号码",width: 120, sortable: false,dataIndex: 'callednumber'},
{header: "预警信息",width: 80, sortable: false,dataIndex: 'smscontent'},
{header: "是否优先",width: 80, sortable: false,dataIndex: 'priority'},
{header: "可呼叫起始时间",width: 125, sortable: true, renderer: Ext.util.Format.da-
teRenderer('Y-m-d H:i:s'),dataIndex: 'alivestarttime'},
{header: "可呼叫终止时间",width: 125, sortable: true, renderer: Ext.util.For-
mat.dateRenderer('Y-m-d H:i:s'),dataIndex: 'aliveendtime'},
{header:数据录入时间",width: 125, sortable: true, renderer: Ext.util.Format.dateR-
enderer('Y-m-d H:i:s'),dataIndex: 'createtime'},
{header: "Sms 服务端作业号",width: 145,dataIndex: 'serverjobno'},
{header: "短信段数",width: 80, sortable: false,dataIndex: 'smssegment'},
{header: "短信结果",width: 120, sortable: false, renderer: jieguo,dataIndex: '
smsresult'},
{header: "短信费用",width: 80, sortable: false,dataIndex: 'smsbillingfee'}
],
tbar: new Ext.Toolbar({
items:[{
}
]
}),
stripeRows: true,   //斑马线效果
// autoExpandColumn: 'taskid', //采集适应某列
height:420,
width:800,
frame:true,   //为 true 时表示边框为圆角且具有背景色
title:'采集站预警短信信息处理详细', //标题
plugins: new Ext.ux.PanelResizer({
minHeight: 100
}),
bbar: new Ext.PagingToolbar({
```

```
                            pageSize：10，
                            store：store，
                            displayInfo：true，
                            plugins：new Ext.ux.ProgressBarPager（）
                          ｝）
                        ｝）；
                        grid.render（'grid - sjmx'）；
                        store.load（｛params：｛start：0，limit：10｝｝）；
                        // 分钟刷新数据
                        setInterval（function（）｛
                        store.reload（）；//  store 的变量名
                        ｝，1000 * 1200）；//每隔 10 分钟
                        function search（）｛
                        ＄（"＃mainForm"）.submit（）；
                      ｝
```

预警信息-语音预警如图 8 - 16 所示。

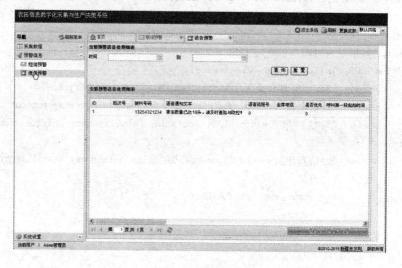

图 8 - 16　语音预警

Web 界面端程序源码：

```
                        ＜script type = "text/javascript"＞
                        function commonTemplate（item）｛
                        return "＜option value = '" + item.Value + "'＞" + item.Text + "
＜/option＞";
                          ｝；
                        function commonTemplate2（item）｛
                        return "＜option value = '" + item.Value + "'＞ * * * *" + item.Text
+ " * * * ＜/option＞";
```

```
    };
function commonMatch(selectedValue) {
return this.When == selectedValue;
    };
Ext.onReady(function( ){
  function jieguo(value,cellmeta,record,rowIndex){
  switch (value)
  {
case - 1:
return '待提交! ';
case - 2:
return 'DB 数据有误';
break;
case - 3:
return 'XML 数据有误';
case - 4:
return '查询超时';
break;
case 16:
return '以递交待发送';
break;
case 0:
return '成功发送';
break;
case 1:
return '对方忙';
break;
case 2:
return '无应答';
break;
case 3:
return '对方挂断';
break;
case 4:
return '号码有误';
break;
case 5:
return '号码故障';
break;
case 8:
return '文件有误';
break;
```

```
            case 11：
            return '任务取消';
            break；
            case 14：
            return '传真号码';
            break；
            case 17：
            return '余额不足';
            break；
            case 20：
            return '客户投诉';
            break；
            case 26：
            return 'TTS 有误';
            break；
            case 27：
            return '欠费中断';
            break；
            case 48：
            return '待检查';
            break；
            case 53：
            return '坐席成功';
            break；
            case 54：
            return '坐席失败';
            break；
            case 96：
            return '任务禁止';
            break；
            case 97：
            return '到期终止';
            break；
            case 159：
            return '系统挂断';
            break；
            }
            }
            Varurl = "/jcmis/sjmx/cccl! outsjmx. action? filter_GED_create-
time = $ {param['filter_GED_createtime']}&filter_LED_createtime = $ {param['filter_LED_cre-
atetime']}"
                      // create the data store
```

```
var store = new Ext.data.Store({
proxy: new Ext.data.HttpProxy(
    {url:url}),
remoteSort:true,    //支持后台数据排序
sortInfo: {field:'alivestarttime', direction:'DESC'},
reader: new Ext.data.JsonReader({
totalProperty: 'TotalCount',
root: 'data'
},[
{name:'taskid',type: 'int'},
{name:'batchno',type: 'String'},
{name:'callednumber',type: 'String'},
{name:'speechcontent',type: 'String'},
{name:'callflowno',type: 'int'},
{name:'seatphones',type: 'String'},
{name:'priority',type: 'int'},
{name:'workstarttime1',type: 'String'},
{name:'workendtime1',type: 'String'},
{name:'workstarttime2',type: 'String'},
{name:'workendtime2',type: 'String'},
{name:'alivestarttime',type: 'date', dateFormat: 'time'},
{name:'aliveendtime',type: 'date', dateFormat: 'time'},
{name:'createtime',type: 'date', dateFormat: 'time'},
{name:'maxretrycount',type: 'int'},
{name:'retryinterval',type: 'int'},
{name:'serverjobno',type: 'String'},
{name:'realcallnumber',type: 'String'},
{name:'callresult',type: 'int'},
{name:'callstarttime',type: 'date', dateFormat: 'time'},
{name:'callcosttime',type: 'int'},
{name:'callsendtimes',type: 'int'},
{name:'callbillingfee',type: 'float'},
{name:'relatedendaction',type: 'int'},
{name:'relatedenddtmf',type: 'String'},
{name:'seatphone',type: 'String'},
{name:'seatresult',type: 'int'},
{name:'seatcosttime',type: 'int'},
{name:'seatbillingfee',type: 'float'}
])
});
//{"totalProperty":1,"root":[{"price":71.72,"change":0.02,"company":"
3m Co","pctChange":0.03,"lastChange":"9/1 12:00am"}]}  'Y-m-d H:i:s'
```

数据采集系统整体设计与开发

```
                              // create the Grid
                              var grid = new Ext.grid.GridPanel({
                              store: store,
                              columns: [
        {header: "ID",width: 60, sortable: false,dataIndex: 'taskid'},
        {header: "批次号",width: 60, sortable: false,dataIndex: 'batchno'},
        {header: "被叫号码",width: 90, sortable: false,dataIndex: 'callednumber'},
        {header: "语音通知文本",width: 180, sortable: false,dataIndex: 'speechcontent'},
        {header: "语音流程号",width: 80, sortable: false,dataIndex: 'callflowno'},
        {header: "坐席电话",width: 80, sortable: false,dataIndex: 'seatphones'},
        {header: "是否优先",width: 60, sortable: false,dataIndex: 'priority'},
        {header: "呼叫第一段起始时间",width: 140, sortable: false,dataIndex: 'workstar-
ttime1'},
        {header: "呼叫第一段结束时间",width: 140, sortable: false,dataIndex: 'workend-
time1'},
        {header: "呼叫第二段起始时间",width: 140, sortable: false,dataIndex: 'workstar-
ttime2'},
        {header: "呼叫第二段结束时间",width: 140, sortable: false,dataIndex: 'workend-
time2'},
        {header: "可呼叫起始时间",width: 125, sortable: true, renderer: Ext.util.For-
mat.dateRenderer('Y-m-d H:i:s'),dataIndex: 'alivestarttime'},
        {header: "可呼叫终止时间",width: 125, sortable: true, renderer: Ext.util.For-
mat.dateRenderer('Y-m-d H:i:s'),dataIndex: 'aliveendtime'},
        {header: "数据录入时间",width: 125, sortable: true, renderer: Ext.util.Format.
dateRenderer('Y-m-d H:i:s'),dataIndex: 'createtime'},
        {header: "未接重发数",width: 80, sortable: false,dataIndex: 'maxretrycount'},
        {header: "重发间隔",width: 80, sortable: false,dataIndex: 'retryinterval'},
        {header: "CC 服务端作业号",width: 100, sortable: false,dataIndex: 'serverjobno'},
        {header: "真正呼通号码",width: 120, sortable: false,dataIndex: 'realcallnumber
'},
        {header: "呼叫结果",width: 120, sortable: false, renderer: jieguo, dataIndex: '
callresult'},
        {header: "呼叫开始时间",width: 125, sortable: true, renderer: Ext.util.Format.
dateRenderer('Y-m-d H:i:s'),dataIndex: 'callstarttime'},
        {header: "呼叫总时长",width: 80, sortable: false,dataIndex: 'callcosttime'},
        {header: "呼叫次数",width: 80, sortable: false,dataIndex: 'callsendtimes'},
        {header: "呼叫费用",width: 80, sortable: false,dataIndex: 'callbillingfee'},
        {header: "客户最后 DTMF 类型",width: 80, sortable: false,dataIndex: 'relateden-
daction'},
        {header: "最后 DTMF 按键",width: 80, sortable: false,dataIndex: 'relatedenddtmf'},
        {header: "实际接听坐席电话",width: 80, sortable: false,dataIndex: 'seatphone'},
        {header: "转接坐席结果",width: 80, sortable: false,dataIndex: 'seatresult'},
```

```
{header："坐席通话时长",width：80，sortable：false,dataIndex：'seatcosttime'},
{header："坐席通话费用",width：80，sortable：false,dataIndex：'seatbillingfee'}
```

1. 程序界面截图

系统设置"预警管理"如图 8 - 17 所示。

(a)

(b)

图 8 - 17　系统设置"预警管理"

2. WEB 界面端程序源码

```
//{"totalProperty":1,"root":[{"price":71.72,"change":0.02,"company":"3m Co","
pctChange":0.03,"lastChange":"9/1 12:00am"}]}  'Y - m - d H:i:s'
          // create the Grid
```

```
var grid = new Ext.grid.GridPanel({
store: store,
columns: [
{header: "id",width: 50, sortable: true,dataIndex: 'id'},
{header: "设备 ID",width: 100, sortable: false,dataIndex: 'sbid'},
{header: "用户编号",width: 120, sortable: false,dataIndex: 'userno'},
{header: "一级虫害",width: 80, sortable: false,dataIndex: 'yj1'},
{header: "二级虫害",width: 80, sortable: false,dataIndex: 'yj2'},
{header: "三级虫害",width: 80, sortable: false,dataIndex: 'yj3'},
{header: "四级虫害",width: 80, sortable: false,dataIndex: 'yj4'},
{header: "预警短信号码 1",width: 120, sortable: false,dataIndex: 'sms1'},

header: "预警短信号码 2",width: 120, sortable: false,dataIndex: 'sms2'},
{header: "预警短信号码 3",width: 120, sortable: false,dataIndex: 'sms3'},

{header: "预警电话号码 1",width: 120, sortable: false,dataIndex: 'phone1'},
{header: "预警电话号码 2",width: 120, sortable: false,dataIndex: 'phone2'},
{header: "预警电话号码 3",width: 120, sortable: false,dataIndex: 'phone3'},
{header: "预警开关",width: 100,renderer: kg, sortable: false,dataIndex: 'kaiguan'}

],
tbar: new Ext.Toolbar({
items:[
<security:authorize ifAnyGranted = "ROLE_修改用户">
{
id:'buttona'
,text:"增加设备预警"
,iconCls:'add'
, handler: function ( ) {window. location. href = ' yjsz! input.
action';}

}
</security:authorize>
]
}),
stripeRows: true,  //斑马线效果
// autoExpandColumn: 'id', //采集适应某列
height:420,
width:800,
frame:true,  //为 true 时表示边框为圆角且具有背景色
title:'采集站预警管理', //标题
plugins: new Ext.ux.PanelResizer({
minHeight: 100
```

```
}),
bbar: new Ext.PagingToolbar({
pageSize: 10,
store: store,
displayInfo: true,
plugins: new Ext.ux.ProgressBarPager()
})
});
grid.render('grid - sjmx');
store.load({params:{start:0, limit:10}});
// 分钟刷新数据
setInterval(function( ) {
store.reload( ); //  store 的变量名
}, 1000 * 1200); //每隔 10 分钟
```

8.7　上位机软件测试

测试方案分单元测试、边缘测试、整体测试。测试内容包括功能要求、可靠性、安全性、性能、可扩充性、可维护性、平台移植性、与其他系统的接口等。

8.7.1　测试记录、测试报告保存期限

除单元测试外,在进行各种测试前应准备做好如下准备:
(1) 配备测试用硬件环境。
(2) 建立相应的运行环境和网络环境。
(3) 准备测试数据。
(4) 测试状态标识。
测试依据主要包括测试工作计划、测试大纲、上阶段测试记录、上版软件产品用户反馈意见记录等。

8.7.2　测试实施

首先编写测试工作计划,测试工作计划应主要包括测试进度、人员安排、设备环境的建立等。
然后根据软件《需求分析规格说明书》、《软件设计说明书》,编写测试大纲。测试大纲作为测试的主要依据。
测试工作计划及测试大纲。

1. 模块测试

由测试人员依据《测试大纲》进行测试。在测试过程中,测试人员应做好测试记

录,填写测试问题记录表,确认模块测试是否通过。如模块测试通过,可提交系统联调测试;如模块测试未通过,测试人员应将测试问题记录表及时反馈给软件人员进行修改。

2. 系统测试

模块测试通过后,由测试负责人依据《测试大纲》进行系统联调测试。在测试过程中,测试人员应作好测试记录,填写测试问题记录,确认系统测试是否通过。如系统测试通过,系统可申请试运行;如系统测试未通过,测试人员应将测试问题记录表及时反馈给软件人员进行修改。

3. 测试报告

测试负责人应及时总结测试过程中的问题,编写系统测试报告。根据《系统测试报告》,必要时对软件产品进行抽测,批准产品是否进入试运行。如批准进入试运行,则应及时通知测试人员建立试运行环境。

4. 试运行测试报告

试运行期间,测试人员应主动收集测试的记录和问题,并由测试负责人编制《试运行测试报告》,经审核后,进行项目提交。

(1) 测试依据。

各级测试必须在其测试记录上明显标识测试状态。各级测试人员必须审核测试状态,标明"不通过"的软件项不能进入下一阶段的开发或测试。测试状态两类:

"通过":测试通过,可以转入下一阶段工作。

"不通过":测试没通过,不能转入下一阶段工作。

(2) 测试准备。系统测试部应完好地保存测试记录和测试报告,并保存至下一版本发版后。

(3) 系统的配置与实现。系统的配置与实现主要包括如何选择硬件和软件以及硬件与软件的搭配,以实现系统相应的功能。

8.8　系统运行环境的搭建简述

8.8.1　安装 Windows Server 2003 企业版

Windows Server 2003 是 Microsoft 出品有史以来最快、最安全的 Windows 服务器操作系统,它提供了可靠的、扩充性更好的网络基础架构,并内置了大量的调配和管理工具。

Windows Server 2003 系列同样提供了多种版本以满足不同用户群体的需求,包括 Standard、Enterprise、Advance、Datacenter 四个版本。由于它们的安装方式基本相同,这里我们就以 Enterprise(企业版)为例进行讲解其详细安装过程。

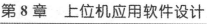

1. 准备工作

在安装 Windows Server 2003 企业版之前,首先必须确认计算机的硬件配置满足以下要求:

CPU 至少要达到 550 MHz;内存至少需要 256 MB;硬盘剩余空间至少 2 GB;显示卡至少要支持 800×600 的分辨率,真彩色;CD－ROM 或 DVD－ROM 驱动器。

2. 安装流程示意图

安装 Windows Server 2003 的顺序是:修改 BIOS 设置→从光盘启动→选择安装分区→检查磁盘→复制安装文件→重新启动→设置安装信息→开始安装过程→安装组件→重新启动→完成安装。

安装 Windows Server 2003 的流程示意图如图 8－18 所示。

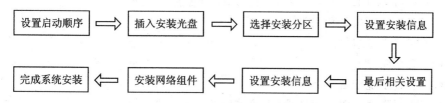

图 8－18　Windows Server 2003 的安装流程示意图

3. 全新安装 Windows Server 2003

Windows Server 2003 的安装光盘支持直接启动功能,最简单的方式就是利用光盘启动进行安装。

A. 设置启动顺序

启动计算机,当屏幕上提示"Press DEL to Enter Setup"时,按下 Delete 键进入 BIOS 设置程序,在"Advanced BIOS Features"选项中将"First Boot Device"项设置为"CD－ROM",保存 BIOS 更改后,重新启动计算机。

B. 插入安装光盘

设置启动顺序为从光盘启动后,把 Windows Server 2003 安装光盘放入光驱,系统安装程序会采集启动,安装向导采集完成收集系统信息,检查计算机的硬件配置等工作。

8.8.2　SQL Server 2005 数据库的安装及配置

数据库的安装方法如下

1. 下载并安装以下文件

(1) IIS 5.1 安装包(XP 系统)(详细安装方法见 1.1.3 IIS 的安装及配置)ht-tp://www.webjx.com/htmldata/2005-04-09/1113041491.html

如果已安装 IIS 则无需下载此文件。

数据采集系统整体设计与开发

（2）Microsoft .NET Framework 2.0（详细安装方法见 1.1.4 .NET Frame-work 2.0 的安装及配置）

http：//download. microsoft. com/download/5/6/7/567758a3-759e-473e-bf8f-52154438565a/dotnetfx. exe

如果已经安装 2.0 或更高版本，则无需下载此文件。

（3）具有高级服务的 Microsoft SQL Server 2005 Express Edition：

http：//download. microsoft. com/download/3/D/4/3D45B165-4A80-4B4E-AFAF-2138D9C5A746/SQLEXPR_ADV_CHS. EXE

这是 SQL Server 2005 的免费版本。

2. 下面以 SQL Server 2005 为例，介绍一下详细安装步骤

（1）双击 SQLEXPR_ADV_CHS. EXE，开始提取文件。

（2）接受许可条款和条件。

（3）安装必备组件。

（4）安装向导。

（5）检查系统配置。

（6）取消隐藏高级配置选项，去掉前面的√勾。

（7）选择所需组件，单击"数据库服务"后可以单击"浏览"按钮，更改安装路径。

（8）更改文件安装位置。

（9）更改实例名，选择默认实例。

（10）配置账户服务，定义登录时使用的账户，默认设置即可，单击"下一步"按钮。

（11）更改身份验证模式，选择混合模式，输入 SA 的登录密码。

（12）设置排序规则，默认为 Chinese_PRC，不更改设置，下一步即可。

（13）配置用户账户和管理员账户，选择"将用户添加到 SQL Server 管理员角色"选项。

（14）错误和使用报告的配置，可自行选择。

（15）单击下一步后，等待安装完成。

（16）安装完成后，单击 SQL Server Management Studio Express 按钮进行数据库管理。

（17）登录 SQL Server，选择"SQL Server 身份验证"，输入 SA 密码，单击"连接"按钮。

至此，SQL Server 2005 已经安装完毕，同时服务也已经启动。

8.8.3　Tomcat 安装

1. 准备工作

在开始安装之前，先准备 J2SDK 和 Tomcat 两个软件。

2. 安装 J2SDK

双击下载的文件,例如选择安装在 d:\j2sdk1.4.2_04 目录下。

设置环境变量,方法如下:

右击"我的电脑",选择"属性"→"高级"→"环境变量"→"新建命令"。

变量名:JAVA_HOME

变量值:d:\j2sdk1.4.2_04

3. 安装 Tomcat

运行 jakarta-tomcat-5.0.28.exe,按照提示安装,这里选择了 Service 就是作为 Windows 服务来运行。

如果要改变安装路径,可以在这个步骤操作,这里选择安装在 D:\Tomcat 5.0 下。在这里设置 Tomcat 使用的端口以及 WEB 管理界面的用户名和密码,请确保该端口未被其他程序占用。

选择 J2SDK 的安装路径,安装程序会自动搜索,如果没有正确显示,则可以手工修改,如这里改为 d:\j2sdk1.4.2_04。

接下来就开始复制文件了。成功安装后,程序会提示启动 Tomcat 并查看 Readme 文档。

在图标上右击可以看到一个设置项目。单击 Configure... 按钮或者双击图标后在出现的选项框中选择 Startup type 为 automatic 自动启动,这样每次开机后就会自动运行 Tomcat。另外也可在这个界面单击 start 或 stop 按钮来控制 Tomcat 的运行。

4. 测试

至此,安装与配置都已完成。打开浏览器输入:http://localhost:8080,即可看到 Tomcat 的相关信息。

5. 备注

由于这里将 Tomcat 作为 service 方式安装,所以 CATALINA_HOME 环境变量没有设置过。如果读者不是按照这种方式请设置一个系统环境变量,设置方法同 J2SDK。

变量名:CATALINA_HOME

变量值:d:\Tomcat 5.0

另外可再增加一个环境变量

变量名:CLASSPATH

变量值:.;%JAVA_HOME%\lib\dt.jar;%JAVA_HOME%\lib\tool.jar;%JAVA_HOME%\lib\tools.jar;%CATALINA_HOME%\common\lib\servlet-api.jar;%CATALINA_HOME%\common\lib\jsp-api.jar

也是因为 service 安装的原因,在执行一些程序的时候会出现如下错误信息:

Unable to find a javac compiler; com. sun. tools. javac. Main is not on the class-path. Perhaps JAVA_HOME does not point to the JDK

错误信息是没有设置过 JAVA_HOME 环境变量,操作者也可能碰到过这个问题:明明设置过这个环境变量,在服务里启动就会出错,但是在命令行下输入 D:\Tomcat 5.0\bin\startup. bat 启动却能运行。原因是在服务里启动没有读取 JAVA_HOME 这个环境变量,而是在配置里定义这个环境变量的,于是在 Java Options 里加入了一句:-Djava. home=d:\j2sdk1.4.2_04,再次启动 Tomcat 就 OK 了。

8.8.4　架设 Web 服务器的基本设置方法

(1) 打开"控制面板"→"管理工具"→"Internet 服务管理器"。

在"默认 Web 站点"上按鼠标右键,选择"属性"命令,弹出默认 Web 站点设置窗口:

"TCP 端口"是 WEB 服务器端口,默认值是 80,不需要改动。

"IP 地址"是 WEB 服务器绑定的 IP 地址,默认值是"全部未分配",建议不要改动。默认情况下,WEB 服务器会绑定在本机的所有 IP 上,包括拨号上网得到的动态 IP。

(2) 单击上面属性窗口里的"主目录"。

在"本地路径"右边,是网站根目录,即网站文件存放的目录,默认路径是"c:\inetpub\wwwroot"。如果想把网站文件存放在其他地方,可修改这个路径。

(3) 点击上面属性窗口的"文档"。

在这里设置网站的默认首页文档。在浏览器里输入一个地址(例如 http://218.84.70.164:8088/XjWeb/Login. asp)访问 I^2S 的时候,I^2S 会在网站根目录下查找默认的首页文件,如果找到就打开,找不到就显示"该页无法显示"。请在这里添加所需的默认首页文件名,添加完后可以用左边的上下箭头排列这些文件名的查找顺序。

(4) 到此,WEB 服务器设置完毕。I^2S 已经可以提供 WEB 服务了。

打开 IE 浏览器,输入软件地址 http://218.84.70.164:8088/XjWeb/Login. asp 即可访问。

8.8.5　I^2S 的高级设置

在网站根目录下可以建子目录来存放网页。例如建一个子目录"abc",里面放个文件"JRL. htm",访问这个文件的 URL 如下:

http://user. dns0755. net/abc/JRL. htm

如果某些文件或目录放在其他目录下,或在其他硬盘分区下,而又希望可以被 WEB 访问,这个问题可以用虚拟目录解决。

虚拟目录可以把某个目录映射成网站根目录下的一个子目录。例如:网站根目录是"c:\dns0755",把 D 盘上的"d:\software"目录映射到"c:\dns0755"目录下,映射后的名字为"download",访问"d:\software"目录下的某个文件"JRL001.zip"的 URL 为:http://user.dns0755.net/download/JRL001.zip。

建立虚拟目录有两种方式:

1. 在资源管理器里建立

打开资源管理器,找到要映射的目录,如"d:\software",在"software"上按鼠标右键,选择"属性"→"Web 共享"命令:

单击"共享这个文件夹"命令:

在"别名"里输入映射后的名字,再单击"确定"按钮。

要删除映射,可以按同样的方法,在前面窗口里选择"不共享这个文件夹"命令。

2. 在 Internet 信息服务里建立

打开"控制面板"→"管理工具"→"Internet 服务管理器",在"默认 Web 站点"上按鼠标右键,选择"新建"→"虚拟目录"。

弹出欢迎窗口,单击"下一步"按钮。

在"别名"里输入映射后的名字,如"download",单击"下一步"按钮。

在"目录"里输入要映射的目录,如"d:\software",单击"下一步"按钮。

在这里选择正确的访问权限,再单击"下一步"按钮,即完成设置。

删除映射的方法:打开 Internet 信息服务,在虚拟目录别名上右击,选择"删除"命令。

至此本地站点已经可以正常工作了,可以用 http://127.0.0.1 进入本地站点,注意:ASP 程序必须在浏览器中才能看到效果,直接在资源管理器中打开只能是编辑 ASP 文件了,而无法浏览效果。

8.8.6　NET Framework 2.0 的安装

NET Framework 是支持生成和运行下一代应用程序和 XML Web services 的内部 Windows 组件。NET Framewor 现主要由以下几部分组成:

(1) 包括 5 种正式的语言编译器(C♯,Visual Basic,托管 C++,J♯和 Jscript 脚本语言等)。

(2) 框架类库(Framework Class Library,FCL)由很多相关互联的类库组成,支持 Windows 应用程序.Web 应用程度。Web 服务和数据访问等的开发。

(3) 公共语言运行库(Common Language Runtime,CLR)是处于,NET 核心 Framework 的面向对象的引擎,其将各种语言编译器生成的中间代码编译为执行应用程序所需要的原生码(native code)。

NET Framework 可以单独安装,下载后直接双击就可以了。

8.8.7　JRL——农田病虫害监测预警系统安装

第一步,确认 JRL——农田病虫害监测预警系统安装文件。

在光盘中找到系统安装程序——XJJRLSetup. exe。

第二步,卸载以前的版本。

如果本机上安装有本软件的老版本,请先将老版本的程序卸载！详细请见卸载部分。

第三步,安装软件。

注意:在安装本软件前,请确保本地 SQL Server 服务器处于运行状态。

单击安装软件即可运行安装程序。

(1)安装程序运行初始界面,选择安装语言,这里默认选择中文,单击"下一步"按钮。

(2)确认安装农田信息数字化采集与生产决策系统,单击"下一步"按钮。

设置完成后单击"下一步"按钮。

(3)准备安装程序,单击"安装"按钮。

(4)安装完成,单击"完成"按钮结束安装。

第四步按屏幕提示进行操作。至此安装过程就结束了。

第五步系统安装成功后,在"开始\程序"菜单和桌面将出现农田信息数字化采集与生产决策系统的运行图标,单击调用运行农田信息数字化采集与生产决策系统。

如果安装之后出现 GDI ＋＋ window 错误提示对话框,可能是操作系统补丁问题,单击"确定"按钮,不影响使用。

8.8.8 系统卸载

删除程序只需要直接运行安装程序,就会启动添加删除程序。选择"除去"选项,单击"确定"按钮后即可开始卸载。

8.8.9 系统运行

启动农田信息数字化采集与生产决策系统共有两种方式:

方式一、单击开始菜单\程序\农田信息数字化采集与生产决策系统即可。

方式二、单击桌面上快捷图标——农田信息数字化采集与生产决策系统,运行农田信息数字化采集与生产决策系统。

8.8.9 系统配置要求

软件系统运行所需要的操作系统平台是 Windows XP。具体配置要求如表 8 - 13 所列。

表 8 - 13 系统配置要求

序　号		最低系统配置要求	建议系统配置要求
1	CPU	1. 5 GHz	1. 5 GHz

续表 8 - 13

序 号		最低系统配置要求	建议系统配置要求
2	显存	nVidia TNT2 32 MB 显存	nVidia TNT2 32 MB 显存
3	内存	512 MB	512 MB
4	硬盘	10 GB	10 GB
5	显示器	800×600 65536 色	800×600 65536 色

8.8.10　常见问题的解决方法

（1）Server2003 不能上传大附件的问题：

在"服务"里关闭 iisadminservice 服务。

找到 windows\system32\inetsrv\下的 metabase. xml 文件。

找到 ASPMaxRequestEntityAllowed 把它修改为需要的值（可修改为 20 MB 即 20480000)存盘，然后重启 iisadminservice 服务。

（2）解决 Serrer2003 无法下载超过 4 MB 的附件问题：

在"服务"里关闭 iisadminservice 服务。

找到 windows\system32\inetsrv\下的 metabase. xml 文件。

找到 AspBufferingLimit 把它修改为需要的值（可修改为 20M 即 20480000)存盘，然后重启 I^2S adminservice 服务。

（3）解决大附件上传容易超时失败的问题：

在 I^2S 中调大一些脚本超时时间,操作方法是:在 I^2S 的"站点或虚拟目录"的"主目录"下单击"配置"按钮,设置脚本超时时间为:300 秒(注意:不是 Session 超时时间)

（4）解决通过 WebMail 写信时间较长后,按下发信按钮就会回到系统登录界面的问题：

适当增加会话时间（Session)为 60 分钟。在 I^2S 站点或虚拟目录属性的"主目录"下单击"配置→选项",就可以进行设置了(Serrer2003 默认为 20 分钟)。